本书为湖南省绿色发展研究院系列研究成果

环洞庭湖区
农业生态效率研究

朱玉林◎著

知识产权出版社
全国百佳图书出版单位

图书在版编目（CIP）数据

环洞庭湖区农业生态效率研究/朱玉林著. —北京：知识产权出版社，2014.12

ISBN 978 – 7 – 5130 – 3175 – 2

Ⅰ.①环… Ⅱ.①朱… Ⅲ.①洞庭湖—湖区—农业生态系统—研究 Ⅳ.①S181

中国版本图书馆 CIP 数据核字（2014）第 273765 号

内容提要

本书运用生态经济学研究方法，基于能值的视角，在进行大量的数据搜集、整理和分析的基础上，对我国重要农产品生产基地——湖南省环洞庭湖区农业生态系统的投入产出结构与功能特征、演变过程、绿色 GDP、资源消耗与环境污染等问题进行研究，客观评价了环洞庭湖区农业生态系统的生态效率，并提出一些新的观点和政策建议。

责任编辑：罗斯琦   **责任出版：孙婷婷**

环洞庭湖区农业生态效率研究

HUANDONGTINGHUQU NONGYE SHENGTAI XIAOLÜ YANJIU

朱玉林　著

出版发行：知识产权出版社有限责任公司		网　址：http://www.ipph.cn	
社　址：北京市海淀区马甸南村 1 号		邮　编：100088	
责编电话：010 – 82000860 转 8240		责编邮箱：luosiqi@cnipr.com	
发行电话：010 – 82000860 转 8101/8102		发行传真：010 – 82000893/82005070/82000270	
印　刷：北京中献拓方科技发展有限公司		经　销：各大网上书店、新华书店及相关专业书店	
开　本：720mm × 1000mm　1/16		印　张：17	
版　次：2014 年 12 月第 1 版		印　次：2014 年 12 月第 1 次印刷	
字　数：302 千字		定　价：48.00 元	

ISBN 978-7-5130-3175-2

前　言

"洞庭天下水"，洞庭湖是世界知名的淡水湖，是湖南的母亲河。它接纳四水，吞吐长江，通江达海，交通便捷。洞庭湖区物华天宝、人杰地灵、历史悠久、文化厚重。自古以来，它就以"鱼米之乡"誉满天下。新中国成立以后，八百里洞庭生机焕发，成为我国重要的粮、棉、麻、油、鱼、猪生产基地，为我国的粮食安全、水利安全、生态安全做出了巨大贡献，是湖南经济的重要支柱，最具活力的增长板块。面对经济全球化、信息化、工业化、后三峡时代和区域经济协调发展的新形势，洞庭湖区出现了许多新情况和矛盾，面临着新的机遇和挑战。洞庭湖区农村也不断涌现出一些新问题，如农村剩余劳动力的快速增长，农业整体经济运行效率不高，农业资源利用不合理，农村生态环境不断恶化等。因此，洞庭湖区农业生产效率问题成为各界关注的热点。

作者以能值理论为基本方法，在对环洞庭湖区农业生态系统自然资源、经济和社会等资料进行调查、测定、计算、收集的基础上，系统研究该生态系统的能值结构功能与效率、能值总量、能值投入和产出结构以及能值指标的演变轨迹和发展趋势、能值绿色 GDP、在湖南农业生态系统的能值地位、生态效率问题以及提高洞庭湖区农业生态效率、实现农业绿色发展的战略与思路。

本书分为三大部分，共十章。

第一部分包括绪论、环洞庭湖区农业生态系统资源特征简介和农业发展状况（第1—2章）。

第1章：绪论。包括研究目的和意义、国内外文献综述、研究方法、研究线路以及主要研究内容。

第2章：环洞庭湖区农业生态系统资源特征和农业发展状况。主要介

1

绍了环洞庭湖区的水土资源，气候特点，动植物资源以及洞庭湖区农业发展的产业基础。

第二部分是本书的核心部分（第3—9章）。

第3章：环洞庭湖区农业生态系统能值结构功能效率研究。本章首先根据研究的需要搜集了湖南省农业生态经济系统相关资源特征的资料和数据，经加工整理得到该系统分年度的能值投入与能值产出项目的基础数据，以2009年的能值投入数据表，能值产出数据表和能值分析指标数据表为依据对系统的能值结构、功能与效率做出分析，揭示环洞庭湖区农业生态经济系统资源利用效率及环境负载状况。

第4章：环洞庭湖区农业生态系统能值演变与趋势研究。本章对2000—2009年环洞庭湖区农业生态系统的能值总量、投入和产出结构以及能值指标的演变轨迹做了实证研究，站在历史与未来的交点把握该系统目前所处的发展阶段和历史渊源，并对发展趋势做了预测分析。

第5章：环洞庭湖区农业生态系统能值绿色GDP核算研究。绿色GDP是生态文明时代计量经济效果的主要总量指标。本章运用能值理论，以湖南省环洞庭湖区2009年农业生态系统能值投入和能值产出为依据，计算了该区域农业生态系统所消耗的不可更新环境资源、不可更新工业辅助能的能值—货币价值，对该区域农业生态系统的绿色GDP进行核算。并对洞庭湖区与湖南省其他四大区域（长株潭地区、湘南山区、湘中丘岗盆地区、湘西武陵山区）农业生态系统的能值绿色GDP做了差异分析。

第6章：湖南省农业生态系统能值结构功能效率及演变趋势。本章之所以要对湖南省农业生态系统进行能值分析，主要目的是为洞庭湖区农业生态系统的进一步深入分析寻找一个参照物，一个用以比较的对象。分析内容包括湖南省农业生态系统结构功能值效率分析以及系统的能值演变与趋势分析。为保持数据口径的统一，所采用的横截面数据为2009统计年度，所用的纵向时间序列数据为2000—2009年。

第7章：洞庭湖农业在湖南省的能值地位及趋势分析。本章对洞庭湖区农业与湖南省农业的能值指标做对比分析，主要目的是从能值角度寻找环洞庭湖区农业在整个湖南省农业中所处的地位，其投入产出有何特色和比较优势。

2

第 8 章：环洞庭湖区农业生态效率问题。本章主要从能值产出效率、资源与环境，能值绿色 GDP 三个方面讨论环洞庭湖区农业生态系统的生态效率问题。

第 9 章：提高洞庭湖区农业生态效率，实现农业绿色发展。本章首先讨论了绿色发展与高效农业的关系，并提出高效生态农业是洞庭湖区农业生态系统发展的基本方向。明确了高效生态农业的内涵、本质和功能；对洞庭湖区高效生态农业做了 SWOT 分析；提出洞庭湖高效生态农业的适用技术和具体模式；梳理了洞庭湖区高效生态农业的发展思路。

第三部分也是第 10 章主要包括研究结论、创新之处、学术和应用价值与局限性。

本书具有如下特色。

（1）将能值理论应用于农业生态效率的研究，将生态系统的环境与资源当作内生变量，对自然资源、环境和人类劳动的真实价值统一采用太阳能值而不是货币进行计量，克服了传统经济学在生态效率研究时由于价格体系不完善而带来的缺陷。

（2）运用立体纵横交叉类比的研究方法，研究内容不仅包括以横截面数据为基础的环洞庭湖区农业生态效率的现状分析，而且包括以时间序列纵向数据为基础的演变轨迹和发展趋势分析，使读者对洞庭湖区的生态效率知其然又能知其所以然，也使整个理论框架相对完整。

（3）运用能值理论对环洞庭湖区农业生态系统的能值绿色 GDP 做了核算和分析，这对绿色 GDP 的核算研究是一项有益探索。

不当之处，恳请读者批评指正。

朱玉林

2014 年 5 月于长沙

摘　要

　　《中共中央关于制定国民经济和社会发展第十二个五年规划纲要》提出要推进农业现代化，加快社会主义新农村建设，同时，又要坚持把建设资源节约型、环境友好型社会作为加快转变经济发展方式的重要着力点。也就是说，发展农村经济的目标不是简单的效率问题，而是一个建立在良好的生态文明基础之上的课题。在加快发展新农村建设过程中，既要讲究经济效率，也要关注资源和环境，并要研究它们的相对比例关系问题，也就是生态效率问题。由于农业是与自然界联系最为紧密的产业，具有不同自然资源特点的地区具有明显的农业适用性差异，将农业生态系统进行细分研究则更为方便可行。地处我国南方的环洞庭湖区属于亚热带湿润气候的平原地区，具有良好的自然资源优势，耕地资源、水资源，尤其是水体资源丰富，大小湖泊星罗棋布，湘、资、沅、澧在此交汇，是全国少有的"水乡泽国"，也是我国重要的商品粮基地。但近几年来，环洞庭湖区农业涌现出一系列问题：区内农业生产结构不够优化，资源利用不合理，整体产业效率不高，农业生物资源破坏严重，生产环境不断恶化等。因此，本书选取环洞庭湖区农业生态系统作为研究对象，用能值理论作为研究方法，在进行大量的数据收集、整理、分析与论证的基础上，对湖南省环洞庭湖区农业生态系统的投入产出效率、结构与功能特征、资源消耗与环境污染等一系列问题进行研究，并得出如下结论。

　　（1）环洞庭湖区农业生态系统的能值产出在湖南省内有明显的比较优势，能值产出率相对较高，农业生产的规模效应和集聚效应逐步体现，具有较为明显的集约型发展特征。2009 年，该区域农业用占全省 13.17% 的能值投入，产出了占全省 29.32% 的能值。这主要是由其特殊的能值投入结构所致，这种特殊性表现在：在能值投入中，不可更新的工业辅助能值所占比例大，其中，化肥能值、农药能值、农膜能值、农业机械能值的投入水平大大高于湖南省平均水平；同时，可更新工业辅助能值（主要是指水电）占比却相对较低，利用水利资源大力发展清洁能源的优势没有充分发挥。

（2）洞庭湖区农业生态系统资源、环境问题堪忧。该农业生态系统的现状是：资源消耗水平高，资源利用循环率低，环境污染严重，可持续发展水平不高。一方面，不可更新环境资源能值（这里主要是指水土流失）水平偏高，是全省水土流失率的 3 倍多，水土资源流失严重；另一方面，化肥、农药和农膜大量使用，但由于技术的限制，化肥、农药和农膜的吸收率低，资源消耗水平高，也给湖区地下水（如水体富营养化）造成了较为严重的污染。

（3）洞庭湖区农业生态系统中农产品尤其是种植业产品的市场定价偏低，考虑到农业与其他产业的不同功能——它不仅具有产业功能，而且具有很强的生态功能——政府可考虑对某些农产品实行保护价格，建立合理的工农产品比价，完善价格体系，这对提高农业生产效率、增加农民收入是非常重要的。研究数据显示：洞庭湖区农业生态系统中农产品的市场价格比其相应的能值货币价值低 28.7% 左右。

（4）从能值演变与发展趋势来看，洞庭湖区农业生态系统的生产效率在不断提高，环境负载率有更大幅度的增大，其可持续发展水平在不断下降。研究显示：2000—2009 年，净能值产出率由 2.05 上升到 2.43；环境负载率由 1.23 上升到 1.74；系统可持续发展指数呈缓慢下降趋势，由 1.67 下降到 1.40。

（5）能值绿色 GDP 核算研究表明：该系统绿色 GDP 占传统 GDP 的比重小，仅为 36.13%，这进一步说明该生态系统的经济增长模式仍是一个建立在资源消耗和环境污染基础上的粗放型经济增长模式。

（6）洞庭湖区农业生态系统的产业优势：种植业和渔业是洞庭湖区的优势产业，其中渔业占整个湖南将近一半的份额，种植业占全省种植业的 1/3 有余，这两大产业又呈现相对增长的态势。在种植业内部，谷物是种植业的主导产业，谷物的能值产量的增长速度明显要快于整个种植业的增长速度，粮食生产的优势在该区域已得到充分显示。研究表明，除谷物以外，油料、棉花、麻类和烟叶也可成为该地区重点培育的产业。

（7）目前洞庭湖区农业生态系统虽然具有较高的生产效率，但是以高能耗、高污染作为代价。要实现洞庭湖区农业生态系统可持续发展的目标，如果仍然走传统的老路显然行不通，必须探索出一条"资源节约、环境友好"的农业发展新路，这条新路就是高效生态农业之路。

Abstract

"The Twelfth Five – year Plan of National Economic and Social Development Program Adopted by the Central Committee of Communist Party of China" proposes to promote agricultural modernization and accelerate the development of a new socialist countryside. At the same time, it emphasises that the construction of a resource – conserving and environment – friendly society as an important focus of speeding up the transformation of the pattern of economic development. That is to say, the target of developing the rural economy cannot be efficiency. Instead we should ask for a positive ecological foundation. Therefore, in the process of accelerating the development of a new socialist countryside, we should pay attention to resources and environment healthy as much as economic efficiency, and research the relationship of thier relative proportions, that is eco – efficiency (or sustainable development index) . Since agriculture is an industry which closely associates with nature, different characteristics of natural resources in different areas have a significant agricultural suitability of difference. Therefore it is more convenient to subdivide agricultural ecosystem in studying it . The region around Dongting Lake is part of the plain areas with subtropical humid monsoon climate which loceted in Southern China. It has the advantages of natural resources, water resources, and cultivated land resources, especially being abundant in water resources, where Xiangjiang, Zijiang, Yuanjiang, Lishui River at this intersection. It is the rare "water village" and important commodity grain base in China. But in recent years, the agriculture of the region around Dongting Lake have emerged a series of problems: the agricultural production structure of this area is not sufficiently optimized, the use of resources is irrational, the overall industrial efficiency is inefficient, the agricultural biological resources damaged severely, and the environment of production is deteriorating. Based on the above considerations, this book selects the agricultural ecosystem of the region around Dongting Lake as the research object, uses the emergy theory as a research method, studies in series of problems about agricultural ecosystem in the region around Dongting Lake of Hunan Province, such as input – output efficiency, characters of structure and function, resource consumption, and environmental pollution. All the studies are based on a large amount of data collection, collation, analysis, and demonstration. The conclusions are as follows:

(1) The emergy output of agricultural ecosystem in the region around Dongting Lake has obvious comparative advantages in Hunan province. The yield of emergy is relatively higher, the scale and agglomeration effect of agricultural production are gradually reflected, which are obvious features of intensive development. In 2009, its regional agriculture occupied 13.17% of the province's emergy input, while the emergy output rated 29.32% out of the province's production. This is mainly due to its special structure of its energy inputs. This phenomenon particularity lies in: The non – renewable industrial auxiliary emergy is the greater part of the whole emergy input, among which, the level of input of emergy of fertilizer, pesticide, agricultural film, and agricultural machinery is much higher above the average level of Hunan Province. meanwhile, the proportion of the renewable industrial auxiliary emergy (mainly the hydropower) is relatively low. The advantage of using water resources to fully develop clean energy is not taken.

(2) The resources and environmental problems of agricultural ecosystem of Dongting Lake are troubling us. Current status of the agricultural ecosystem is the consumption of resource is significant, the resource utilization circulation rate is low, environmental pollution is critical and the sustainable development level is in a low degree. On the one hand, the level of the emergy of non – renewable enviromental resources (mainly the water and soil loss of land) is high, which is three times more than the average rate of Hunan Province, and the loss of water

and soil resources is serious. On the other hand, excessive use of chemical fertilizers, pesticides, and agricultural films. However, due to the limits of technology, the low absorption rate of chemical fertilizer, pesticide, and plastic film, the high resource of consumption level, also caused serious pollution to the groundwater of the lake district (mainly eutrophication).

(3) The products from agricultural ecosystem of Dongting Lake area, especially the planting products have a relatively low market price. Considering the different functions of agriculture and other industries: it has not only the function of industry but also strong ecological functions. The government may introduce the protective price of some agricultural products, establish a reasonable price ratio of industrial and agricultural products, and complete the price system, which makes a significant difference to improve the efficiency of agricultural production and increase the farmers' income. Research data shows that the market price of the agricultural products of agricultural ecosystem around Dongting Lake is 28.7% lower than its corresponding emergy expence.

(4) Judging from the trend of emergy's evolution and development: the production efficiency of agricultural ecosystem in Dongting Lake area is increasing, the environmental load ratio has a substantial increase, the level of sustainable development is declining. Research shows that, through 2000 to 2009, the net emergy yield ratio increased from 2.05 to 2.43, environmental loading ratio increased from 1.23 to 1.74, the sustainable development index of system decreased slowly, which dropped from 1.67 to 1.40.

(5) The accounting research of green GDP of emergy shows that: In this system, the green GDP only occupies 36.13% of the traditional GDP, which is a small amount. This further more explains that the economic growth in this ecosystem is still an extensive economy growth pattern which based on the resources consumption and environmental pollution.

(6) Industrial advantage of agricultural ecosystems in Dongting Lake area: planting and fishing are the dominant industries in Dongting Lake area, in which fishing has taken nearly half of the share of entire Hunan, plantation industry oc-

cupies more than one – third of the province's. these two major industries presents the trend of relative growth. In the planting, grain is the dominant part, the growth rate of the emergy output about grain is obviously faster than the entire planting industry, and the advantage of grain production has been fully demonstrated in this area. Research shows that, in addition to grain, oil crops, cotton, hemp, and tobacco have also become the major industries supported among the region.

(7) Currently, though the agricultural ecosystem in Dongting Lake area has a high productive efficiency, it's at the cost of high energy consumption and high pollution. If we still follow the old pattern to achive the sustainable development of agricultural ecosystem in Dongting Lake area, it will obviously be a failure. We must explore a new road with "resource saving and enviromental friendliness" of agriculture development, which is a highly efficient way of ecological agriculture.

目　录

插图索引

附表索引

1　绪论

1.1　研究的目的和意义

《中共中央关于制定国民经济和社会发展第十二个五年规划纲要》提出要推进农业现代化，加快社会主义新农村建设，同时，又要坚持把建设资源节约型、环境友好型社会作为加快转变经济发展方式的重要着力点。也就是说，发展农村经济的目标不是简单的效率问题，而是一个建立在良好的生态文明基础之上的课题。因此，在加快发展新农村建设过程中，既要关注经济效率，也要研究资源和环境问题，并且要研究它们的相对比例关系问题，也就是生态效率问题（或称可持续发展相对指数）。由于农业是与自然界联系最为紧密的产业，具有不同自然资源特点的地区具有明显的农业适用性差异，将农业生态系统进行细分研究则更为方便可行。地处我国南方的环洞庭湖区属于亚热带湿润气候的平原地区，具有良好的自然资源优势，耕地资源、水资源，尤其是水体资源丰富，大小湖泊星罗棋布，湘、资、沅、澧在此交汇，是全国少有的"水乡泽国"，也是我国重要的商品粮基地。但近几年来，环洞庭湖区农业涌现出一系列问题：区内农业生产结构不够优化，资源利用不合理，整体产业效率不高，农业生物资源破坏严重，生产环境不断恶化等。因此，本书选取环洞庭湖区农业生态系统作为研究对象，用能值理论作为研究方法，对系统投入产出效率、资源利用和环境污染等问题进行研究，旨在客观评价环洞庭湖区农业的资源利用效率、环境负载状况及生态效率水平；同时，本着提出问题、分析问题和解决问题的基本思路，提出有效的建议和措施，为湖区农业可持续发展提供决策依据。

1.2 国内外研究现状概述

针对生态效率的研究，通过百度搜索可找到近 1000 篇文献，但大多数成果集中于近几年。随着我国资源与环境问题逐渐凸显，研究方向主要有生态效率指标体系研究、生态效率评价研究、生态效率指数研究以及生态效率与循环经济等。如，何伯述、郑显玉等（2001）从能源的生态效率角度出发，对燃煤电厂排放的气体污染物对环境的影响进行了理论评价，提出了提高现役燃煤电厂的生态效率的措施，所得结论对提高新机组和老机组的生态效率具有指导意义。王灵梅（2002）通过计算循环流化床锅炉热电厂的生态效率，定量分析评价了循环流化床锅炉热电厂对生态环境的影响，并指出进一步保持其较高生态效率的措施。周国梅（2003）介绍了在OECD 国家应用较多的生态效率的概念，并提出目前大力推行的循环经济的本质就是提高生态效率。岳媛媛、苏敬勤等（2004）介绍了生态效率的概念、内涵与基本原则，分析了国际范围内企业实施生态效率的实践，并结合中国工业企业实际情况，提出概念引入—组织规划—现状评估—机会鉴别—解决方案—监督测评实施模型，以期对中国的工业企业实施生态效率有所借鉴。诸大建、朱远（2005）通过对生态效率的情景分析，提出了我国的循环经济发展 C 模式。顾强（2006）提出了产业集群生态效率的概念、产业集群生态效率的影响因素和实现产业集群生态可持续发展的路径，为促进我国循环经济发展提供了一种新的视角。张研、杨志峰（2007）从工业、生活的源头循环（减少原生资源的消耗）和末端循环（减少污染物的产生）角度，构建了城市物质代谢生态效率的度量模型，并依据中国城市化发展进程，选定深圳市作为研究区，核算了城市水、能量和废物代谢通量以及代谢的生态效率。张炳、毕军等（2008）构建了企业生态效率评价的指标体系，并将污染物排放作为一种非期望输入引入数据包络分析模型，运用该模型对杭州湾精细化工园区企业生态效率进行了评价，并针对园区进一步发展循环经济、提高生态效率、实现园区的可持续发展提出了一些可资借鉴的建议。杨斌（2009）运用数据包络分析（DEA）方法，从宏观角度对中国 2000—2006 年区域生态效率进行了测度和评价，认为东部与中西部地区之间存在显著差异；在众多影响因素中，工业固体废物、工业粉尘、烟尘等污染物的排放及土地、水等资源的消耗是影响区域生态效率的主要因素，实现经济转型才是提高生态效率的根本途径。李惠娟、龙如银等（2010）运用因子分析法对生态效率进行研究发现：城市间的生态效率差异很大，资源型城市与非资源型城市的生态效率差别很大，而且同一类型的资源型城市生态效率也存在很大的差别，主要影响因素是地理位置与规模；另外还发现，居民的生活习惯与消费方式对城市的生态效率也有影响。王恩旭、武春友（2011）建立了基于 DEA 模型的生态效率投入产出指标体系，运用超效率 DEA 模型对中国 30 个地区 1995—2007 年的生态效率进行了测度，对测度结果按照东、中、西、东北 4 个区域进行了时空差异分析，并对生态效率变化趋势进行了收敛检验。钟小茜（2012）从效率评价角度出发，结合鄱阳湖生态经济区具体情况，并引入德国、芬兰等发达国家的循环经济指标体系的建立经验，构建出一套衡量湖区生态效率的指标体系。同时，其运用生态效率指标体系来分析湖区包含的 38 个县（市、区）生态效率状况，具有较强的地域针对性；运用数据包络分析（DEA）方法对湖区 38 个县（市、区）2005—2010 年进行了生态效率评价，并根据生态效率的评价结果提出了有针对性的建议。

这些研究成果大部分是以工业和企业以及区域为研究对象，相对来说，以农业生态效率为研究对象的成果不多，在百度中仅搜到 13 条文献。周震峰（2007）认为，生态效率是当前国际上流行的一种工业管理模式和评估方法，其影响范围正逐渐扩大到社会的各个领域。农业生态效率研究的重点是对农业生产中的各种资源高效持续利用，最小化资源耗费和废物污染，使农业具有可持续的生产潜力，为农业生产的生态和经济绩效提供一种综合的评估方法。文章在对农业生态效率的概念和内涵进行描述的基础上，重点分析了我国开展农业生态效率研究的必要性和意义，并有针对性地提出了若干对策建议。姚星、刘勇（2008）认为，生态效率型组织以不断减少单位产品或服务的资源消耗和环境影响为前提组织生产或服务，即在赚取货币利润的同时不断削减其生产或服务对资源环境造成的影响。生态效率型组织有特殊的内涵，它使经济效率由次优向最优方向转变，其重要形式是生态效率型企业、企业集团，除此之外还包括以农户养地节水为核心的农业生态效率型组织、逆向物流型生态效率组织、基于"食物链"的企业共生生态效率组织——生态工业园、大区域范围的生态效率型行业和产业组织等。吴小庆、徐阳春等（2009）认为，农业面源污染已成为我国环境的主要污染源，但目前缺乏一套针对农业生产的综合评价体系作为对农业面源污染评估和监督的依据。其根据生态效率理论，结合农业生产的特点，建立了综合考虑经济效益、资源物质消耗和环境影响的农业生态效率评价指标体系。该评价体系的建立，将对我国农业生产模式从片面追求产量向经济、资源、环境协调可持续发展转变起到一定的推动作用。陈遵一（2012）根据生态效率理论，结合农业生产的特点，指出了农业生产的环境影响及物质能源消耗特征，在此基础上，构建了针对农业生产的生态效率评价指标体系，并用数据包络分析方法，对安徽17个地市的农业生态效率进行了综合分析，为相关决策和研究提供了理论参考。

从上述文献来看，针对农业生态系统生态效率的评价的基本思路大多数为：首先构建可持续发展的评价指标体系，包括一级指标和二级指标；然后对每个指标的影响力进行评价，也就是对每个指标进行赋权；第三步通常是收集指标数据，并对指标数据进行打分；第四步是在得出打分结果的基础上对生态系统可持续发展水平进行综合评价。这些研究方法主要是经济学和管理学的研究方法，比如层次分析法、模糊综合评价法、灰色关联度法、数据包络分析法等。这些方法的共同缺陷是，它们都建立在基于货币流的价值分析基础上，存在明显的不足：第一，没有考虑系统环境资源的功能；第二，结论存在不可比性，当系统中的产品价格体系不完善时，用该方法不能对不同区域间或不同产品间的经济效益进行合理的比较评价。而生态学上的能量分析和能值分析法则正好能克服这些局限，但能量分析在用于对农业生态经济系统的分析与诊断时同样有其局限：第一，不能阐明所有环境资源对农业生态经济系统的贡献；第二，用相同能量单位 J 表示在类别、性质、来源及能质上存在根本差异的能量，经常导致结论的偏差。相比而言，能值理论恰恰传承了经济学研究方法和能量分析方法的优点，同时克服了上述两种方法的局限。该理论设计了一套反映农业生态与经济效率的能值指标体系，包括能值转换率、能值投入率、能值产出率、环境负载率、能值密度和能值可持续发展指数等，为区域农业生态经济系统可持续性评价提供了理论与方法。这一理论由美国生态学家 H. T. Odum 于 20 世纪 80 年代后期创立，融生态系统与人类社会经济系统于一体，克服了单纯着眼于生态或经济分析的弊端，对自然环境和人类劳动的真实价值进行统一的计量与分析，为人类认识世界，尤其是为区域可持续发展研究提供了一个具有明显优势的理论与方法。蓝盛芳（2001）认为能值理论是当前生态系统理论中研究生态效率与可持续发展的最前沿理论。正是基于此，笔者尝试以 H. T. Odum 的能值理论为主要研究方法对洞庭湖区农业生态经济系统生态效率水平进行综合评价。用能值理论对农业生态系统可持续发展进行研究的文献不少，现作综述如下。

1. 2. 1　能值理论在生态系统中的应用研究

能值研究首先诞生于 20 世纪 80 年代的美国，接着意大利、瑞典、澳大利亚等国在 90 年代迅速开展。能值研究的先驱 H. T. Odum 对得克萨斯州和佛罗里达州等的能值研究是该领域影响最大的成果；H. T. Odum（1987）对海洋生态系统主要种群（鲸鱼）进行了能值评估；H. T. Odum（1989）的报告对 12 个国家的能值进行了评价与比较；S. Ulgiati 与 H. T. Odum（1994）用能值分析对意大利的环境压力和可持续性状况进行过评价；H. T. Odum 和 Arding（1991）在对厄瓜多尔海岸流域的能值进行研究的过程中，得出了潮汐、河流、排放物和海浪能产生非常高的能值价值的结论；M. T. Brown 等（1992）对墨西哥沿海和加利福尼亚州的海岸进行过能值评估；Woithe（1994）通过对阿拉斯加州的研究明确了其经济发展阶段和经济发展导向；S. M Lee 和 H. T. Odum（1994）用能值理论对韩国的社会经济环境作过评价。蓝盛芳和 H. T. Odum（1998），以及 Mark. T. Brown（2002）分别对中国香港地区和中国内地的环境，以及亚马逊河的资源和潜力进行了能值分析；Campbell 等（2004）利用能值核算账户对西弗吉尼亚经济和环境的强势和弱势进行了分析；Martin 和 Stewart 等（2006）对美国堪萨斯州、俄亥俄州和墨西哥恰帕斯州三种不同规模和管理的农业系统进行了能值比较；Lomas 和 Sergio 等（2008）对西班牙过去 20 年的经济发展和自然保护结果进行了能值研究；A. D. La Rosa 等

（2008）对西西里岛不同方式的红橘生产进行了能值评估；等等。

国内学者从20世纪90年代开始，也相继开展了有关能值理论的应用研究。关于生态经济系统能值分析的主要成果有：蓝盛芳等编著的《生态经济系统能值分析》，蒋有绪等译著的《系统生态学》，蓝盛芳译著的《能量环境与经济——系统分析导引》，钦佩、安树青等编写的《生态工程学》等。从期刊论文来看：蓝盛芳（1992）等认为，从农业生态系统的能量分析到能值分析，是生态学研究的一次重要突破；严茂超（1998，2001）曾对西藏等地生态系统的演替和可持续发展做过值分析，对我国主要农产品的能值做了评估；张耀辉和蓝盛芳（1999）对海南省可持续发展做了能值评估；苏国麟、刘新茂等（1999）对广东省及部分地州市种植业生态系统做了能值分析；粟娟等（2000）对森林生态系统的综合效益进行了能值评价；蓝盛芳（2001）进行了能值分析与能量分析的对比研究，并认为能值理论是当前生态系统理论中的最前沿理论；黄书礼（2004）对台北土地的永续利用进行了能值研究；陆宏芳等（2002，2004，2005）运用能值分析法提出了区域可持续发展的评价指标体系，并对广东顺德农业生态系统进行了能值分析；蓝盛芳（2001）用能值分析法对广州城市生态系统的自然环境和社会经济发展做了评价；李双成等（2001）计算了中国1978—1998年20年间的经济系统的能值可持续发展指数，并对江浙地区的生态经济系统进行了能值分析（2003）；董效斌等（2003，2007）的研究对象则选择了黄土高原丘陵沟壑区典型县安塞，并为其制定可持续发展战略提供科学指导，其研究主要以高原和草原为研究重点；刘自强等（2005）以乌鲁木齐市农业生态系统为研究对象应用能值分析的理论与方法分析了该地区可持续发展的阻碍因素，并提出了对策措施；陈敏刚等（2006）研究了中国蚕桑生态系统的内部结构及其与外界资源、环境间的关系；M. M. Jiang等（2007）对中国农业生物资源的开发进行了能值分析，等等。用能值理论进行生态经济系统的可持续发展分析具有独到的优势，因为它综合了资源、环境和经济等各种因素。刘耕源、杨志峰等（2008）提出了基于能值进行城市生态系统健康评价的理论框架和技术路线，从四个方面，即活力（V）、组织结构（O）、恢复力（R）和服务功能维持（F）构建了评价城市生态系统健康的新的能值指标——城市健康能值指标

（EUEHI），并对包头城市生态系统健康程度进行了实证评价。文章认为：包头作为老工业城市，组织结构尚不完善，环境负荷大，生态系统承载力逐年降低，必须从降低环境胁迫入手，逐步降低城市生态系统干扰，增加系统反弹恢复的容量，实现城市健康和谐发展。

杨智强（2009）认为，以能值分析为突破口的"市场生态系统"研究，可以弥补以往的市场研究忽略"自然资本"等因子的缺陷。他在研究中认为：第一，"市场生态"思想的核心是"生态市场"理念，将"自然资本"纳入衡量市场运行和发展的指标体系是市场生态研究的核心价值体现。第二，市场生态系统是一个高度开放的人工生态系统，存在一个以废弃物释放为量纲的三级演进结构。第三，市场生态系统以及能值理论的固有特性决定了将能值分析作为进行市场生态系统研究的切入点是可行的，也是科学的。

雷佳（2010）运用能值分析理论对黑龙江省耕作黑土生态系统进行了物质与能量方面的研究。他认为，对农业生态系统做能值研究解决了原本在农业生态系统内不能相加和相比较的各种工业能和各种生物质能，现在可以在太阳能值这个共同的实质上相加相比较，能够全面客观地分析自然资源与人类社会经济活动对黑土地的影响以及黑土资源的可持续利用状况。

贡璐、李小宁（2012）运用能值理论及其分析方法，以乌鲁木齐市为研究区建立城市复合生态系统能值评价指标体系，重点选取能值自给率、输入能值、人均能值、能值密度、能值/货币比、电力能值比、环境承载力、能值可持续指数等能值综合分析指标，定量研究了1990—2009年研究区复合生态系统能值的动态变化规律。研究结果表明：近20年间，乌鲁木齐市能值自给能力较强，城市发展对外界资源的需求越来越小，居民生活水平和经济发展水平不断提高；但是经济发展强度和工业化水平不高，随着城市不可更新资源的开采，城市规模逐渐扩大，人口量增加，城市可持续能值量减少，本地环境负荷增大，承载力持续下降。在此基础上，该研究对乌鲁木齐市可持续发展提出了几点建议。

1.2.2 能值理论在农业生态系统中的应用研究

有关农业生态系统能值分析应用的研究，主要包括以下方面。

（1）基于能值理论与方法的研究

如：陆宏芳、沈善瑞（2005）的能值理论与分析方法等；张耀辉（2004）的农业生态系统能值分析方法研究；蓝盛芳等（2000）的生态系统能值分析方法；陆宏芳等（2003）针对系统可持续发展的能值评价指标的新拓展研究，提出了新的评价系统可持续发展能力的能值指标；李双成等（2001）提出的以能值分析理论支撑的区域性可持续发展评价指标等，都是关于方法论的研究。

（2）种植模式方面和区域内农业能值及其宏观经济价值评价方面

陆宏芳等（2003）应用能值分析方法分别对珠江三角洲三水市的三种基塘农业生态工程模式进行了系统层和子系统层的能值比较研究；席运官等（2006）应用能值分析方法对稻鸭共作有机农业模式（模式I）和对应的稻麦常规生产模式（模式H）进行了比较研究，并比较了两种模式的生态经济效益。在区域内农业能值及其宏观经济价值的评价方面，我国在该领域的研究相当活跃。一是应用于具体生态系统和经济系统的能值分析，如张希彪（2004）针对陇东黄土高原农业生态经济系统的能值分析；蓝盛芳（2002）把能值分析拓展到农业生态经济系统，并同以往的农业生态系统能量分析加以比较；张耀辉（1999）等对海南省农业能值的分析；严茂超（2001）、刘新茂（1999）等对种植业的能值分析；蓝盛芳等（1998）的中国农业生态系统能流与能值分析等。卞有生（1999）对北京民营生态系统从种植业、林业和畜牧业等各个子系统间的能量产投和物质循环方面做了比较全面的研究。二是应用于自然—社会—经济复合生态系统的能值分析，如严茂超（1998）、李海涛（2001，2003）等评估了西藏、新疆、江西等省区农、林、牧、渔等主要产品的能值及其宏观经济价值；陈兴鹏（2005）、王建源（2007）、李加林（2003）等基于能值分析的针对西北地区、山东省及江苏省等农业经济系统的能值研究等。

邰姗姗、张伟东等（2008）运用能值分析方法，计算分析了大连市2000—2004年农业生态系统的能值投入与产出，并根据实际情况构建了能值分析指标体系，从净能值产出率和环境负荷力角度来量化分析大连市农业系统的发展状况。研究认为：大连市农业生态系统发展整体处于较好态势，但对环境的压力较大，应进一步加大其高科技含量的能值投入，以促

8

进农业系统的更好发展。

王闰平、荣湘民等（2009）以山西省为例，运用能值分析方法对农业生态系统进行了研究。结果表明：山西省农业生态系统仍然处于主要依赖人力有机能和环境资源的传统农业阶段，系统能值投资率为 1.07，能值产出率为 0.99，环境负载率为 6.55。在农业结构调整方面，畜牧业取得了长足发展，而小杂粮、蔬菜和干鲜果的能值产出仍较小，远未成为优势产业；农业生态系统整体的回报效率较低，承受的压力较大。

胡小东、王龙昌等（2010）利用能值分析方法对中国西部 12 个省、市、自治区农业生态系统的能值投入产出情况、环境承载情况和生态系统运行情况做了定量分析，结合 GIS，对区域内各省、市、自治区农业生态系统综合发展水平进行了等级划分和空间差异分析。

潘兴侠、何宜庆等（2011）运用能值分析理论与方法，对鄱阳湖生态经济区农业生态系统的能值投入产出情况、可持续发展状况进行了定量分析。结果表明：相对于全国平均水平，该地区的环境负载率较低，净能值产出率较高，可持续发展能力较强。其根据能值分析的结果，提出了立足现有丰富的自然资源，加大科技投入、发展循环农业、促进农业可持续发展的对策。

李俊莉、曹明明（2012）采用能值分析方法，对榆林市 2000—2008 年农业生态系统的投入产出状况及综合发展水平进行了分析。结果显示：榆林市农业生态系统能值投入以无偿能值为主，2008 年工业辅助能占总能值投入的比例仅为全国平均水平的 26%，而劳动力能值占可更新有机能的比例高达 68%，仍处于主要依赖人力和环境资源的传统农业阶段。综合评价结果显示：榆林市农业生态系统具有较高的发展潜力和较强的可持续发展能力。

1.2.3　国内外对湖南省环洞庭湖农业生态系统的研究

近几年来对湖南省及省内地区进行能值分析的有：邹金伶、康文星（2009，2010）定量分析了怀化市 2005 年农业经济发展过程中投入的能值总量，计算了所消耗的自然资源的能值——货币价值，并核算了怀化市农业绿色 GDP；康文星、王东等（2010）利用能值分析法对怀化市的绿色

GDP 进行了核算；周建、齐安国、袁德义（2008）运用能值理论对 2004 年湖南省生态经济系统总体进行了定量分析和研究，并提出该省生态经济系统可持续发展的相应措施；姬瑞华、康文星（2006）应用能值理论与分析方法对衡东县农业生态经济系统能值投入产出状况、环境承载情况和系统的运行效果进行了定量分析；许振宇、贺建林（2010）对湖南生态系统进行了能值分析，并对其可持续性进行了评估。这些研究成果为能量折算和能值转换提供了许多参考依据，为本书的研究奠定了很好的基础。

针对环洞庭湖区农业生态效率的研究，国内学者齐桓（2005，2008），周栋良（2010），隋国庆、彭志强（2007），刘建钢（2007），徐德华（2010），覃永晖、吴晓等（2008），董明辉、魏晓（2008），莫园、廖希希等（2008）利用经济学和管理学方法做过研究，得出了有价值的成果。

1.2.4 国内外文献评述

能值理论应用于农业生态系统中的研究成果在国内外已有不少，但是对洞庭湖区农业生态系统进行过能值研究的成果仍未发现。而 2011 年湖南省委省政府已提出洞庭湖生态经济区国家战略，迫切需要对洞庭湖区生态经济系统可持续发展程度或者说生态效率的实证研究成果。另外，在农业生态系统进行的能值研究成果中，缺乏具有系统理论框架的成果。因此，对环洞庭湖区农业生态效率进行实证评价和分析，以期达到两个效果：一是在理论上拓宽能值理论的研究范围，并构建一个以横截面数据和时间序列数据为研究基础的、纵横交错的农业生态系统能值分析理论研究框架；二是为相关部门的政策制定提供参考依据。

1.3 研究方法

本书的研究方法主要有：（1）综合理论研究：收集国内外有关生态系统能值研究的相关文献、典型案例。围绕环洞庭湖区农业生态系统现状、演变、绿色 GDP、区域能值地位等进行系统的理论分析。（2）专题调查法：对研究区域进行实地考察与调查，通过问卷调查、随机访问等形式，对相关领域的学者、专家及其他相关人员进行专题访谈，获取实证资料和研究素材。（3）数理分析法：主要采用能值分析与数理统计相结合的研究方法。其中，能值方法贯穿于全书的主体内容，因此，现将该方法的相关概念和研究范式加以简单介绍。

1.3.1　能值理论相关概念

（1）能值与能量

在物理学中，能量（energy）通常定义为物体做功的能力。国际通用的能量单位为焦耳（Joules，缩写 J），1 千卡等于 4186 焦耳。能值与能量不同，能值为一种流动或储存的能量所包含的另一种类别能量的数量。1 吨煤炭具有的能量与它所包含的能值，意义完全不同：1 吨煤炭的能量是指它具有的可做功的有效潜能；而其能值是指 1 吨煤炭在形成过程中直接和间接应用（包含）的某种能量（如太阳能）的总量。因此，能值可理解为"包被能"（Embodied Energy），有的学者也称之为能量记忆（Energy Memory），能值（Energy）一词是由 Embodied Energy 演绎而来的。

（2）能量分析与能值分析

生态系统的能量分析即研究系统的能量流，并对之加以分析。生态系统的能值分析则是以同一标准的能值为量纲，把不同种类、不可比较的能量转化成同一标准的能值来衡量和分析，从中评价其在系统中的作用和地位，综合分析系统的能量流、物质流及其他生态流，得出一系列反映系统结构、功能和效率的能值综合指标。它们的不同点在于：

第一，度量标准和单位不同。能量分析在把各种性质和来源根本不同的能量均以能量单位（J）表示后，进行比较和数量研究。能值分析以能值为共同的度量标准，可将各种原本不可相加和比较的能量转化为可以共同比较的能值单位，即太阳能值（sej），使系统分析建立在共同标准的基础上。

第二，分析对象所含范围不同。能量分析主要计算系统能量的产投比，无非是为了显示投入能对产出形成的效率，它通常不计算太阳能、雨水能等自然资源能量投入。能值分析则不仅分析系统内各组分之间的能值流，而且分析系统内外的能值交流，分析结果得出的综合能值指标体系既反映生态效益，也体现经济效益，能体现自然与人对产出的共同作用和贡献。

第三，功能作用不同。人类与自然界创造的所有财富均包含能值，都具有价值。所以，能值是财富实质性的一种反映，是客观价值的一种表达。能量则不可能用于衡量自然和经济的价值。

(3) 能值转换率与能量等级

所谓能值转换率 (Transfinity)，即每单位某种类别的能量 (J) 或物质 (G) 所具有的能值。实际应用的是太阳能值转换率，即单位能量或物质由相当于多少太阳能焦耳的能值转化而来。A 种能量的太阳能值转换率/〔sej (A)〕＝形成 1J 的 A 种能量应用的太阳能焦耳。它是衡量不同类别能量的能质 (Energy Quantity) 的尺度，与系统的能量等级密切相关，某种能量的能值转换率越高，表明该能量的能质越高。能值 (sej)＝能值转换率 (sej/J)×能量 (J)。

(4) 热力学定律与最大功率原理

生态经济系统的能量流动和储存均遵循热力学定律，即热量可以在不同介质中传递，并可转换成不同的形式，但在任何过程中能量既不能创造，也不能被消灭，只能由一种形式 (态) 转变为另一种形式 (态)。不论是生态系统还是生态经济系统，流入系统的能量等于系统内储存能量之变量与流出系统外能量的总和。最大功率原理：系统为保持不断运转而不被竞争者淘汰，必须自系统外输入更多可利用的能量，同时系统本身必须反馈所储存的高能质能量，强化系统外界环境，使系统内部与外部互利共生，以获取更多的能量，使自身与周围的有关系统在能量转换过程中均能获取最大最有价值的能量。

1.3.2 农业生态系统能值分析方法

农业生态系统能值分析，就是以农业生态系统为研究对象，以热力学定律和最大功率原则为理论基础，把农业生态系统中以不同种类物质、能量以及信息等形式存在的含能物质全部转化为用太阳能值表达的能量形式，综合分析系统中的各种生态流，包括能流、物质流、货币流，得出一系列能值综合指标，从而定量分析系统的结构功能特征与生态经济效益。农业生态系统能值分析方法的基本步骤如下。

（1）收集农业生态系统基本资料

从农业生态经济系统的自然资源、环境、人文等因素着手，收集所分析系统的能物流、信息流及货币流资料，得到系统的自然地理与经济资料、统计数据等。资料与数据是实证研究的基本材料，资料是否全面、客观，数据是否完整、准确，关乎实证研究结果的正确与否。农业生态系统的能值研究所采用的资料与数据主要采取查阅文献、实地调查及向专家咨询等方式获得。本书的原始数据主要来自《湖南省农村经济统计年鉴》《湖南省统计年鉴》《中国农村统计年鉴》《中国统计年鉴》和《农业技术经济手册》。

（2）绘制农业生态系统能值分析图

确定所研究系统的边界、系统的主要能量来源，列出系统各组分的过程和相互关系，并对相关能流量的各能值流进行区分、归类。运用 H. T. Odum 提出的能量符号及生态系统图解方法绘制农业生态系统能值图，如图 1-1。

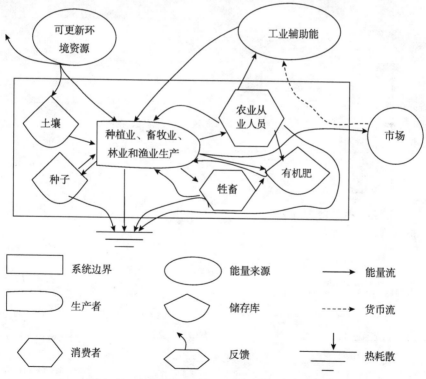

图 1-1　环洞庭湖区农业生态系统能值分析简图

（3）编制能值分析表

能值分析表的主要功能是要显示各种生态流由原始数据量导出能值流的过程，标准的能值分析表包括六大项目，即编号、生态流归类、原始数据、太阳能值转换率、太阳能值及宏观经济价值，在实际分析中根据需要适当取舍。

（4）构建能值综合指标体系并计算分析

经过20多年的能值分析研究成果的积累，现已经形成一整套能值综合指标体系（见表1-1），不同的研究者可根据实际情况选取相应的指标进行分析，这样有助于反映系统变化规律及其特征（蓝盛芳等，2002）。以下是本书针对区域农业生态系统研究所需要的一些常用指标及其含义的介绍。

表1-1　生态经济系统能值分析指标汇总表

序号	指标名称	表达式
1	可更新资源能值	R
2	不可更新资源能值	N
3	环境资源总投入	$I = R + N$
4	不可更新工业辅助能	F
5	可更新有机能	R1
6	总辅助能投入	$U = F + R1$
7	总能值投入量	$T = I + U$
8	总能值产出	Y
9	能值自给率	$ESR = I/T$
10	能值投资率	U/I
11	工业辅助能值比率	F/T
12	有机辅助能值比率	R1/T
13	购买能值比率	R/T
14	净能值产出率	Y/U
15	不可更新资源能值/总能值用量	N/T
16	能值密度	T/面积

14

序号	指标名称	表达式
17	人均能值用量	T/M
18	能值/货币比率	T/GDP
19	环境负载率	(U+N)/R
20	农村从业人员	M
21	可持续发展指数	(Y/U)/ELR

第一，能值投资率。能值投资率也称为"经济能值/环境能值比率"，是指生态系统的反馈能值与环境无偿能值比。这是计量经济发展程度和环境负载程度的指标。其值越大，表明系统经济发展程度越高而对环境的依赖越弱。全球平均能值投资率为2，发达国家比发展中国家的能值投资率高。能值投资率可用于确定经济活动在一定条件下的效益，并可测知环境资源条件对经济活动的负载率。如果某农业生态系统能值投资率大大高于周边地区的平均能值投资率，那么该系统可能超出当地环境条件承受能力。

第二，净能值产出率。净能值产出率是衡量系统产出对经济贡献大小和系统生产效率的指标，它是系统产出能值与总辅助能值投入的比率，字母缩写为EYR。通过比较农业生态系统的EYR，可以更好地了解某一农业生态系统是否具有区域竞争力及良好的经济效益。农业生态系统EYR值越高，表明该系统一定的经济能值投入，生产出来的产品能值越高，即系统的生产效率越高，越具有区域竞争力。

第三，能值投入密度。农业生态系统的能值密度常用来表示农业生态系统经济发展程度和经济发展等级，表明能值集约度和投入强度，用该系统能值总利用量与系统面积之比求得，单位是$sej/(m^2 \cdot a)$。能值投入密度越大，则说明研究区域集约化程度越高，经济越发达，在等级中的地位越高。

第四，能值自给率。农业生态系统的能值自给率常用来表明自然环境资源能值对农业经济发展所做的贡献，也表明系统对自然环境的依赖程度，通常用农业生态系统无偿自然环境资源能值与系统总能值用量之比求得。一般来说，农业生态系统的面积越大，蕴藏的资源越多，其能值自给

15

率就越高。但是在农业生态系统中，如果不对系统内不可更新资源进行开发，工业辅助能值投入不够，则可能会使该系统资源得不到最佳利用，使区域经济发展水平得不到提高。

第五，环境负载率。农业生态系统环境负载率是农业生态系统的一种警示指标，通常用来自系统的购买能值与系统不可更新环境资源能值之和除以系统可更新环境资源能值求得。一般来说，如果系统环境负载率长期处于较高水平，表明系统存在高强度的能值利用，这时系统经济活动对环境系统保持较大压力，将产生不可逆转的功能退化或丧失。反之，环境负载率越小，表明农业生态系统的环境承载压力越小，发展潜力越大。

第六，人均能值用量。农业生态系统的人均能值用量指该系统的人均能值利用量，是系统的总能值投入量与农业从业人口总量之比。从宏观的生态经济能量学角度考虑，用人均能值利用量来衡量人们生存水平和生活质量的高低，比传统的人均收入更具有科学性和全面性。个人拥有的真正财富除了可由货币体现的经济能值外，还包括没有被市场货币量化的自然环境无偿提供的能值、与他人物物交换而未参与任何货币流的能值等。人们享有的这几方面的财富，仅以个人经济收入是不可能全面体现的。在农业生态系统中，人们可以通过系统直接获得某些生活必需品，没有必要为此支付任何货币。因此，如果只是用货币来衡量他们的生活水平，则误差较大。而利用能值用量指标可以衡量人们的真实物质生活水平。

第七，能值可持续发展指数。能值可持续发展指数（ESI）是系统净能值产出率与环境负载率的比值。$1 < ESI < 10$，表明生态系统富有活力和发展潜力；$ESI > 10$ 是经济不发达的象征，表明对资源的开发利用不够；而 $ESI < 1$ 则预示着高消费驱动型生态系统，表明系统的购入能值在总能值使用量中所占比重较大，或对本地不可更新资源的利用较大。

这些能值指标具有内在的有机联系，通过系统能值指标体系，可以反映出农业生态系统发展水平和特征，也可以反映出农业生态系统的可持续发展水平。可根据研究需要，选择建立能值分析指标体系（诸如净能值产出率、能值投入率、环境负荷率、能值/货币、能值使用强度、辅助能值使用量比、基于能值分析的可持续发展指数、可更新资源能值占总能值流量比等），利用计算机技术计算与定量分析。

农业生态系统的能值计算主要包括投入能值和产出能值的计算，投入能值主要有可更新资源投入能值、不可更新资源投入能值、不可更新工业辅助能值、可更新有机能值等；农业生态系统的能值产出主要是指种植业、林业、畜牧业和渔业的能值产出。这些要在收集资料、获取数据的基础上，根据 H. T. Odum 的研究成果中的固定计算公式，由能量折算系数和转换系数计算而得，具体计算公式与相关系数见附表 A－1；能值转换的基本表达式为：$M = \lambda \times B$，式中，M 为太阳能值（单位为 Solaremergyjoules，缩写为 sej），λ 为太阳能值转换率，B 为可用能。一般情况下，在能值计算中所采用的太阳能值转换率都是参考 H. T. Odum 等的研究成果，随着能值理论研究的不断拓展，可参考的成果也日益增多。

本书运用到的能量折算系数主要来自《农业生态学教程》和《农业技术经济手册》。能值转换率大部分参考了蓝盛芳等主编的《生态经济系统能值分析》（蓝盛芳等，2002）和闻大中主编的《农业生态系统的能量分析——理论、方法与实践》（闻大中，1993）等著作，少部分是笔者通过查阅《农业技术经济手册》（牛若峰和刘天福，1984）计算整理而成。

（5）系统的发展评价和策略分析。

根据能值指标系统分析结果，制定正确可行的系统管理措施和经济发展策略，指导农业生态经济系统的可持续发展。

1.4　研究线路与主要研究内容

1.4.1　研究线路

本书研究线路如图 1－2 所示。

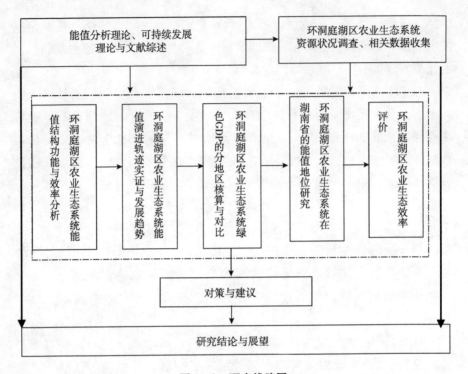

图 1-2 研究线路图

1.4.2 拟解决的关键问题

本书拟解决的关键问题是：编制研究需要的能值投入表、能值产出表和能值分析指标表，其中，能值投入项目和能值产出项目所对应的能量折算系数和能值转换系数的获取与核算是重中之重。

生态系统能值分析的基础工作是要将系统各种投入和产出资源项目的基础数据通过能量折算系统和能值转换系数转化为统一由太阳能（sej）表示的能值数据，并编制各种类型的能值投入表、能值产出表和能值分析指标表，这是开展能值分析和研究的前提。

1.4.3 主要研究内容

（1）环洞庭湖区农业生态系统能值结构功能效率研究：运用能值理论，以该系统 2009 年能值投入产出数据为分析依据，实证分析系统的能值结构、功能和效率。

（2）环洞庭湖区农业生态系统能值演变与趋势研究：应用能值分析方法，对 2000—2009 年环洞庭湖区农业生态系统的能值总量、投入和产出结构以及各能值指标的变化趋势进行分析。

（3）环洞庭湖区农业生态系统能值绿色 GDP 核算研究：运用能值理论，以湖南省环洞庭湖区 2009 年农业生态系统能值投入和能值产出为依据，计算该区域农业生态系统所消耗的不可更新环境资源、不可更新工业辅助能的能值——货币价值，对该区域农业生态系统的绿色 GDP 进行核算。

（4）湖南省农业生态系统能值结构功能效率及演变与趋势分析：本部分的研究主要是为洞庭湖区农业生态系统的进一步深入研究提供一个参照比较的对象。为了保持对比分析口径的一致性，本部分所采用的数据包括横截面数据和时间序列数据，且研究逻辑与框架均与前面保持一致。

（5）环洞庭湖区农业生态系统在湖南省农业中的能值地位分析：对洞庭湖区农业生态系统与湖南省农业生态系统的能值指标做一对比研究，进一步探寻环洞庭湖区农业生态系统在湖南省农业中的能值地位和比较优势。

（6）环洞庭湖区农业生态系统生态效率问题研究：讨论该系统的经济效率、资源与环境以及能值绿色 GDP 等问题。

（7）提高洞庭湖区农业生态效率，实现农业绿色发展的战略与思路。

2 环洞庭湖区农业生态系统资源特征和农业发展状况

洞庭湖位于中国湖南省北部，长江荆江河段以南，是中国第四大湖，仅次于青海湖、兴凯湖和鄱阳湖，也是中国第二大淡水湖，面积2820平方公里（1998年），原为古云梦泽的一部分，洞庭湖南纳湘、资、沅、澧四水汇入，北与长江相连，通过松滋、太平、藕池、调弦（1958年已封堵）"四口"吞纳长江洪水，湖水由东面的城陵矶附近注入长江，为长江最重要的调蓄湖泊。由于泥沙淤塞、围垦造田，洞庭湖现已分割为东洞庭湖、南洞庭湖、目平湖和七里湖等几部分。

湖南省环洞庭湖区涉及常德、益阳、岳阳三个地市。从理论上说，环洞庭湖区应当只包括与洞庭湖相邻的滨湖堤垸地区，以及直接受洞庭湖影响而需要堤垸保护的洞庭湖其他平原地区。本书所指的湖南省环洞庭湖区依据的是王克英主编的《洞庭湖治理开发》一书对洞庭湖区的界定："洞庭湖区范围包括滨湖堤区及四水尾闾受堤垸保护地区。"因此，根据这一界定，岳阳、常德、益阳三市除平江县、石门县、桃江县、安化县4个县外，其余24个县、区都属于环洞庭湖区，本书中的洞庭湖区能值计算口径以此为依据。

该区域以洞庭湖平原为主体，区内光照丰富，雨水充沛，耕地面积广，水域宽广，农业资源相当丰富，自古以来就是中国农业精华地带，是湖南省农业最为发达的地区之一，也是国家重要的粮食、棉花、淡水水产和生猪等农产品生产基地，素有"鱼米之乡"、"洞庭粮仓"的美誉。洞庭湖区土地肥沃，气候适宜，雨量充沛，动植物资源丰富，独特的资源优势为洞庭湖区在全国的现代农业地位奠定了物质基础。

2.1 水土资源

洞庭湖水系发达，被誉为"长江之胃"、"大地之肾"，是长江流域最主要的集水、蓄洪湖盆，对洪水起着很大的调节作用，削减洪峰流量近30%，具有调节气候、降解污染等功能。湖区广阔的水域为发展湿地农业尤其是渔业提供了天然优势。洞庭湖区地貌类型多样，有湖滨平原、沿江平原、缓岗丘陵、中低山地等。湖区土地资源丰富、土壤肥沃，天然湿地和人工稻田湿地极适宜农、林、牧、副、渔业等产业的发展。2009 年，岳阳、益阳、常德三市属于湖区的耕地面积为 919.74 千公顷，占三市总面积（1055.6 千公顷）的 87.13%。水田 638 千公顷，占湖区耕地面积的72.8%，主要种植双季稻，部分低渍湖田，过去主要种一季稻，现大多已退田还湖，主要搞特种水产养殖、种莲藕。旱地 238 千公顷，占湖区耕地面积的27.2%，主要种植棉花、油菜、苎麻、烟叶、蔬菜、茶叶、柑橘、大豆、红薯、甘蔗、药材等。林地 1399 千公顷，主要栽种树木、楠竹、水果。养殖水面 256 千公顷，占全省养殖水面的 55.78%，主要养鱼、珍珠蚌、河蟹等特种水产，三市淡水珍珠产量占到全球产量的一半。其他农用地 495 千公顷，其中，滩涂主要用于栽种速生树、种植芦苇和蓄草放牧；退田还湖用于蓄洪的面积主要用于种植速生树、种植芦苇和蓄草放牧。丰富的湖区饲料资源，使猪、牛、羊、鸡、鸭、鹅、兔等养殖业蓬勃发展。另外，洞庭湖及周边湿地还是我国七大湿地之一，已被列入国际重要湿地名录。湖区湿地不仅具有调蓄滞洪的功能，还是最具生物多样性的地带，具有较高的旅游价值。

2.2 气候特点

环洞庭湖区处于中亚热带向北亚热带过渡地带，年均气温 16.5℃～17℃，1 月平均气温 4.0℃～4.5℃，7 月平均气温 29.0℃，全区无霜期260～280 天，全年实际日照平均 1600～1800 小时，是湖南省日照最多的地区。较高的活动积温和较长的无霜期为农业生产提供了有利条件，使农作物能一年两熟至三熟；山地多逆温，湖泊效应明显，保证了作物的正常过冬；光热分布较合理，农作物利用光热增产的潜力大。湖区降水丰富，雨热同期，年平均降水 1300～1400 毫米，最多年份降水达 2000～2300 毫米，湖区丰沛的雨水条件为农业稳产提供了保证。湖区年平均太阳辐射量 109 千卡，是同纬度中光能比较充分的地区。洞庭湖区日照充足，雨量充沛，四季分明，适宜农业发展。

2.3 动植物资源

洞庭湖区拥有亚洲最大的湿地保护区，野生动植物资源十分丰富。野生动植物广泛分布于山地、丘陵、平原和水域，经济和生态价值大。

湖区已发现的野生植物和规划用于农林生产的栽培植物共 1428 种，隶属于 637 属 170 科。丰富的动植物资源不仅为城乡居民提供了备受他们喜爱的绿色食品，如野芹、姑子秆、芦笋、蓼米，同时其本身还具有观赏和科学考察价值，能维持生态多样性，而且具有巨大的经济价值、药用价值等，为发展现代农业提供了丰富的原材料。如，贝类中的三角帆蚌、皱纹冠蚌和猪耳丽蚌等是繁殖珍珠的主要原材料，芦苇是工业造纸主要原料，厚朴、杜仲、何首乌等则是名贵的中药材。洞庭湖湿地景观生态系统的景观边缘效应强，能为各生态系统的物种提供良好的繁衍、栖息地。

记录到的鸟类有 16 目 46 科 217 种，约占全国 87 科的 52.9%，1186 种的 18.3%。珍稀濒危鸟类多，列为国家一级保护的鸟类有大鸨、白鹤、白头鹤、白鹳、黑鹳、中华秋沙鸭 6 种。现有鱼类 11 目 22 科 70 属 119 种，主要经济鱼类有青、草、鲢、鳙、鲫、鳊、鳜鱼等 20 余种，珍贵鱼类有中华鲟、白鲟、银鱼、鲥鱼、胭脂鱼 5 种。虾类 4 科 9 种，贝类 9 科 48 种。哺乳类 22 种，湖区有哺乳动物 16 科 31 种，其中白鳍豚属国家一级保护动物，江豚属国家二级保护动物。两栖爬行类动物 27 种，软体动物 47 种。

2.4 洞庭湖区农业发展的产业基础

湖区近几年来通过实施"田、水、路、林、村"综合整治工程，农田基础设施进一步完善，防洪排涝等抵御自然灾害的能力增强，农田质量和土地节约集约利用水平全面提高，农村公共交通网络完善，农村生态建设水平较高，为现代农业的发展打下了坚实的基础。

（1）耕地质量和产能进一步提高

近几年来，湖区加强耕地保护及质量建设，主要措施有：抓好3个国家级基本农田保护示范区和14个商品粮基地县标准粮田建设；严格执行土地利用总体规划和年度计划，全面落实耕地保护责任制，切实控制建设占用耕地和林地；积极进行土地整治，扩大耕地面积，提升耕地质量。

2010年5月17日，国土资源部、财政部正式批复"环洞庭湖基本农田建设重大工程"第一期项目（即为期5年的项目），2010年度整治面积65万亩（1亩＝667平方米），新增耕地6.3万亩。有效耕地面积的增加，主要是通过田块归并，改变地块零散、插花状况，将部分闲置浪费土地整理出来，变成耕地，不仅不破坏自然生态，而且有利于提高整个项目区原有耕地的质量和产能。该区域土地整治后，耕作条件进一步改善，耕地质量和粮食产能进一步提高。

（2）防洪抗灾能力明显增强

近几年来，在政府的大力支持下，洞庭湖区进行了大规模的水利建设。中共湖南省委2010年1号文件指出，要把水利建设放在固定资产投资的重要位置，大力推广节水灌溉技术，加快建设一批节水灌溉工程。以岳阳市为例，岳阳市2009年共投入水利建设资金9.5亿元，完成水利工程5.2万处、土石方5200立方。特别是强化小型农田水利建设，新建山塘325口，清淤增容山塘10500口，维修抗旱设施2000处，完成清淤沟渠3164公里，砼衬砌渠道543公里，农田水利设施逐步完善，有力保障了农业丰产丰收。

（3）农村公共交通逐步完善

洞庭湖区东有京广铁路、107国道和京珠高速公路通过；西有枝柳线、石长铁路、207国道和319国道斜贯；常德机场已建成4C机场，直通全国各大城市；"四水"及洞庭湖水网四通八达，常年通航，承担着区内外大宗物资的运输。铁路、公路、水运、航空立体交通网络的形成，为环洞庭湖区经济的发展提供了先决条件。乡镇道路也不断完善，如，常德市2010

年新建乡镇通村水泥（沥青）路1204公里，方便了农户的出行及农产品的运输。经济地理区位的中介性和优越性较为突出，有利于农产品贸易，不仅可为湖区以外的地区提供农副产品和工业原料，也可成为其他地区工业制成品的销售市场，加速湖区农业向开放式经济转变，成为农业产业的物资集散中心。

（4）生态环境建设加强

近年来，湖区注重加强环境建设，实施退耕还林、退田环湖等工程，开展污染行业整治行动，湖区农村生态环境持续好转。2010年，常德市森林覆盖率为46.0%，完成造林面积12.3千公顷，退耕还林1.3千公顷。同时，加强农村节能减排工作建设，鼓励发展循环农业和生态农业。建立有利于节约资源和保护环境的生产、生活方式，减少化肥、农药的过度投入，解决农业生产过程中造成的面源污染。实现清洁生产，推进农作物秸秆、农村生活垃圾和污水、畜禽粪便等废弃物的循环利用。大力发展产业，加快推进农村沼气建设。常德2010年解决了28.2万农村人口饮水不安全问题，新建农村沼气池2.1万口，城镇生活垃圾无害化处理率达到100%。

《中国综合农业区划》将洞庭湖区列为全国九大商品粮基地之一，并提出把该区建成具有全国意义的高产稳产淡水水产品基地。由于特殊的地理环境和优越的农业资源，洞庭湖区一直是湖南乃至全国重要的农产品生产基地，主要农产品在全省占有重要地位。目前，洞庭湖区生产总值约占全省的30%。其中，粮食总产量占全省的33%；油料总产量占全省的40%；水产品总产量占全省的51%；棉花总产量占全省的85%。近几年来，农业结构调整和产业化进程加快，粮食种植面积适度调减，主要经济作物种植面积有所增加。

洞庭湖区农业经过多年的发展，区域特色逐步形成。其中，岳阳已形成粮食、生猪、水产、家禽、蔬菜、饲料6个年产值超过10亿元的支柱产业。益阳紧紧围绕粮食、棉花、兰麻、油菜籽、水产品，以及山丘区药材、楠竹、水果、茶叶、草食动物等，培育了12个优质农产品产业带。常德通过实施"五个百万亩工程"，人工牧草和饲料粮、欧美杨、高效蔬菜、名优特水产养殖、优质水果等产业规模不断扩大，形成了金健米业，洞庭水殖，津市醋头、蚕桑，桃源黑猪，武陵、澧县蔬菜等一批区域特色明显的主导产业。同时，洞庭湖区农产品精深加工工业有较好基础，食品、轻纺、造纸等几大行业在湖南省占有重要地位，岳阳纸业集团、常德卷烟厂、恒安纸业、洞庭麻纺厂等是全省轻纺食品工业的主要增长点，近年还培育了金健米业、正虹饲料、洞庭水殖、辣妹子、阳光乳业、加华牛业等一批涉农上市公司和大型农业产业化龙头企业。服务业也形成了一定规模，第三产业在国民经济中的比重达到32%。如，充分运用独特的区位优势和优越的交通条件，湖区的交通运输业和商贸流通业等服务业稳步发展；依托其得天独厚的水体资源和历史文化资源优势，湖区的旅游业也有较快的发展。

2.5　洞庭湖区农业发展面临的各种挑战[1]

（1）后三峡时代湖区生态平衡被打破，水资源减少

2008 年举世瞩目的三峡工程建成，给洞庭湖区的生态环境带来了一系列深远的影响，洞庭湖与长沙之间的平衡被打破，江湖关系由此进入一个全新的阶段。三峡工程的首要目标是防洪，所以在很大程度上减轻了洞庭湖区洪涝灾害的威胁，减缓了洞庭湖的萎缩速度，有效地保护了洞庭湖的生存空间。然而大型水利工程对生态环境的影响是全面而深远的，虽然三峡工程对洞庭湖的影响总体来说是利大于弊，但其不利影响也不容忽视，现在看来主要表现在两方面：第一，使湖泊蓄水量减少。三峡建坝后，年径流量减少，洞庭湖的蓄水量随之相应减少。来自湖南水利厅的一项调研报告显示，三峡工程建成后长江泥沙量减少，清水下泄使长江河床不断刷新，长江入洞庭湖水量也随之减少。虽然在枯水期三峡下泄量有所增加，但仍不足以补偿冲刷造成的长江入湖水量的减少。受此影响，近年来长江入洞庭湖三口河系衰退特征已十分明显，湖区部分地区发生严重干旱，2011 年华容县甚至出现严重春旱。目前洞庭湖北部地区的"饮水不安全人

● 参考：2011 洞庭湖发展论坛文集 466 – 469，周栋良："环洞庭湖区两型农业发展思路与对策"，载《洞庭湖发展论文集》，2011 年版，第 466～469 页。

数"比原估计的增加了近 180 万人。第二,使水环境质量下降。三峡大坝在减少年径流量的同时,还会减慢水流速度,从而导致湖泊换水周期延长,水体交换能力与自净能力减弱,水环境质量下降,甚至还会出现水体富营养化。

(2)农业生产成本持续增加,严重影响农业的长远发展

由于能源的大量消耗和商业能源的高投入,湖区农业日益依赖现代工业和石化能源来生产。而作为不可再生的石化能源,其储量的有限性和开发难度及生产的大量投入,使农业生产在很大程度上受到能源紧缺和能源价格上涨的影响。

(3)植被破坏,物种减少,严重影响农业生态平衡

垦荒殖稼使植被遭破坏,围湖造田和扩大养殖工程及泥沙淤积导致湖泊面积逐年减小。高产农业使湖区种植业过分集中于少数几种农作物,造成种植面狭窄。而森林和湖泊面积减少又使野生动植物减少了栖身之地。化肥农药的残毒不仅影响人畜健康,而且使大批害虫的天敌和有益生物逐年减少甚至灭绝。

3 环洞庭湖区农业生态系统
能值结构功能效率研究

为探究湖南省环洞庭湖区农业生态系统的生态效率，揭示其中的人与自然资源以及环境的相互关系，本书借鉴 H. T. Odum. 的能值研究方法，以该系统 2009 年能值投入产出数据为依据，实证分析了能值结构、功能和效率。

3.1 材料与方法

3.1.1 数据来源

本章所用基础数据主要来源于《湖南省农村经济统计年鉴》（2010 年版）、《2010 年湖南省年鉴》、《2010 年湖南省统计年鉴》、湖南统计信息网。能量折算系数主要参考了《农业生态学教程》和《农业技术经济手册》。能值转换率大部分参考了蓝盛芳等主编的《生态经济系统能值分析》（蓝盛芳等，2002）和闻大中主编的《农业生态系统的能量分析——理论、方法与实践》（闻大中，1993）等著作，少部分是笔者通过查阅《农业技术经济手册》（牛若峰和刘天福，1984）计算整理而成。能值投入表和产出表中的项目，依据湖南省农业生态系统的特点进行了一定程度的细分，将能值投入细分为可更新环境资源能值投入、不可更新环境资源能值投入、可更新工业辅助能值投入，不可更新工业辅助能值投入、有机能值投入，将能值产出细分为种植业能值产出、牧业能值产出、林业能值产出、渔业能值产出。

3.1.2 能量折算系数、能值转换率及能值计算

本章所涉及的能量折算系数和能值转换率如表 3-1 所示。

表 3-1 折算系数和能值转换率

项目	能量折算系数	能值转换率	项目	能量折算系数（J·t^{-1}）	能值转换率（sej·J^{-1}）
太阳光能	–	1.00 sej·J^{-1}	甘蔗	2.68×10^9	8.40×10^4
风能	–	6.63×10^2 sej·J^{-1}	烟叶	1.43×10^9	2.70×10^4
雨水化学能	–	1.54×10^4 sej·J^{-1}	蔬菜	2.46×10^9	2.70×10^4
雨水势能	–	8.89×10^3 sej·J^{-1}	茶叶	1.43×10^{10}	2.00×10^5
地球旋转能	–	2.19×10^4 sej·J^{-1}	水果	2.65×10^9	5.30×10^5
净表土损失能	–	6.25×10^5 sej·J^{-1}	瓜果	2.46×10^9	2.46×10^5
水电能量	3.60×10^6 J·kwh^{-1}	1.59×10^5 sej·J^{-1}	木材	1.57×10^{10}	4.40×10^4
火电能量	3.60×10^6 J·kwh^{-1}	1.59×10^5 sej·J^{-1}	竹材	1.57×10^{10}	4.40×10^4
化肥	–	4.88×10^9 sej·g^{-1}	油桐籽	3.86×10^{10}	6.90×10^5
农药	–	1.62×10^9 sej·g^{-1}	油茶籽	3.86×10^{10}	8.60×10^4
农膜	5.19×10^4 J·t^{-1}	3.80×10^8 sej·J^{-1}	板栗	9.68×10^9	6.90×10^5
农用柴油能	4.71×10^{10} J·t^{-1}	6.64×10^4 sej·J^{-1}	核桃	1.18×10^{10}	6.90×10^5
农用机械	3.60×10^6 J·kwh^{-1}	7.50×10^4 sej·J^{-1}	竹笋干	1.17×10^{10}	2.70×10^4
劳动力	3.78×10^9 J·人$^{-1}$	3.80×10^5 sej·J^{-1}	猪肉	2.09×10^{10}	1.70×10^6
畜力	1.89×10^9 J·头$^{-1}$	1.46×10^5 sej·J^{-1}	牛肉	2.09×10^{10}	4.00×10^6
有机肥	–	2.70×10^4 sej·J^{-1}	羊肉	2.09×10^{10}	2.00×10^6
种子	–	6.60×10^7 sej·J^{-1}	禽肉	2.09×10^{10}	2.00×10^6
谷物	1.62×10^{10} J·t^{-1}	8.30×10^4 sej·J^{-1}	兔肉	2.09×10^{10}	4.00×10^6
豆类	1.85×10^{10} J·t^{-1}	8.30×10^4 sej·J^{-1}	牛奶	2.09×10^{10}	1.71×10^6
薯类	1.30×10^{10} J·t^{-1}	8.30×10^4 sej·J^{-1}	蜂蜜	1.34×10^{10}	1.71×10^4
油料	3.86×10^{10} J·t^{-1}	6.90×10^5 sej·J^{-1}	蛋	2.09×10^{10}	1.71×10^6
棉花	1.88×10^{10} J·t^{-1}	1.90×10^6 sej·J^{-1}	水产品	5.50×10^9	2.00×10^6
麻类	1.67×10^{10} J·t^{-1}	8.30×10^4 sej·J^{-1}	/	/	/

能值投入产出表相关项目计算公式如下。

（1）环境资源的能值投入计算

太阳能值 = 土地面积 × 年太阳光能平均辐射量 × 太阳能值转换率

风能值 = 高度 × 空气密度 × 涡流扩散系数 × 风速梯度 × 土地面积 × 太阳能值转换率

其中，涡流扩散系数的计算公式为：

$$K_m = U_x L$$

式中，U_x 表示摩擦系数，L 表示混合长度。

空气密度的计算公式为：

$$\rho = P/R_T (1 + 0.608q)$$

式中，q 表示空气的比湿，P 表示实测大气压，R_T 表示干空气比气体常量。空气密度为 $1.29kg \cdot m^{-3}$，涡流扩散系数为 $12.95m^2 \cdot s^{-1}$，风速梯度为 $3.93 \times 10^{-3}m \cdot s^{-1}$。

雨水势能能值 = 土地面积 × 平均海拔高度 × 降雨量 × 雨水密度 × 重力加速度 × 太阳能值转换率

式中，雨水密度为 $1000kg \cdot m^{-3}$，重力加速度为 $9.8m \cdot s^{-2}$。

雨水化学能值 = 土地面积 × 降雨量 × 吉布斯自由能 × 雨水密度 × 太阳能值转换率

式中，吉布斯自由能为 $4.94 \times 103J \cdot kg^{-1}$，雨水密度为 $1000kg \cdot m^{-3}$。

净表土损失能 = 耕地面积 × 侵蚀率 × 流失土壤中有机质含量 × 有机质能量

式中，侵蚀率为 $250g \cdot m^{-2} \cdot a^{-1}$，流失土壤中有机质含量为 3%，有机质能量为 $2.09 \times 10^4J \cdot g^{-1}$。如果是被成熟植被覆盖的地区，其表土层的土壤得失为 0。

地球旋转能 = 系统面积 × 热通量

式中，热通量为 $1.45 \times 10^6J \cdot m^{-2} \cdot a^{-1}$。

（2）其他投入—产出要素的能值计算

系统中投入的有机能（劳动力、畜力等）和工业辅助能（化肥、农药、农机等），以及系统中输出的种植业产品（稻谷、油料等作物）、畜禽产品（猪肉、禽蛋等）、林产品和水产品的能值计算，是先根据相关统计年鉴和其他调查计算所得出的各种物质、能量的投入或产出的数据，其中一部分物质借助能量折算系数转化为其能量（以 J 为单位），然后根据各种物质、能量的太阳能值转换率（以 sej/j 为单位）换算成统一的太阳能值（以 sej 为单位），另一部分直接借助能值转化率（以 sej/g 为单位）换算成能值（以 sej 为单位）。具体计算公式如下：

① 不可更新工业辅助能的投入能值的计算。

a. 当年投入的化肥、农药、农膜的能值的计算公式：

投入的物质的能值 = 当年使用该物质的量（g）×该物质的太阳能值转换率（sej/g）

b. 投入的农用柴油、农用机械、电力的能值的计算公式：

投入物质的能值 = 当年使用该物质的量（kg）×该物质的能量折算系数（j/kg）×该物质的太阳能值转换率（sej/j）

② 可更新有机能投入能值的计算。

a. 饲料的能值 = ∑［第 i 种牲畜（家禽）的数量×该种牲畜（家禽）每年食用饲养量］（kg/a）×饲料的能量折算系数（j/kg）×太阳能值转换率（sej/j）

其中，i = 1，2，3，4。

b. 劳动力（畜力）的能值 = 每年劳动力（牲畜）工作天数（d）×能量折算系数（j/kg·d）×太阳能值转换率（sej/j）

c. 种子的能值 = ∑当年各种植物总的使用量（kg）×能量折算系数（j/kg）×太阳能值转换率（sej/j）

d. 畜（禽）仔的能值 = ∑［第 i 种牲畜（家禽）的数量×第 i 种牲畜（家禽）的平均重量（kg）×第 i 种牲畜（家禽）的能量折算系数（j/kg）×第 i 种牲畜（家禽）太阳能值转换率（sej/j）］

其中，i = 1，2，3，4。

e. 有机肥的能值 = 当年人、畜禽的排泄物的总量（kg）×能量折算系数（j/kg）×太阳能值转换率（sej/j）

③ 各种产出物质的能值计算。

各种产出物质的能值 = 该种物质的产量（kg）× 该种物质的能量折算

系数（j/kg）× 该种物质的太阳能值转换率

（sej/j）

或 = 该种物质当年的产值（元）× 当年该地区的能值/货币比率

（sej/元）

3.1.3 环洞庭湖区农业生态系统能值投入和产出及能值指标

经计算整理得到以下 3 个数据表：环洞庭湖区农业生态系统能值投入表（表 3 - 2）、环洞庭湖区农业生态系统能值产出表（表 3 - 3）和环洞庭湖区农业生态系统能值分析指标表（表 3 - 4）。值得说明的是：为了便于分析，在能值分析指标体系中本书共设计了 3 个一级指标，分别是结构指标、功能指标和效率指标。结构一级指标从自然支撑力、发展潜力、机械化程度和系统均衡性等方面设计了能值自给率等 4 个三级指标，功能一级指标分别从保障生活、容纳人口和生态调节等方面设计了人均产出能值等 4 个三级指标，效率一级指标的解释指标是能值产出率，如表 3 - 4 所示。

表 3 - 2 环洞庭湖区农业生态系统能值投入表（2009）

项目			能量、数据（J 或 t）	能值转换率（sej · J^{-1} 或 sej · t^{-1}）	太阳能值（sej）	能值—货币价值（元）
可更新环境资源投入	1	太阳能	1.39×10^{20}	1	1.39×10^{20}	2.58×10^{8}
	2	风能	1.98×10^{12}	6.63×10^{2}	1.32×10^{15}	2.44×10^{3}
	3	雨水化学能	1.97×10^{17}	1.54×10^{4}	3.03×10^{21}	5.62×10^{9}
	4	雨水势能	1.76×10^{17}	8.89×10^{3}	1.56×10^{21}	2.89×10^{9}
	5	地球旋转能	4.39×10^{16}	2.19×10^{4}	9.62×10^{20}	1.78×10^{9}
		小计			4.13×10^{21}	7.66×10^{9}
不可更新环境资源投入	6	净表土损失能	1.34×10^{15}	6.25×10^{4}	8.37×10^{19}	1.55×10^{8}
		小计			8.37×10^{19}	1.55×10^{8}
可更新工业辅助能投入	7	水电	1.54×10^{14}	1.59×10^{5}	2.45×10^{19}	4.53×10^{7}
		小计			2.45×10^{19}	4.53×10^{7}
不可更新工业辅助能投入	8	火电	5.76×10^{15}	1.59×10^{5}	9.16×10^{20}	1.70×10^{9}
	9	化肥	2.56×10^{6}	4.88×10^{15}	1.25×10^{22}	2.32×10^{10}

项目			能量、数据 （J 或 t）	能值转换率 （sej·J^{-1} 或 sej·t^{-1}）	太阳能值 （sej）	能值—货币 价值（元）
	10	农药	3.22×100^4	1.62×10^{15}	5.21×10^{19}	9.66×10^7
	11	农膜	1.16×100^9	3.80×10^8	4.40×10^{17}	8.16×10^5
	12	农用柴油	7.12×10^{15}	6.60×10^4	4.70×10^{20}	8.71×10^8
	13	农用机械	3.76×10^{13}	7.50×10^7	2.82×10^{21}	5.22×10^9
		小计			1.68×10^{22}	3.11×10^{10}
有机能投入	14	劳动力	1.19×10^{16}	3.80×10^5	4.53×10^{21}	8.39×10^9
	15	畜力	8.24×10^{14}	1.46×10^5	1.20×10^{20}	2.23×10^8
	16	有机肥	2.57×10^{16}	2.70×10^4	6.95×10^{20}	1.29×10^9
	17	种子	2.86×10^{12}	6.60×10^7	1.89×10^{20}	3.50×10^8
		小计			5.53×10^{21}	1.02×10^{10}
总能值投入					2.65×10^{22}	4.92×10^{10}

表3-3 环洞庭湖区农业生态系统能值产出表（2009）

项目			能量、数据 （J 或 t）	能值转换率 （sej·J^{-1} 或 sej·t^{-1}）	太阳能值 （sej）	能值—货币 价值（元）
种植业产出	18	谷物	1.20×10^{17}	8.30×10^4	9.92×10^{21}	1.84×10^{10}
	19	豆类	1.65×10^{15}	8.30×10^4	1.37×10^{20}	2.54×10^8
	20	薯类	2.01×10^{15}	8.30×10^4	1.67×10^{20}	3.10×10^8
	21	油料	2.98×10^{16}	6.90×10^5	2.06×10^{22}	3.81×10^{10}
	22	棉花	3.95×10^{15}	1.90×10^6	7.50×10^{21}	1.39×10^{10}
	23	麻类	1.11×10^{15}	8.30×10^4	9.22×10^{19}	1.71×10^8
	24	甘蔗	6.52×10^{14}	8.40×10^4	5.48×10^{19}	1.01×10^8
	25	烟叶	7.00×10^{12}	2.70×10^4	1.89×10^{17}	3.50×10^5
	26	蔬菜	1.23×10^{16}	2.70×10^4	3.32×10^{20}	6.15×10^8
	27	茶叶	3.19×10^{14}	2.00×10^5	6.37×10^{19}	1.18×10^8
	28	水果	3.54×10^{15}	5.30×10^5	1.88×10^{21}	3.48×10^9
	29	瓜果	1.81×10^{15}	2.46×10^5	4.45×10^{20}	8.25×10^8
		小计			4.12×10^{22}	7.63×10^{10}

项目			能量、数据 （J 或 t）	能值转换率 （sej·J⁻¹或 sej·t⁻¹）	太阳能值 （sej）	能值—货币 价值（元）
林业产出	30	木材	4.09×10^{15}	4.40×10^{4}	1.80×10^{20}	3.33×10^{8}
	31	竹材	3.72×10^{14}	4.40×10^{4}	1.64×10^{19}	3.03×10^{7}
	32	油桐籽	1.08×10^{13}	6.90×10^{5}	7.43×10^{18}	1.38×10^{7}
	33	油茶籽	1.42×10^{15}	8.60×10^{4}	1.22×10^{20}	2.26×10^{8}
	34	板栗	9.26×10^{13}	6.90×10^{5}	6.39×10^{19}	1.18×10^{8}
	35	核桃	3.89×10^{11}	6.90×10^{5}	2.69×10^{17}	4.98×10^{5}
	36	竹笋干	1.75×10^{13}	2.70×10^{4}	4.72×10^{17}	8.74×10^{5}
		小计			3.90×10^{20}	7.23×10^{8}
畜牧业产出	37	猪肉	4.47×10^{15}	1.70×10^{6}	7.59×10^{21}	1.41×10^{10}
	38	牛肉	1.12×10^{14}	4.00×10^{6}	4.50×10^{20}	8.33×10^{8}
	39	羊肉	1.21×10^{14}	2.00×10^{6}	2.41×10^{20}	4.47×10^{8}
	40	禽肉	8.75×10^{14}	2.00×10^{6}	1.75×10^{21}	3.24×10^{9}
	41	兔肉	3.02×10^{12}	4.00×10^{6}	1.21×10^{19}	2.24×10^{7}
	42	牛奶	4.60×10^{13}	1.71×10^{6}	7.87×10^{19}	1.46×10^{8}
	43	蜂蜜	1.16×10^{12}	1.71×10^{6}	1.98×10^{18}	3.67×10^{6}
	44	蛋	2.12×10^{14}	1.71×10^{6}	3.63×10^{20}	6.72×10^{8}
		小计			1.05×10^{22}	1.94×10^{10}
渔业产出	45	水产品	1.10×10^{15}	2.00×10^{6}	2.19×10^{21}	4.07×10^{9}
		小计			2.19×10^{21}	4.07×10^{9}
总产出能值					5.42×10^{22}	1.00×10^{11}
能值利用总量					2.65×10^{22}	4.92×10^{10}
第一产业 GDP（元）					4.92×10^{10}	
能值/货币比率（sej/元）					5.40×10^{11}	

表 3 – 4 环洞庭湖区农业生态系统能值分析指标表（2009）

一级指标	二级指标	三级指标	计算表达式	指标值
结构（I）	自然支撑力（I_1）	能值自给率（I_{11}）	环境资源能值投入/总能值投入	15.90%
		能值投资率（I_{12}）	总辅助能值投入/环境资源能值投入	5.2911
	发展潜力（I_2）	投入可更新比（I_{21}）	可更新资源能值投入/总能值投入	0.3652
		能值密度（I_{22}）	总能值投入/区域土地面积	8.77×10^{11}
		工业辅助能可更新比（I_{23}）	可更新工业辅助能值投入/工业辅助能值投入	0.15%
	机械化程度（I_3）	农业机械能值占比（I_{31}）	农业机械能值投入/总能值投入	10.62%
		有机辅助能值比（I_{32}）	可更新有机能值投入/总能值投入	0.2085
结构（I）	系统均衡性（I_4）	系统生产优势度（I_{41}）	$\sum (Y_i/Y)^2$，其中：Y_i 为种植业、林业、畜牧业、渔业能值产出；Y 为总能值产出	0.6151
		系统稳定性指数（I_{42}）	$\sum [(Y_i/Y) \ln (Y_i/Y)]$	– 0.6934
功能（J）	保障生活（J_1）	人均产出能值（J_{11}）	总能值产出/农业从业人员数	1.72×10^{16}
	容纳人口（J_2）	人口承载力（J_{21}）	可更新环境资源能值投入×农业从业人员数/总能值投入	4.91×10^5
	生态调节（J_3）	环境负荷率（J_{31}）	不可更新资源能值投入/可更新资源能值投入	1.7382
		可持续发展指数（J_{32}）	能值产出率/环境负荷率	1.3982
效率（K）	产投效率（K_1）	能值产出率（K_{11}）	总能值产出/总辅助能值投入	2.4304

3.2 结果与分析

3.2.1 能值投入结构与功能分析

3.2.1.1 能值投入结构分析

对于能值投入结构的分析，本书主要从机械化程度、自然支撑力、发展潜力三方面加以论述。

（1）机械化程度

其解释指标主要有农业机械能值投入占比和有机辅助能值比。如图 3-1 和表 3-5 所示，环洞庭湖区农业生态系统能值投入中，可更新环境资源能值投入、不可更新环境资源能值投入、可更新工业辅助能值投入、不可更新工业辅助能值投入和有机能值投入占总能值投入（2.65×10^{22} sej）的比重分别为 15.58%、0.32%、0.09%、63.17% 和 20.85%。

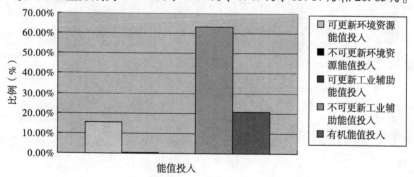

图 3-1 环洞庭湖区农业生态系统能值投入结构

表 3-5 环洞庭湖区农业能值投入比重

项目			太阳能值（sej）	投入比重
可更新环境资源投入	1	太阳能	1.39E+20	0.53%
	2	风能	1.32E+15	0.00%
	3	雨水化学能	3.03E+21	11.43%
	4	雨水势能	1.56E+21	5.88%
	5	地球旋转能	9.62E+20	3.62%
		小计	4.13E+21	15.58%

项目			太阳能值（sej）	投入比重
不可更新环境资源投入	6	净表土损失能	8.37E+19	0.32%
		小计	8.37E+19	0.32%
可更新工业辅助能投入	7	水电	2.45E+19	0.09%
		小计	2.45E+19	0.09%
不可更新工业辅助能投入	8	火电	9.16E+20	3.45%
	9	化肥	1.25E+22	47.13%
	10	农药	5.21E+19	0.20%
	11	农膜	4.40E+17	0.00%
	12	农用柴油	4.70E+20	1.77%
	13	农用机械	2.82E+21	10.62%
		小计	1.68E+22	63.17%
有机能投入	14	劳动力	4.53E+21	17.07%
	15	畜力	1.20E+20	0.45%
	16	有机肥	6.95E+20	2.62%
	17	种子	1.89E+20	0.71%
		小计	5.53E+21	20.85%
总能值投入			2.65E+22	100.00%

其中，不可更新工业辅助能值投入大大超出其他项目的投入（63.17%）。在不可更新工业辅助能值投入中，化肥占有非常大的比重，为47.13%，这说明化肥对该系统的贡献率非常高；农业机械能值投入占比为10.62%，相对于湖南省2008年农业机械化水平0.01%（朱玉林、李明杰，2012）而言，该区域农业机械化水平也处于较高水平状态。有机能值投入占比为20.85%，相对于湖南省2008年农业生态系统有机能值投入的平均水平54.19%（朱玉林、李明杰，2012），该比重处于较低水平。这充分说明该区域农业现代化水平较高，对劳动力的依赖程度较低，已摆脱自然农业的低水平状态；也充分证明：石油农业为该系统打上了深深的烙印，在农业产出过程中，资源消耗的比重大；有机农业、生态农业的比重低，可持续发展水平并不高。

（2）自然支撑力

其解释指标有能值自给率和能值投资率。2009 年该区域农业生态系统的能值自给率为 15.90%，大于日本的 6.5% 和意大利的 10.5%，小于海南省的 30%（蓝盛芳等，2002）。这说明该区域农业生态系统有着较为丰富的自然资源基础，自然资源对农业生产的贡献较大。这主要得益于该区域独到的自然资源特征：处于中亚热带向北亚热带过渡地带，年均气温 16.5℃ ~17℃，1 月平均气温 4.0℃ ~4.5℃，7 月平均气温 29.0℃，全区无霜期 260 ~280 天，全年实际日照平均 1600 ~1800 小时，是湖南省日照最多的地区。较高的活动积温和较长的无霜期为农业生产提供了有利条件，使农作物能一年两熟至三熟；山地多逆温，湖泊效应明显，保证了作物的正常过冬；光热分布较合理，农作物利用光热增产的潜力大；降水丰富，雨热同期，年平均降水 1300 ~1400 毫米，为农业稳产提供了保证。湖区太阳辐射量 109 千卡/平方厘米·年，是同纬度中光能比较充分的地区。该系统能值投资率为 5.29，低于意大利的 8.52 和日本的 14.03，高于海南省的 2.33（蓝盛芳等，2002）。这两个指标均说明该区域农业生态系统的开发利用程度虽高于国内一些省市，但与国际水平差距较大，还可以加大该生态系统的开发力度。净表土层损失能为 0.32 %，比例较低，说明系统植被好或森林覆盖率高。

（3）发展潜力

其解释指标有能值密度、投入可更新比和工业辅助能可更新比。2009 年该区域农业生态系统的能值密度为 $8.77 \times 10^{11} \mathrm{sej} \cdot \mathrm{m}^{-2} \cdot \mathrm{a}^{-1}$，远远高于全国平均水平 $1.32 \times 10^{11} \mathrm{sej} \cdot \mathrm{m}^{-2} \cdot \mathrm{a}^{-1}$（蓝盛芳等，2002）。能值密度是评价能值投入集约度和强度的指标，这一指标反映了该地区农业生态系统的两个特性——农业生产强度和农业发展等级。农业生态系统能值密度越大，说明该区域农业发展集约化程度越高，农业发展程度越高，经济越发达。该区域较高的能值密度表明，在国内该区域农业生态系统能值集约度比较高，经济较发达。该系统投入可更新能值比（可更新能值投入/总能值投入）为 36.52%，比重较大，但是可更新能值投入包括可更新环境资源能值投入（42.66%）、可更新工业辅助能（0.25%）和有机能（57.09%），所以利用环境所得到的可更新能值所占比例并不大

（15.58%）。工业辅助能值可更新比（可更新工业辅助能值投入/工业辅助能值投入）为0.15%（鉴于统计数据的收集难度，本书中的可更新工业辅助能值投入仅限于水电能值），比重很低，农业绿色能源的开发亟待重视。

3.2.1.2 能值投入功能分析

其解释指标有环境负载率和人口承载力。2009年该区域农业生态系统环境负载率为1.74，低于全国的平均水平2.8（蓝盛芳等，2002）。一般来说，环境负载率数值越低，说明该系统环境压力越小。因此，该系统来自自然资源和环境的压力不是很大。该系统2009年的人口承受力为4.91×10^5人，而该区域的农业从业人口为3.15×10^6人，这表明该系统容纳了过多的农业人口，人口承受力超载严重，系统有过多的农村剩余劳动力需要转移。

3.2.2 能值产出结构与功能分析

3.2.2.1 能值产出结构和系统均衡性分析

2009年该区域农业生态系统能值产出总量为5.42×10^{22}sej，由种植业能值产出、林业能值产出、畜牧业能值产出和渔业能值产出构成，它们所占的比例分别为75.90%、0.72%、19.33%和4.05%。种植业和畜牧业占了相当大比例（95.23%），而林业和渔业仅占4.77%（见图3-2）。

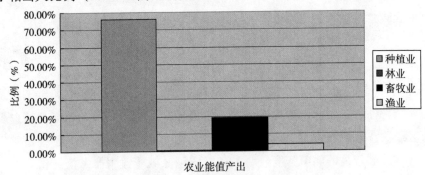

图3-2 环洞庭湖区农业生态系统能值产出结构

2009年该区域农、林、牧、渔业经济总产值780.64亿元。其中，农业产值360.42亿元，林业产值15.18亿元，畜牧业产值298.36亿元，渔业产值 106.68 亿元。所以，2009 年该区域农业生态系统产值结构中种植业、林业、畜牧业和渔业所占比例分别为 46.17%、1.94%、38.22%、13.67%。

通过对比，在该系统中 2009 年种植业的能值产出比重大于其产值比重（75.90% > 46.17%）；能值产出比重小于产值比重的是林业（0.72% < 1.94%）、畜牧业（19.33% < 38.22%）和渔业（4.05% < 13.67%）。这一方面说明，该系统中种植业产品在定价过程中并未考虑自然资源价值，使得其市场价格定价相对偏低，国家仍要继续实行粮食价格的保护价，以保障粮农的利益；另一方面说明，在当前的市场需求和市场价格水平下，调整农业产业结构和产品结构，增加林业、畜牧业和渔业的比重，将对增加农民收入有一定的积极作用。

从系统均衡性来看，2009 年环洞庭湖区农业生态系统的系统生产优势度为 0.62，说明该区域农业生态系统中种植业、林业、畜牧业和渔业的产业分布不均匀，林业和渔业的能值产出比例相对偏低。

2009 年环洞庭湖区农业生态系统的系统稳定性指数为 -0.69。该指数小于 0，表明该区域农业生态系统的系统自稳定性较低，系统内部各子系统连接网络不发达，系统的自控、调节、反馈作用弱。

3.2.2.2 能值产出功能分析

其解释指标有人均产出能值和可持续发展指数。环洞庭湖区农业生态系统 2009 年的人均产出能值为 1.72×10^{16} sej，其能值—货币价值为 31873.56 元，而 2009 年该区域农业生态系统人均地区经济总产值为 24761.14 元。按照这个比例，农产品价格还有 28.7% 的上涨空间。该区域农产品的市场定价从整体来讲忽视了自然资源和环境对农产品生产的贡献，定价偏低，这也从另一层面反映出该区域农业系统的产业链相对较短、产品附加值低的特性。虽然农产品供给相对丰富，但由于市场定价低，农民利益得不到保障，不利于农民增收和农业的可持续发展。

结合该区域农业生态系统能值投入表，可以得出 2009 年该区域农业生态系统可持续发展指数为 1.40，属于 1 < ESI < 10 的范畴。这表明该区域农业生态系统富有活力和发展潜力，和我国属于发展中国家这一发展水平相吻合。该指标值也意味着该系统的自然资源的压力不是很大，反过来也

证明了该系统经济还欠发达，有待更大强度的开发和利用，农业的现代化道路任重而道远。

3.2.3　能值投入—产出效率分析

在能值分析中体现投入产出效率的指标是能值产出率，该指标也常被用来判断系统在获得经济输入能值上是否具有优势，在一定程度上反映系统的可持续发展状况。H. T. Odum（2000）认为，该值应在 1～6 之间，如果该值小于 1，说明系统的产出不敷投入。2009 年该区域农业生态系统的能值产出率为 2.43，高于全国平均水平 2.00（蓝盛芳等，2002），远远高于湖南农业生态系统 2009 年的能值投入产出率 1.05（朱玉林等，2012）。据此说明可见，该生态系统能值利用效率处于一个较合理的水平。笔者认为，其原因主要在于该系统的能值投入和产出结构在不断优化（朱玉林等，2012）。比如，该生态系统工业辅助能值比率达 63%，说明该系统由于属于平原地区而投入了大量的工业辅助能值，其中，该系统化肥能值投入占比为 45.3%，农用机械能值占比为 10.6%，而湖南省 2008 年农业生态系统化肥能值投入占比和农用机械能值占比则分别为 19.8% 和 0.01%（朱玉林等，2012），因此，环洞庭湖区农业生态系统相对于湖南农业，其机械化和现代化程度要高得多，农业生产的规模效率和集聚效应发挥较好，其能值投入产出效率自然就高一些。

3.3　小结

本章用能值分析法分析了环洞庭湖区农业生态系统的结构、功能和效率特征。研究结果表明：研究期间，该系统经济较发达，机械化、现代化程度较高，其中，化肥能值和农业机械能值占比分别为 47.13% 和 10.62%；能值密度为 8.77×10^{11} sej·m^{-2}·a^{-1}。系统能值产出不平衡，种植业能值产出比重大，林业和渔业的能值产出比例相对偏低；人均产出能值的货币价值为 31873.56 元，远远大于该系统人均地区经济总产值 24761.14 元，表明系统产品的市场定价明显偏低，尤其是种植业产品，自然资源和环境的价值未得到市场体现。环境负载率为 1.74，系统可持续发展指数为 1.40，人口承受力为 4.91×10^5 人（该区域农业从业人口为 3.15×10^6 人），说明系统富有活力和发展潜力，自然资源和环境的压力不是很大，但系统承受了过多的人口，人口承受力超载。结论：进一步缩小工农产品的价格剪刀差，继续对种植业产品实行价格保护，调整农业产业结构和产品结构，转移剩余劳动力是当前该区域农业政策的基本取向。

4 环洞庭湖区农业生态系统能值演变与趋势研究

历史是事物发展的一面镜子，只有很好地了解事物发展的历史，才能更好地把握事物发展的未来。本章应用能值分析方法，对 2000—2009 年环洞庭湖区农业生态系统的能值总量、投入和产出结构以及各能值指标的变化进行趋势分析。

4.1 数据来源

本章原始数据主要来源于 2000—2009 年湖南省农村统计年鉴以及 2000—2009 年中国统计年鉴；能量折算系数和太阳能值转换率以及能值投入产出表的项目与第三章保持一致。本章在获得的数据基础上，对环洞庭湖区农业生态系统 2000—2009 年各种生态流变动情况进行计算，分别得到该区域 2000—2009 年农业生态系统能值投入（见表 4 - 1）、2000—2009 年农业生态系统能值产出（见表 4 - 2）、2000—2009 年农业生态系统能值分析指标（见表 4 - 3）。

表4-1 2000—2009年环洞庭湖区农业生态系统能值投入

项目		能值转换率*	能值投入（sej）									
			2000	2001	2002	2003	2004	2005	2006	2007	2008	2009
可更新环境资源能值投入	太阳光能	1.00E+00	1.39E+20	1.39E+20	1.39E+20	1.39E+20	1.39E+20	1.39E+20	1.39E+20	1.39E+20	1.39E+20	1.39E+20
	风能	6.63E+02	1.32E+15	1.32E+15	1.32E+15	1.32E+15	1.32E+15	1.32E+15	1.32E+15	1.32E+15	1.32E+15	1.32E+15
	雨水化学能	1.54E+04	3.33E+21	3.12E+21	5.43E+21	3.64E+21	3.57E+21	3.38E+21	3.02E+21	2.67E+21	3.34E+21	3.03E+21
	雨水势能	8.89E+03	1.71E+21	1.61E+21	2.79E+21	1.87E+21	1.83E+21	1.74E+21	1.55E+21	1.37E+21	1.72E+21	1.56E+21
	地球旋转能	2.19E+04	9.62E+20	9.62E+20	9.62E+20	9.62E+20	9.62E+20	9.62E+20	9.62E+20	9.62E+20	9.62E+20	9.62E+20
	小计		4.43E+21	4.22E+21	6.53E+21	4.74E+21	4.67E+21	4.48E+21	4.12E+21	3.77E+21	4.44E+21	4.13E+21
不可更新环境资源能值投入	净表土损失能值	6.25E+04	1.44E+20	1.45E+20	1.45E+20	1.45E+20	1.45E+20	1.45E+20	1.45E+20	8.09E+19	8.37E+19	8.37E+19
总环境能值投入			4.58E+21	4.37E+21	6.68E+21	4.88E+21	4.81E+21	4.63E+21	4.26E+21	3.85E+21	4.53E+21	4.22E+21
可更新工业辅助能值投入	水电	1.59E+05	3.40E+19	2.45E+19	2.19E+19	2.03E+19	2.09E+19	2.17E+19	1.72E+19	1.38E+19	1.41E+19	2.45E+19
	小计		3.40E+19	2.45E+19	2.19E+19	2.03E+19	2.09E+19	2.17E+19	1.72E+19	1.38E+19	1.41E+19	2.45E+19
不可更新工业辅助能值投入	火电	1.59E+05	5.58E+20	5.71E+20	6.03E+20	6.61E+20	7.04E+20	7.26E+20	7.60E+20	8.30E+20	8.77E+20	9.16E+20
	化肥	4.88E+15	1.02E+22	7.01E+21	1.01E+22	1.03E+22	1.12E+22	1.15E+22	1.18E+22	1.20E+22	1.22E+22	1.25E+22
	农药	1.62E+15	3.22E+21	3.22E+21	3.24E+21	3.86E+21	4.60E+21	4.75E+21	4.84E+21	4.59E+21	5.07E+21	5.21E+21
	农膜	3.80E+08	1.89E+17	2.09E+17	2.60E+17	2.92E+17	3.12E+17	3.12E+17	3.61E+17	4.43E+17	4.45E+17	4.40E+17
	农用柴油	6.60E+04	2.98E+20	3.25E+20	3.26E+20	3.41E+20	3.70E+20	4.26E+20	4.23E+20	4.10E+20	4.34E+20	4.70E+20
	农用机械	7.50E+07	1.67E+21	1.76E+21	1.82E+21	1.90E+21	2.06E+21	2.22E+21	2.24E+21	2.39E+21	2.58E+21	2.82E+21
	小计		1.28E+22	9.70E+21	1.29E+22	1.32E+22	1.44E+22	1.49E+22	1.52E+22	1.57E+22	1.62E+22	1.68E+22

续表

项目		能值转换率*	能值投入（sej）									
			2000	2001	2002	2003	2004	2005	2006	2007	2008	2009
有机能值投入	劳动力	3.80E+05	5.26E+21	5.21E+21	4.96E+21	4.92E+21	4.89E+21	4.84E+21	4.76E+21	4.68E+21	4.62E+21	4.53E+21
	畜力	1.46E+05	9.38E+19	9.72E+19	1.00E+20	9.64E+19	9.42E+19	1.03E+20	1.05E+20	1.08E+20	1.19E+20	1.20E+20
	有机肥	2.70E+04	5.55E+20	5.70E+20	5.90E+20	5.99E+20	6.49E+20	6.52E+20	6.32E+20	6.95E+20	6.57E+20	6.95E+20
	种子	6.60E+07	1.42E+20	1.29E+20	1.24E+20	1.25E+20	1.54E+20	1.65E+20	1.69E+20	1.71E+20	1.74E+20	1.89E+20
小计			6.05E+21	6.01E+21	5.77E+21	5.74E+21	5.78E+21	5.76E+21	5.67E+21	5.65E+21	5.57E+21	5.53E+21
总辅助能值投入			1.89E+22	1.57E+22	1.87E+22	1.90E+22	2.02E+22	2.07E+22	2.09E+22	2.13E+22	2.18E+22	2.23E+22
总能值投入			2.34E+22	2.01E+22	2.54E+22	2.39E+22	2.50E+22	2.53E+22	2.52E+22	2.52E+22	2.63E+22	2.65E+22

* 能值转换率的单位除化肥、农药为 sej·g⁻¹外，其余都为 sej·j⁻¹，下同。

表 4 - 2　2000—2009 年环洞庭湖区农业生态系统能值产出

项目		能值转换率	能值投入（sej）									
			2000	2001	2002	2003	2004	2005	2006	2007	2008	2009
种植业产出	谷物	8.30E+04	7.54E+21	6.71E+21	6.39E+21	6.47E+21	8.37E+21	8.92E+21	9.41E+21	9.66E+21	9.10E+21	9.92E+21
	豆类	8.30E+04	1.50E+20	1.40E+20	1.44E+20	1.55E+20	1.50E+20	1.45E+20	1.42E+20	1.51E+20	9.32E+19	1.37E+20
	薯类	8.30E+04	1.85E+20	1.84E+20	2.02E+20	1.87E+20	1.93E+20	1.71E+20	1.86E+20	2.01E+20	1.13E+20	1.67E+20
	油料	6.90E+05	1.47E+22	1.42E+22	2.10E+22	1.24E+22	1.47E+22	1.45E+22	1.57E+22	1.62E+22	1.66E+22	2.06E+22
	棉花	1.90E+06	4.80E+21	5.88E+21	4.79E+21	5.80E+21	6.18E+21	5.53E+21	6.23E+21	7.50E+21	7.70E+21	7.50E+21
	麻类	8.30E+04	8.13E+19	1.17E+20	1.69E+20	1.68E+20	1.53E+20	1.75E+20	1.84E+20	1.81E+20	1.34E+20	9.22E+19

续表

项目		能值转换率	能值投入（sej）									
			2000	2001	2002	2003	2004	2005	2006	2007	2008	2009
种植业产出	甘蔗	8.40E+04	1.67E+20	2.62E+20	2.85E+20	1.86E+20	1.22E+20	9.90E+19	1.09E+20	1.22E+20	5.45E+19	5.48E+19
	烟叶	2.70E+04	5.84E+16	1.40E+17	1.39E+17	1.41E+17	1.16E+17	1.31E+17	1.46E+17	1.21E+17	1.55E+17	1.89E+17
	蔬菜	2.70E+04	2.54E+20	2.28E+20	3.20E+20	3.26E+20	2.90E+20	2.95E+20	3.05E+20	3.18E+20	3.06E+20	3.32E+20
	茶叶	2.00E+05	5.11E+19	4.94E+19	5.52E+19	5.27E+19	5.92E+19	6.00E+19	5.98E+19	6.09E+19	6.17E+19	6.37E+19
		5.30E+05	4.12E+20	2.02E+21	1.72E+21	1.85E+21	1.56E+21	1.56E+21	1.77E+21	1.88E+21	1.86E+21	1.88E+21
	瓜果	2.46E+05	3.56E+20	6.50E+20	5.35E+20	5.55E+20	4.03E+20	4.04E+20	4.42E+20	4.82E+20	4.11E+20	4.45E+20
	小计		2.87E+22	3.04E+22	2.56E+22	2.82E+22	3.22E+22	3.19E+22	3.45E+22	3.68E+22	3.64E+22	4.12E+22
畜牧业产出	猪肉	1.70E+06	5.80E+21	6.09E+21	6.59E+21	6.75E+21	7.14E+21	7.67E+21	7.75E+21	8.08E+21	7.27E+21	7.59E+21
	牛肉	4.00E+06	3.64E+20	3.89E+20	4.99E+20	4.64E+20	4.25E+20	4.84E+20	5.49E+20	5.62E+20	4.14E+20	4.50E+20
	羊肉	2.00E+06	1.75E+20	1.97E+20	2.24E+20	2.42E+20	2.52E+20	2.74E+20	2.81E+20	2.90E+20	2.43E+20	2.41E+20
	禽肉	2.00E+06	1.60E+20	1.74E+21	1.94E+21	2.00E+21	1.92E+21	1.98E+21	2.00E+21	2.18E+21	1.65E+21	1.75E+21
	兔肉	4.00E+06	3.26E+18	2.54E+18	2.41E+18	4.67E+18	8.33E+18	9.51E+18	1.03E+19	1.86E+19	1.14E+19	1.21E+19
	牛奶	1.71E+06	3.79E+18	5.41E+18	3.19E+19	6.03E+19	6.89E+19	8.23E+19	8.37E+19	8.52E+19	7.94E+19	7.87E+19
	蜂蜜	1.71E+06	1.66E+18	2.71E+18	2.24E+18	2.98E+18	3.10E+18	2.98E+18	2.83E+18	2.93E+18	2.06E+18	1.98E+18
	蛋	1.71E+06	3.12E+20	3.17E+20	3.25E+20	3.41E+20	3.48E+20	3.37E+20	3.44E+20	3.60E+20	3.22E+20	3.63E+20
	小计		8.26E+21	8.74E+21	9.61E+21	9.86E+21	1.02E+22	1.08E+22	1.10E+22	1.16E+22	1.00E+22	1.05E+22

能值投入（sej）

项目		能值转换率	2000	2001	2002	2003	2004	2005	2006	2007	2008	2009
林业产出	木材	4.40E+04	1.21E+20	1.19E+20	1.33E+20	1.95E+20	2.38E+20	1.89E+20	2.56E+20	2.68E+20	2.68E+20	1.80E+20
	竹材	4.40E+04	4.58E+19	5.48E+19	5.78E+19	1.48E+19	1.80E+19	2.73E+19	2.66E+19	1.99E+19	1.91E+19	1.64E+19
	油桐籽	6.90E+05	3.15E+19	3.66E+19	3.65E+19	4.68E+19	4.95E+19	2.93E+19	2.39E+19	2.38E+19	2.05E+19	7.43E+18
	油茶籽	8.60E+04	9.37E+19	8.28E+19	8.94E+19	8.55E+19	6.46E+19	6.09E+19	1.06E+20	1.02E+20	1.61E+20	1.22E+20
	板栗	6.90E+05	7.09E+18	0.00E+00	1.11E+19	9.06E+18	1.47E+19	1.35E+19	1.40E+19	1.02E+19	2.06E+19	6.39E+19
	核桃	6.90E+05	4.07E+16	2.77E+17	2.36E+17	4.07E+16	1.95E+17	2.44E+17	2.04E+17	0.00E+00	0.00E+00	2.69E+17
	竹笋干	2.70E+04	8.78E+16	3.54E+16	1.33E+17	5.65E+16	4.20E+16	6.98E+16	1.12E+17	1.12E+17	4.10E+17	4.72E+17
	小计		2.99E+20	2.94E+20	3.28E+20	3.51E+20	3.85E+20	3.20E+20	4.28E+20	4.24E+20	4.90E+20	3.90E+20
渔业产出	水产品	2.00E+06	1.48E+21	1.57E+21	1.67E+21	1.77E+21	1.90E+21	2.07E+21	2.22E+21	2.35E+21	2.08E+21	2.19E+21
总能值产出			3.87E+22	4.10E+22	3.72E+22	4.02E+22	4.46E+22	4.51E+22	4.82E+22	5.11E+22	4.90E+22	5.42E+22

表4-3　2000—2009年环洞庭湖区农业生态系统能值指标

年份	能值投资率	净能值产出率	工业辅助能值比率	有机辅助能值比率	环境负载率	可持续发展指数
2000	4.12	2.05	0.55	0.26	1.23	1.67
2001	3.60	2.61	0.48	0.30	0.96	2.72
2002	2.80	1.99	0.51	0.23	1.06	1.87
2003	3.88	2.12	0.56	0.24	1.27	1.66
2004	4.20	2.21	0.58	0.23	1.39	1.58
2005	4.48	2.18	0.59	0.23	1.47	1.48
2006	4.91	2.30	0.61	0.22	1.57	1.47
2007	5.54	2.40	0.62	0.22	1.67	1.44
2008	4.81	2.25	0.62	0.21	1.62	1.38
2009	5.29	2.43	0.63	0.21	1.74	1.40

4.2　结果与分析

4.2.1　系统能值总量演变与趋势

如图4-1所示，2000—2009年，环洞庭湖区农业生态系统年总能值使用投入量保持平稳增长势态，由2000年的2.34E+22 sej增加到2009年的2.65E+22 sej，增幅为13.24%；而总能值产出有了较大幅度的增长，由2000年的3.87E+22 sej增长为2009年的5.42E+22 sej，增幅达

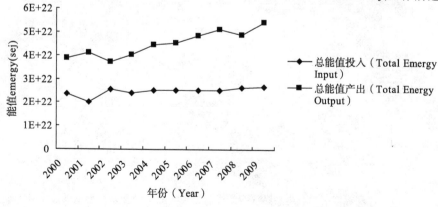

图4-1　环洞庭湖区农业生态系统能值总量变化

40.04%。这说明研究期间环洞庭湖区农业生态系统投入产出效率有了较大幅度的提高，且总能值产出大大高于总能值投入，表明环洞庭湖区农业生态系统的能值利用效率较高，具有较为明显的集约型发展特征。

4.2.2 系统能值投入结构演变与趋势

研究期间，环洞庭湖区农业生态系统总能值投入虽保持平稳增长势态，但各组分的变化各不相同。其中，不可更新工业辅助能值投入显著增加（由 1.28E + 22 sej 增至 1.68E + 22 sej，增幅达 31.26%），而可更新有机能值投入量则有所下降（由 6.05E + 21 sej 逐渐下降到 5.53E + 21 sej，见图 4 − 2）。这种由农业产业化、农业现代化所带来的能值结构性变化是环洞庭湖区农业生产效率大幅提高的主要原因。

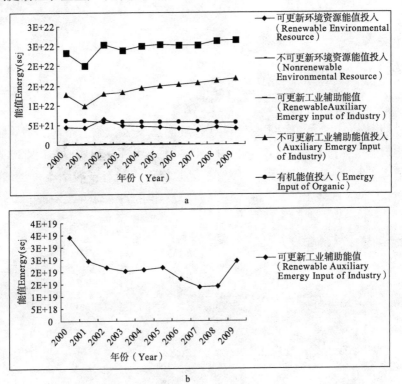

图 4 − 2　环洞庭湖区农业生态系统能值投入结构（a）、可更新工业辅助能值（b）
不可更新工业辅助能值（c）和可更新有机能值（d）的变化（续）

48

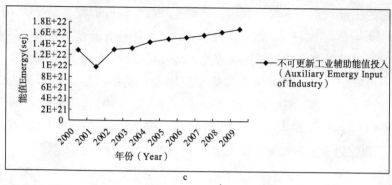

c

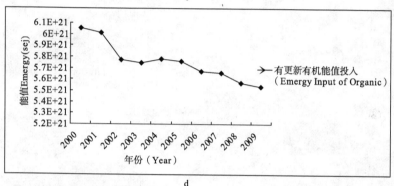

d

图 4-2 环洞庭湖区农业生态系统能值投入结构（a）、可更新工业辅助能值（b）不可更新工业辅助能值（c）和可更新有机能值（d）的变化

研究期间，可更新有机能值投入量下降的主要因素是劳动力能值投入量下降，原因是农村劳动力转离农业系统而到广东、上海等东南沿海地区务工，劳动力能值由 2000 年的 5.26E+21 sej 降到 2009 年的 4.53E+21 sej，降幅达 13.95%。这充分说明环洞庭湖区由于平原区的地理优势，农业机械化水平在不断提高，劳动力在农业投入中的比重越来越低。在能值投入总量平缓变化的条件下，由于劳动力能值投入量的不断减少，以及不可更新工业辅助能值的不断增加，系统的能值产出呈不断增加趋势，该区域农业现代化、机械化的演变轨迹较明显，呈现出良好的发展趋势。值得一提的是，可更新工业辅助能值比重不大，作为湖区水乡，可更新工业辅助能值的发展潜力巨大。

2000—2009 年，环洞庭湖区农业生态系统总能值投入中总环境能值投入所占的比重不大，平均为 19%；可更新环境资源能值投入呈平缓下降趋势，由 4.43E+21 sej 下降到 4.13E+21 sej，原因在于近几年来，环洞庭湖区出现了不同程度的冰灾、水灾，使林地、草地面积有一定程度的减少；不可更新环境能值（主要是表土层损失）稳中有降，尤其是从 2007 年起有一个明显的下降过程，从 2006 年的 1.45E+20 sej 下降到 2009 年的 8.37E+19 sej，（见图 4-3）。这说明国家的退耕还林还草政策在该区域自 2007 年起收到了明显效果，在一定程度上改善了农业生态环境。

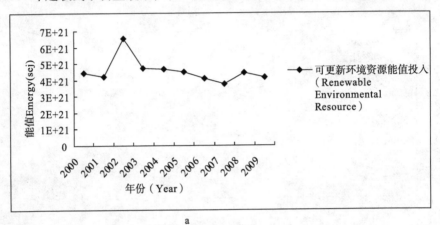

a

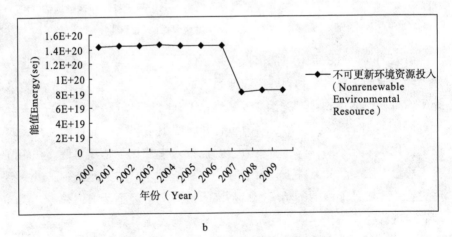

b

图 4-3　环洞庭湖区农业生态系统可更新环境资源能值（a）
和不可更新环境资源能值（b）的变化

研究期间，总辅助能值的投入的增长速度明显超出总环境能值的增长幅度。2000—2009 年总环境能值的投入量略为下降，从 2000 年的 4.58E + 21 sej 下降到 2009 年的 4.22E + 21 sej，增长速度为 - 7.8%；而总辅助能值投入从 2000 年的 1.89E + 22 sej 增加到 2009 年的 2.23E + 22 sej，增长速度达 18.35%。这说明洞庭湖区农业生态系统的发展越来越依赖于工业辅助能值投入，如果没有工业辅助能值的支撑，该区域农业生态系统的可持续发展将无法维持。

4.2.3　系统能值产出结构演变与趋势

2000—2009 年，环洞庭湖区农业生态系统能值产出大幅增长，总能值产出由 3.87E + 22 sej 增至 5.42E + 22 sej（见表 4 - 2），增幅为 40.04%。从产出结构来看，种植业、牧业、林业和渔业的量比关系由 2000 年的 71.4:21.3:0.8:3.8 变为 2009 年的 75.9:19.3:0.7:4.0。其中，种植业能值比重最大，林业能值比重最小。种植业能值和渔业能值无论是绝对量还是相对比重，均呈平稳上升势态；牧业和林业能值中绝对量有增加，但比重略有减少（见表 4 - 4，图 4 - 4）。这说明洞庭湖区"渔米之乡"名不虚传，这 10 年中种植业作为该区的主导产业和全国重要的商品粮基础，主导作用更强，影响力更大；而渔业作为该区域的特色产业，优势在不断呈现。

表 4 - 4　2000—2009 年环洞庭湖区农业生态系统能值产出结构

年份	种植业比重	蓄牧业比重	林业比重	渔业比重
2000	0.741	0.213	0.008	0.038
2001	0.741	0.213	0.007	0.038
2002	0.688	0.258	0.009	0.045
2003	0.702	0.246	0.009	0.044
2004	0.721	0.228	0.009	0.043
2005	0.707	0.240	0.007	0.046
2006	0.716	0.229	0.009	0.046
2007	0.719	0.226	0.008	0.046
2008	0.743	0.204	0.010	0.042
2009	0.759	0.193	0.007	0.040

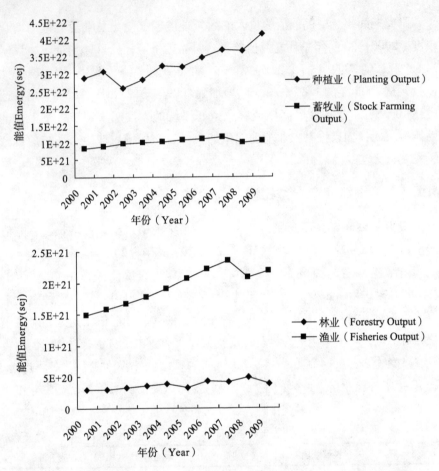

图 4-4 环洞庭湖区农业生态系统种植业、蓄牧业、林业和渔业能值的变化

从图 4-5 中可以看出,在该区种植业中,油料和谷物所占比重最大,棉花、水果次之,薯类、蔬菜瓜果、豆类、甘蔗、茶叶、麻类和烟叶比重最小。对比种植业能值产出总量的变动趋势可以看出,种植业能值产出平稳增长,主要得益于油料、谷物、棉花、烟叶和水果的能值在不断增长,尤其是近几年油料能值增幅较大,对种植业增长有较大贡献。研究期间,该区种植业总的增长速度为 43.48%,其中水果的增长速度最快(355.69%),其次为烟叶(223.68%),然后分别是棉花、油料、谷物、蔬菜、瓜果、茶叶、麻类,薯类、豆类、甘蔗则呈下降势态(见表 4-5)。

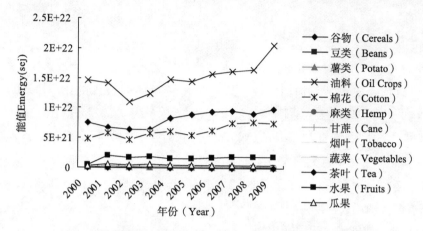

图 4 - 5　环洞庭湖区农业生态系统种植业组分能值的变化

表 4 - 5　2000—2009 年种植业各业增长速度

项目	速度	项目	速度	项目	速度	项目	速度
谷物	31.58	棉花	56.29	蔬菜	30.97	种植业	43.48
豆类	-8.83	麻类	13.29	茶叶	24.73		
薯类	-9.88	甘蔗	-67.24	水果	355.69		
油料	40.02	烟叶	223.68	瓜果	25.07		

　　2000—2009 年间，该区域畜牧业能值产出较平稳，由 8.26E + 21 sej 增至 1.05E + 22 sej，增幅为 26.96%，低于总能值的产出增长水平。这说明牧业在该区域的增长速度不及平均水平，在不断萎缩。

　　环洞庭湖区林业能值产出所占比重最小（表 4 - 4）。2000—2009 年，该区林业能值产出呈不断增加的趋势，由 2.99E + 20 sej 增加到 3.90E + 20 sej，平均增长速度为 30.53%，低于总能值产出平均增长水平 40.04%，林业能值产出比重略有下降，从 2000 年的 0.8% 下降到 0.7%。值得说明的是：2006—2008 年三年间，林业产出能值出现了较大幅度波动，这是由于国家退耕还林政策的一个短期效应。

　　环洞庭湖区渔业能值产出比重较小，但增长速度很快，由 2000 年的 1.48E + 21 sej 增至 2009 年的 2.19E + 21sej，增幅达 48.19%。由于该区域具备鱼类养殖的自然优势，雨水充足，对系统能值总产出的贡献较大，故这部分的产出潜力还非常大。

4.2.4 系统能值指标演变与趋势

（1）能值投资率变化趋势

能值投资率是总辅助能值投入与环境资源能值投入的比率。2000—2009 年，环洞庭湖区农业生态系统能值投资率从 4.12 上升到 5.29（见表 4-3），总体呈不断上升的趋势，但其总体水平与国际水平相比差距甚远（如，1989 年意大利农业生态系统能值投资率为 7.55）。这说明，环洞庭湖区农业生态系统农业资源的利用率有待进一步提高，总辅助能值投入还有较大的增长空间。

（2）净能值产出率变化趋势

净能值产出率是总能值产出与总辅助能值投入的比率。研究期间，环洞庭湖区农业生态系统净能值产出率呈不断提高的趋势，由 2000 年的 2.05 上升至 2009 年的 2.43。这说明，随着该区域农业生态系统能值投入和产出结构的不断优化，系统能值产出效率在不断提高，发展趋势良好。能值产出率常被用来判断系统在获得经济输入能值上是否具有优势，这在一定程度上反映了系统的可持续发展状况。H. T. Odum 认为，该值应在 1~6 之间，如果该值小于 1，说明系统的产出不敷投入。据此可见，该区域农业生态系统能值利用效率处于一个较合理的水平。

（3）工业辅助能值比率、有机辅助能值比率变化趋势

工业辅助能值比率是工业辅助能值与总能值投入的比率。研究期间，环洞庭湖区农业生态系统工业辅助能值投入比率总体呈平衡上升的趋势，由 2000 年的 55% 增加到 2009 年的 63%，明显高于同期有机辅助能值投入水平（见图 4-6）。其原因主要有两点：一是该区域属于平原区，有利于农业规模化、机械化；二是近 10 年来，国家对农业基础作用的重视、对"三农"问题的重视以及对农产品价格实行保护价，在一定程度上提高了农民的生产和投资的积极性。有机辅助能值比率是可更新有机能值投入与总能值投入的比率。研究期间，环洞庭湖区农业生态系统有机辅助能值比率变化总体呈下降趋势，由 2000 年的 26% 下降到 2000 年的 21%（见图 4-6），有机辅助能值比率的变化趋势与工业辅助能值比率刚好相反，这也是农业机械化、现代化的一种必然结果。在有机能值

投入中，劳动力能值占绝对优势，而有机肥所占比例则很小，2009 年有机肥与工业辅助能中化肥的比例为 1∶18。因此，在该区域农业工业化、工业辅助能值比率上升的过程中，需要适当控制工业辅助能中化肥比重的增长，鼓励有机辅助能值投入中有机肥的使用，这也是该区域建设生态农业、保护农业生态环境的要求。

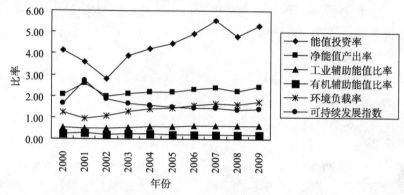

图 4-6　环洞庭湖区农业生态系统能值投资率、净能值产出率、工业辅助能值比率、有机辅助能值比率、环境负载率和可持续发展指数的变化

（4）环境负载率变化趋势

环境负载率指不可更新环境资源能值投入和不可更新工业辅助能值投入之和除以可更新环境资源能值投入、可更新工业辅助能值和可更新有机能值之和的比率。研究期间，该区域农业生态系统的环境负载率呈明显上升趋势，由 2000 年的 1.23 上升到 2009 年的 1.74。该区域农业生态系统环境负载率不断上升的主要原因在于：可更新的环境资源能值投入在不断减少，由 2000 年的 4.43E+21 sej 降为 2009 年的 4.13E+21 sej，这是由于工业化和城市化的影响，使农业用地面积有一定程度的减少，特别是林地草地面积有所减少；可更新工业辅助能值也在不断减少，由 2000 年的 3.40E+19 sej 下降到 2009 年的 2.45E+19 sej，也就是说，洞庭湖区水资源在不断减少；随着劳动力往城市的不断转移，可更新有机能值也在不断减少，由 2000 年的 6.05E+21 sej 降为 2009 年的 5.53E+21 sej；随着农业工业化步伐的加快，不可更新工业辅助能值投入在不断增加，由 2000 年的 1.28E+22 sej 上升到 2009 年的 1.68E+22 sej；尽管不可更新环境资源有一定程度的下降，由 2000 年的 1.44E+20 sej 下降至 2009 年的 8.37E+

19 sej，但下降绝对幅度远远抵不过不可更新工业辅助能的上升幅度。2000年区域的环境负载率为 1.23，低于 1998 年全国平均水平（2.80），也远远低于日本 1990 年的水平（14.49）和意大利 1989 年的水平（10.03）。这说明该区域在农业现代化过程中还有一定的环境负载空间。

（5）可持续发展指数变化趋势

可持续发展指数（ESI）指能值产出率与环境负载率的比值，该指数能够较客观地说明区域可持续发展能力。1 < ESI < 10 表明该区域农业生态系统富有活力和发展潜力；ESI > 10 是农业经济不发达的象征，表明对资源的开发利用不够；ESI < 1 表明该区域农业生态系统属于高消费驱动型生态系统，本地不可更新资源的利用量较大。2009 年，环洞庭湖区农业生态系统可持续发展指数 ESI 为 1.40，处于 1 < ESI < 10 的区间，说明该农业生态系统富有活力和发展潜力。研究期间，环洞庭湖区农业生态系统 ESI 呈不断下降的趋势，从 1.67 下降到 1.40（见图 4 - 6）。原因在于：2000 年以来，该系统的能值产出率虽在不断提高，但与之相对应的环境负载率也在不断提高且提高速度更快。因此，转变农业经济发展方式、发展生态农业也是该系统的基本任务。

4.3 小结

本章利用能值理论，在收集、整理、分析大量数据的基础上，对环洞庭湖区农业生态系统的能值演变进行研究，并得出如下结论：研究期间，能值投入总量基本保持平稳，但能值投入结构在不断变化。其中，不可更新工业辅助能值投入量由 1.28E + 22 sej 增至 1.68E + 22 sej，增加了 31.26%；可更新有机能值投入量由 6.05E + 21 sej 下降为 5.53E + 21 sej；该系统能值产出总量和产出效率均有较大幅度提高，2009 年总能值产出达到 5.42E + 22 sej，与 2000 年相比提高了 40.04%，净能值产出率由 2.05 上升至 2.43；但环境负载率有更大幅度的上升，由 1.23 上升到 1.74；该系统可持续发展指数呈缓慢下降趋势，由 1.67 下降到 1.40，且该数值一直维持在 1 < ESI < 10 的水平，表明环洞庭湖区农业生态系统属于富有活力和发展潜力的生态系统。发展有机农业、生态农业，实现经济发展方式的转变，是该系统面临的基本任务。

5 环洞庭湖区农业生态系统能值绿色 GDP 核算研究

绿色 GDP 是生态文明时代计量经济效果的主要总量指标。本章运用能值理论，以湖南环洞庭湖区 2009 年农业生态系统能值投入和能值产出为依据，计算该区域农业生态系统所消耗的不可更新环境资源、不可更新工业辅助能的能值—货币价值，对该区域农业生态系统的绿色 GDP 进行核算，并将洞庭湖区农业生态系统的能值绿色 GDP 与其他区域的能值绿色 GDP 进行比较分析。

5.1 能值绿色 GDP 的意义

随着经济的不断发展，自然资源变得越来越稀缺，生态环境日趋恶化，传统 GDP 逐渐显露出许多缺陷。这主要是因为传统 GDP 的核算是以货币为计算依据，而货币价值是建立在社会必要劳动时间基础上的，它只计量了人类在利用资源的过程中所付出的劳务量这部分价值，而没有计量自然资源、环境本身所存在的价值和它们对人类的贡献，将资源和环境作为人类经济活动的"外生变量"，这显然低估了经济过程中的投入价值，其结果就造成了高估当期经济生产过程中新创造出的价值，从而导致 GDP 核算的失真。

20 世纪 70 年代以来，一些国家和国际组织对绿色 GDP 进行了大量研究，逐步建立资源核算账户，试图利用资源指标核算反映经济增长和资源及环境压力的关系。2003 年，国家统计局、中国林科院、北京林业大学等单位联合研究，并初步建立了海南省森林资源与经济综合核算的基本框架，为绿色 GDP 核算积累了经验。2005 年，在 10 个省市启动了以环境核算和污染经济损失调查为内容的绿色 GDP 的试点工作。2006 年，开始实施了万元 GDP 能耗、水耗等指标公报制度，国家环保总局和国家统计局联合发布了《中国绿色国民经济核算研究报告 2004》。近年来，我国的有关部门、科研机构和一些学者在绿色 GDP 核算理论、环境污染损耗、自然资源损失的计价研究方面做了大量的工作，在省（市）绿色 GDP 核算的实践中也取得了很大的进展。

目前，无论国内外哪种绿色 GDP 体系，在对自然资源和环境资源损耗方面应如何计量及价格决定都遇到了难以解决的难题。一方面，由于绿色 GDP 核算把未进入市场的各种资源包括在统计范围内，自然资源和环境资源量纲并不是完全统一的，如何为内容特征不同，特别是非市场的外部性指标找到一个统一的量纲计量单位，一直是绿色 GDP 核算中悬而未决的问题。其次是自然资源与环境资源的定价一直是世界各国开展绿色 GDP 核算的一个主要难点。目前，在对自然资源消耗的定价上，无论哪一种核算体系，基本上都使用三种方法：净租法（主要用于不可再生资源）、净价值法和使用成本法。人类经济活动对环境资源损耗的定价一般使用两种方法，即维护成本法和损害法（损害法是指因经济活动过程中给环境带来伤害，给人们带来负面效应和损害而予以货币化）。然而在自然、环境、人类社会经济三个亚系统相互作用的界面，货币流仅仅在经济子系统中相互流通，并没有反馈给自然与环境。在经济生产中，从表面上看，人们已赋予了某些资源产品一个经济价值，如一桶石油，按现行价格每桶 58 美元，而实际上，一桶石油需要生物经过上千万年的地质因素演化形成，并且其资源是难以更新的。显然，人类所付出的这部分价值，仅仅是所付出的劳务费和加工费，并不是石油形成的真实价值。有些自然资源并没有经过市场交换，而是无偿地提供给人们使用，如清洁的空气，至于如何去衡量它的真实价值，还没有一个大家都能接受的方法。本书正是基于目前绿色 GDP 核算中自然资源和环境损耗计量和定价方法上的缺陷，应用能值理论和能值分析探讨绿色 GDP 核算。能值分析是以能值为基准，根据各种物质、能量相应的太阳能转换率，将自然、环境和经济系统中的能流、物流和货币流都转换成能值这一量纲，首先解决了绿色 GDP 核算中自然资源和环境资源计量单位不统一的问题。其次，已知某种资源的能值量，可以通过能值/货币比率（某国家或地区全年总应用的能值与该国家或地区国民生产总值的比值）算出其所相当的能值—货币价值（是单位能量相当的货币价值，也称之为宏观经济价值），从而解决绿色 GDP 核算中自然和环境资源的价值与经济社会的对接问题。本章以能值理论为基础，建立基于能值理论的农业生态系统绿色 GDP 的核算模式，并对 2009 年环洞庭湖区农业生态系统绿色 GDP 进行核算。

5.2　农业生态系统能值绿色 GDP 核算思路与方法

能值理论是著名生态学家 H. T. Odum 于 20 世纪 70 年代创立的，它是以能值为基准，把生态经济系统中不同种类、不可比较的能量通过能值转化率转换成同一标准的太阳能值来衡量系统中各种生态流（包括能物流、货币流、人口流和信息流等），从而定量评价和分析生态系统生态经济效益的方法。具体思路是：环洞庭湖区农业生态系统能值绿色 GDP 核算以第三章中的洞庭湖区农业生态系统的能值投入产出表为基础表格，增加能值—货币价值一栏，并计算各个项目的能值—货币价值。"能值—货币价值"项等于"太阳能值"项除以"能值/货币比率"。然后，在农业生态系统传统 GDP 核算基础上将环境损失成本和资源耗减成本予以扣除，核算公式为绿色 GDP = 传统 $GDP - \sum ER_{nr} - \sum IAE_{nr} - \sum W$。其中，$\sum ER_{nr}$ 为农业生态系统所消耗的不可更新环境资源的能值—货币价值，$\sum IAE_{nr}$ 为农业生态系统所消耗的不可更新工业辅助能的能值—货币价值，$\sum W$ 为农业生态系统产生的废弃物的能值—货币价值。

5.3　环洞庭湖区农业生态系统绿色 GDP 的核算结果

根据收集和整理到的数据，按照能值绿色 GDP 的核算方法，得到 2009 年湖南洞庭湖平原区农业生态系统能值投入产出表，如表 5 - 1 所示。

在表 5 - 1 的"项目"中，太阳能、风能、雨水势能、雨水化学能和地球旋转能等属于可更新的环境资源，在这些资源的使用过程中，农业生态系统可以对其进行自然恢复。而表土层损耗等则属于不可更新环境资源，无法在短期内从农业生态系统中得到恢复和补充。为了使表土层资源损耗得到有效的补偿,必须从农业生态系统传统 GDP 中拿出一部分资金进行治理。从表 5 - 1 可知,2009 年该区域农业生态系统所消耗的不可更新环境资源的太阳能值为 3.71E + 20 sej。其相应的能值—货币价值为6.80E + 08元,这就是 2009 年该区域在农业生产过程中所消耗的环境资源的价值,而对于这部分价值,必须从农业生态系统传统 GDP 中拿出一部分资金进行补偿才能维持该系统的可持续发展,因此,在核算绿色 GDP 时应予以扣除。

表 5 – 1 2009 年环洞庭湖区农业生态系统能值投入产出表

项目			能量 & 数据 (J&t)	能值转换率 (sej/J&t)	太阳能值 (sej)	能值—货币 价值(元)
可更新环境资源投入	1	太阳能	1.39E + 20	1.00E + 00	1.39E + 20	2.55E + 08
	2	风能	1.98E + 12	6.63E + 02	1.32E + 15	2.41E + 03
	3	雨水化学能	1.97E + 17	1.54E + 04	3.03E + 21	5.56E + 09
	4	雨水势能	1.76E + 17	8.89E + 03	1.56E + 21	2.86E + 09
	5	地球旋转能	4.39E + 16	2.19E + 04	9.62E + 20	1.76E + 09
		小计			4.13E + 21	7.58E + 09
不可更新环境资源投入	6	净表土损失能	5.94E + 15	6.25E + 04	8.37E + 19	6.80E + 08
		小计			3.71E + 20	6.80E + 08
可更新工业辅助能投入	7	水电	1.54E + 14	1.59E + 05	2.45E + 19	4.49E + 07
		小计			2.45E + 19	4.49E + 07
不可更新工业辅助能投入	8	火电	5.76E + 15	1.59E + 05	9.16E + 20	1.68E + 09
	9	化肥	2.56E + 06	4.88E + 15	1.25E + 22	2.29E + 10
	10	农药	3.22E + 04	1.62E + 15	5.21E + 19	9.55E + 07
	11	农膜	1.16E + 09	3.80E + 08	4.40E + 17	8.07E + 05
	12	农用柴油	7.12E + 15	6.60E + 00	4.70E + 20	8.62E + 08
	13	农用机械	3.76E + 13	7.50E + 07	2.82E + 21	5.16E + 09
		小计			1.68E + 22	3.07E + 10
有机能投入	14	劳动力	1.19E + 16	3.80E + 05	4.53E + 21	8.30E + 09
	15	畜力	8.24E + 14	1.46E + 05	1.20E + 20	2.20E + 08
	16	有机肥	2.57E + 16	2.70E + 04	6.95E + 20	1.27E + 09
	17	种子	2.86E + 12	6.60E + 07	1.89E + 20	3.46E + 08
		小计			5.53E + 21	1.01E + 10
总能值投入					2.65E + 22	4.92E + 10

项目			能量＆数据（J&t）	能值转换率（sej/J&t）	太阳能值（sej）	能值—货币价值（元）
种植业产出	18	谷物	1.20E+17	8.30E+04	9.92E+21	1.82E+10
	19	豆类	1.65E+15	8.30E+04	1.37E+20	2.51E+08
	20	薯类	2.01E+15	8.30E+04	1.67E+20	3.06E+08
	21	油料	2.98E+16	6.90E+05	2.06E+22	3.77E+10
	22	棉花	3.95E+15	1.90E+06	7.50E+21	1.37E+10
	23	麻类	1.11E+15	8.30E+04	9.22E+19	1.69E+08
	24	甘蔗	6.52E+14	8.40E+04	5.48E+19	1.00E+08
	25	烟叶	7.00E+12	2.70E+04	1.89E+17	3.46E+05
	26	蔬菜	1.23E+16	2.70E+04	3.32E+20	6.09E+08
	27	茶叶	3.19E+14	2.00E+05	6.37E+19	1.17E+08
	28	水果	3.54E+15	5.30E+05	1.88E+21	3.44E+09
	29	瓜果	1.81E+15	2.46E+05	4.45E+20	8.16E+08
		小计			4.12E+22	7.54E+10
林业产出	30	木材	4.09E+15	4.40E+04	1.80E+20	3.30E+08
	31	竹材	3.72E+14	4.40E+04	1.64E+19	3.00E+07
	32	油桐籽	1.08E+13	6.90E+05	7.43E+18	1.36E+07
	33	油茶籽	1.42E+15	8.60E+04	1.22E+20	2.24E+08
	34	板栗	9.26E+13	6.90E+05	6.39E+19	1.17E+08
	35	核桃	3.89E+11	6.90E+05	2.69E+17	4.92E+05
	36	竹笋干	1.75E+13	2.70E+04	4.72E+17	8.64E+05
		小计			3.90E+20	7.16E+08
畜牧业产出	37	猪肉	4.47E+15	1.70E+06	7.59E+21	1.39E+10
	38	牛肉	1.12E+14	4.00E+06	4.50E+20	8.24E+08
	39	羊肉	1.21E+14	2.00E+06	2.41E+20	4.42E+08
	40	禽肉	8.75E+14	2.00E+06	1.75E+21	3.21E+09
	41	兔肉	3.02E+12	4.00E+06	1.21E+19	2.21E+07
	42	牛奶	4.60E+13	1.71E+06	7.87E+19	1.44E+08
	43	蜂蜜	1.16E+12	1.71E+06	1.98E+18	3.63E+06
	44	蛋	2.12E+14	1.71E+06	3.63E+20	6.65E+08

项目			能量 & 数据（J&t）	能值转换率（sej/J&t）	太阳能值（sej）	能值—货币价值（元）
渔业产出		小计			1.05E + 22	1.92E + 10
	45	水产品	1.10E + 15	2.00E + 06	2.19E + 21	4.02E + 09
		小计			2.19E + 21	4.02E + 09
总能值产出					5.42E + 22	9.94E + 10
能值利用总量					2.65E + 22	4.92E + 10
第一产业 GDP/元					4.92E + 10	
能值/货币比率（sej/元）					5.46E + 11	

同样，由表 5 - 1 可知，2009 年该区域农业生态系统所消耗的不可更新工业辅助能的太阳能值为 1.68E + 22 sej，其相应的能值—货币价值为 3.07E + 10 元。与所消耗的不可更新环境资源的能值—货币价值相比，该区域农业生态系统所消耗的不可更新工业辅助能在整个农业生态系统中所占的比重是较大的。而在不可更新工业辅助能（电力、化肥、农膜、农药、柴油、农用机械等）中，化肥所占的比重是最大的，达到 74.61%；其次为农用机械，但仅为 16.81%；而农膜、农药、农用柴油、火电等在该区域生态系统所消耗的不可更新工业辅助能中所占的比重很小。这表明，该区域农业生态系统主要是依靠投入过多的化肥、农用机械等发展起来的。而化肥、农用机械属于不可更新资源，化肥的过量使用可能会造成土壤板结，使土壤中的矿物质、有机物、水分、微生物等遭到破坏和丧失，对生态环境也会造成一定的污染。所以，在计算绿色 GDP 时应将这一部分所消耗的不可更新工业辅助能的价值予以扣除。

值得说明的是，农业生态系统所排放的废弃物一般为人、畜的粪、尿及其他有机物垃圾，而这些废弃物基本上可作为农田、耕地和林地的有机肥料，如果不是过量排放，在生态系统中能实现循环利用，不会造成环境资源的耗减。另外，即使造成了事实上的环境污染，由于数据的难获取性和能值转换的难度，在核算绿色 GDP 的过程中，这一部分价值对其传统 GDP 的影响暂忽略。

通过数据查找，2009 年该区域农业生态系统传统 GDP 的数值为

491. 60 亿元，扣除不可更新环境资源的能值—货币价值 6. 80E + 08 元和不可更新工业辅助能的能值—货币价值 3. 07E + 10 元，结果为 177. 61 亿元，这就是扣除环境损失成本和资源耗减成本后，该区域农业生态系统绿色 GDP 的数值，占传统 GDP 的比重仅为 36. 13%。

此外，由能量系统图 1 – 1 中的货币流向可看出，自然资源流向了农业生产的经济环节，而货币却没有流向自然资源，也就是说，自然环境资源为人们作出了贡献，而人们并没有付给自然环境资源报酬，即货币只衡量了经济活动中人所付出劳务的那部分价值，而并没有衡量自然资源在农业生态经济系统中对人的贡献。这也表明，环洞庭湖区在农业生产过程中无偿"透支"了自然资源，而在传统的 GDP 核算中没有反映这部分资源价值的使用，由此也就导致了 GDP 的值偏高。

5.4　洞庭湖区与湖南其他各区农业生态系统能值绿色 GDP 的差异比较

5.4.1　湖南农业生态系统区域划分及数据说明

能值地区差异主要是因为自然资源的差异，包括地形地貌、降水量、土壤有机质含量、生物多样性、森林覆盖率等因素的影响，与行政区的划分相关性不是很大，所以，依据地形地势相似性及相邻行政单元相对完整性的原则，对湖南省农业能值生态区域进行划分，划分为长株潭地区（长沙、株洲、湘潭）、湘北洞庭湖平原区（岳阳、益阳、常德）、湘中丘岗盆地区（邵阳、娄底）、湘南山地丘陵区（衡阳、郴州、永州）、湘西武陵源山区（张家界、怀化、湘西自治州）共五大区域进行区域差异分析。值得说明的是，前面各章节的数据是根据王克英对环洞庭湖区界定的范围收集的，本节的目的是将洞庭湖区与湖南其他四大区农业生态系统的能值绿色 GDP 进行比较，因此，本节中洞庭湖区的范围包括常德、岳阳和益阳所有各县市。另外，本章采用的是 2011 年的数据，这是与其他各章中的数据不同的地方。

5.4.2 湖南省五大区域农业生态系统能值绿色 GDP 的核算（见表 5-2 和表 5-3）

表 5-2 2011 年湖南省农业生态系统能值各地州市投入—产出能值表

项目			能值转换率	长沙市	株洲市	湘潭市	衡阳市	邵阳市	岳阳市	常德市	张家界市	益阳市	郴州市	永州市	怀化市	娄底市	湘西自治州	湖南省
可更新环境资源投入	1	太阳光能	1.00E+00	5.44E+19	5.19E+19	2.31E+19	7.04E+19	9.58E+19	6.85E+19	8.38E+19	4.38E+19	5.59E+19	8.89E+19	1.03E+20	1.27E+20	3.74E+20	7.12E+19	9.75E+20
	2	风能	6.63E+02	5.14E+14	9.85E+14	2.18E+14	6.66E+14	9.14E+14	6.54E+14	7.92E+14	4.20E+14	5.29E+14	8.44E+14	9.77E+14	1.20E+15	3.53E+14	7.78E+14	9.85E+15
	3	雨水化学能	1.54E+04	9.66E+20	1.71E+21	3.95E+20	1.07E+21	1.48E+21	1.05E+21	1.44E+21	7.73E+20	8.31E+20	1.35E+21	1.63E+21	1.84E+21	5.42E+20	1.44E+21	1.65E+22
	4	雨水势能	8.89E+03	4.81E+20	8.52E+20	1.97E+20	5.33E+20	7.38E+20	5.21E+20	7.19E+20	3.85E+20	4.13E+20	6.72E+20	8.12E+20	9.18E+20	2.70E+20	7.18E+20	8.23E+21
	5	地球旋转能	2.19E+04	3.75E+20	3.58E+20	1.59E+20	4.86E+20	6.61E+20	4.72E+20	5.78E+20	3.02E+20	3.86E+20	6.13E+20	2.45E+20	2.85E+20	2.58E+20	4.91E+20	6.73E+21
		小计	/	1.40E+21	2.12E+21	5.78E+20	1.63E+21	2.24E+21	1.59E+21	2.11E+21	1.12E+21	1.27E+21	2.05E+21	3.21E+21	2.93E+21	8.38E+20	2.00E+21	2.42E+22
不可更新环境资源投入	6	净表土损失能	6.25E+04	2.75E+19	1.98E+19	1.36E+19	3.63E+19	3.87E+19	3.13E+19	4.53E+19	1.02E+20	2.68E+19	2.65E+19	3.21E+19	2.93E+19	1.67E+19	1.70E+19	3.71E+20
		小计	/	2.75E+19	1.98E+19	1.36E+19	3.63E+19	3.87E+19	3.13E+19	4.53E+19	1.02E+20	2.68E+19	2.65E+19	3.21E+19	2.93E+19	1.67E+19	1.70E+19	3.71E+20
可更新工业辅助能投入	7	水电	1.59E+05	3.88E+19	4.12E+21	3.89E+18	3.63E+20	4.35E+20	4.06E+19	7.37E+18	8.98E+21	3.61E+20	3.51E+21	2.75E+20	9.32E+20	5.85E+19	4.76E+19	1.88E+21
		小计	/	3.88E+19	4.12E+21	3.89E+18	3.63E+20	4.35E+20	4.06E+19	7.37E+18	8.98E+21	3.61E+20	3.51E+21	2.75E+20	9.32E+20	5.85E+19	4.76E+19	1.88E+21
不可更新工业辅助能投入	8	火电	1.59E+05	1.18E+21	0.00E+00	2.92E+20	7.69E+20	5.80E+19	3.46E+20	5.28E+20	−1.22E-18	4.10E+20	0.00E+00	1.08E+20	2.04E+20	2.49E+20	4.39E+19	4.19E+21
	9	化肥	4.88E+15	2.84E+21	1.86E+21	7.97E+18	4.17E+21	3.43E+21	4.41E+21	6.22E+21	8.03E+20	4.32E+20	2.70E+21	3.88E+21	1.59E+21	1.45E+21	1.09E+21	4.08E+22
	10	农药	1.62E+15	1.59E+20	9.28E+18	2.64E+16	2.75E+19	1.55E+20	2.68E+19	1.51E+20	3.69E+18	1.94E+19	1.21E+21	1.46E+20	1.66E+20	6.57E+18	4.16E+18	1.95E+21
	11	农膜	3.80E+08	1.11E+17	3.66E+16	3.22E+16	2.23E+17	4.85E+16	4.09E+17	7.46E+16	4.17E+16	1.08E+17	1.36E+17	1.08E+17	6.68E+16	3.88E+16	8.86E+16	1.50E+18
	12	农用柴油	6.60E+04	1.56E+20	4.70E+20	7.11E+19	1.15E+21	1.03E+21	1.51E+20	2.94E+20	2.29E+19	1.53E+20	9.42E+20	1.30E+20	5.94E+20	3.36E+20	2.06E+20	1.23E+21
	13	农用机械	7.50E+07	1.39E+21	7.02E+20	3.10E+20	6.16E+20	4.60E+20	1.34E+21	1.36E+20	2.57E+20	1.15E+21	9.94E+20	9.94E+20	8.15E+20	7.55E+20	3.63E+20	1.33E+22
		小计	/	5.59E+21	2.62E+21	3.10E+20	3.61E+21	3.61E+21	6.28E+21	8.42E+21	1.09E+21	6.05E+20	3.80E+21	5.34E+21	2.68E+21	2.49E+21	1.52E+21	2.58E+22
有机能投入	14	劳动力	3.80E+05	1.61E+21	1.26E+21	1.13E+21	2.22E+21	1.42E+21	7.54E+20	1.25E+21	9.48E+20	1.80E+21	1.64E+21	2.37E+21	2.34E+21	1.74E+21	1.33E+21	8.87E+21
	15	畜力	1.46E+05	1.48E+21	2.61E+21	8.15E+19	1.53E+20	1.48E+20	1.48E+20	3.65E+21	8.47E+19	2.81E+20	4.04E+19	5.30E+20	2.83E+20	2.05E+20	1.38E+20	4.21E+21
	16	有机肥	2.70E+04	1.00E+20	2.15E+20	5.97E+19	1.32E+20	1.21E+20	2.33E+21	1.94E+20	2.81E+20	1.15E+20	2.67E+20	3.15E+20	6.96E+20	4.24E+20	3.42E+20	1.38E+21
	17	种子	6.60E+04	2.03E+21	7.09E+21	1.37E+21	3.65E+21	4.35E+21	1.03E+22	1.89E+21	2.23E+21	2.25E+21	8.12E+21	1.12E+21	2.80E+21	2.13E+21	1.60E+21	3.22E+22
		小计	/															
总能值投入				9.09E+21	1.57E+21	5.07E+21	1.15E+22	1.17E+22	4.03E+21	1.25E+22	2.23E+21	9.61E+21	2.02E+21	3.77E+21	8.45E+21	5.53E+21	5.11E+21	1.18E+23
种植业产出	18	谷物	8.30E+04	3.15E+21	6.75E+21	1.96E+21	4.17E+21	3.31E+21	4.03E+21	4.83E+21	2.48E+21	3.04E+21	2.27E+21	3.77E+21	3.77E+21	2.05E+21	3.24E+20	3.94E+21
	19	豆类	8.30E+04	3.83E+20	2.34E+21	3.82E+18	3.97E+20	1.27E+20	5.12E+20	2.48E+20	9.49E+19	6.69E+20	5.02E+21	1.77E+20	1.98E+20	4.24E+20	1.50E+20	6.95E+21
	20	薯类	8.30E+04	8.20E+20	3.22E+19	4.39E+19	8.93E+19	2.12E+21	5.23E+20	5.86E+21	1.84E+21	3.68E+20	1.25E+20	2.05E+20	9.61E+20	1.80E+20	2.34E+21	1.19E+21
	21	油料	6.90E+04	2.11E+21	1.07E+21	4.96E+20	8.13E+20	3.38E+20	2.12E+21	1.50E+21	4.51E+20	2.26E+21	2.65E+21	2.93E+21	3.76E+21	1.10E+21	4.18E+18	5.56E+22
	22	棉花	1.90E+06	4.18E+19	7.46E+19	5.82E+18	7.05E+20	1.16E+18	4.33E+18	5.09E+21	0.00E+00	2.09E+18	8.97E+20	0.00E+00	4.73E+20	4.73E+18	1.06E+21	1.06E+21
	23	麻类	8.30E+04	7.24E+17	2.23E+18	2.49E+16	2.29E+17			2.10E+18	6.88E+18		0.00E+00	5.09E+17	2.91E+16	5.68E+16	6.24E+17	5.86E+19

续表

	项目	能值转换率	长沙市	株洲市	湘潭市	衡阳市	邵阳市	岳阳市	常德市	张家界市	益阳市	郴州市	永州市	怀化市	娄底市	湘西自治州	湖南省
种植业产出	24 甘蔗	8.40E+04	1.12E+18	1.36E+17	6.34E+17	1.39E+19	2.40E+18	9.80E+18	2.91E+19	2.13E+18	9.88E+18	2.70E+18	8.62E+18	2.64E+18	1.09E+18	9.10E+17	1.63E+20
	25 烟叶	2.70E+04	9.68E+17	2.99E+17	3.82E+15	7.07E+17	4.20E+17	4.94E+16	3.02E+17	4.32E+17	1.33E+16	2.44E+18	1.31E+18	3.72E+17	1.16E+16	1.17E+18	8.49E+18
	26 蔬菜	2.70E+04	3.09E+20	1.43E+20	1.03E+20	2.03E+20	1.26E+20	1.72E+20	1.31E+20	3.06E+19	1.62E+20	1.51E+20	2.97E+20	7.25E+20	5.83E+19	4.70E+19	2.01E+21
	27 茶叶	2.00E+05	7.43E+19	5.54E+18	4.86E+18	6.87E+18	1.07E+19	4.65E+19	3.76E+18	5.86E+18	1.16E+18	9.88E+18	5.34E+18	6.10E+18	1.72E+18	4.82E+18	3.52E+20
	28 水果	5.30E+05	4.82E+20	3.13E+20	7.75E+19	9.16E+20	9.59E+20	8.66E+20	1.20E+21	3.58E+20	5.65E+20	9.07E+20	1.40E+21	1.59E+21	2.26E+20	1.25E+21	1.11E+22
	29 瓜果	2.46E+05	1.24E+20	9.52E+19	1.55E+19	3.08E+20	1.69E+20	2.83E+20	1.03E+21	1.68E+19	1.35E+20	1.60E+20	3.12E+20	1.90E+20	7.05E+19	6.68E+19	2.05E+21
	小计	/	6.42E+21	4.10E+21	2.67E+21	1.46E+22	8.75E+21	1.29E+22	2.65E+22	3.09E+21	1.22E+22	6.34E+21	9.30E+21	8.04E+21	3.61E+21	4.80E+21	1.23E+23
林业产出	30 木材	4.40E+04	3.04E+20	1.21E+20	1.36E+19	1.06E+20	3.39E+20	3.38E+20	1.06E+20	6.82E+20	3.64E+20	2.88E+20	3.37E+20	8.23E+20	5.09E+20	2.95E+20	3.11E+21
	31 竹材	4.40E+04	2.45E+20	1.21E+20	5.02E+17	1.06E+20	9.72E+18	1.03E+20	1.08E+20	2.00E+20	2.31E+18	2.88E+18	7.22E+18	4.25E+18	1.39E+18	3.62E+17	1.06E+20
	32 油桐籽	6.90E+05	1.11E+20	4.31E+18	3.02E+17	2.46E+20	1.86E+20	1.70E+20	1.08E+20	3.33E+19	1.86E+19	2.64E+19	7.22E+18	3.91E+20	1.39E+18	3.62E+17	1.16E+21
	33 油茶籽	8.60E+04	8.34E+20	2.92E+20	2.12E+19	3.65E+20	1.08E+20	3.60E+19	1.61E+20	1.37E+19	1.55E+20	1.53E+20	2.53E+20	4.91E+20	2.15E+19	2.49E+19	1.72E+21
	34 板栗	6.90E+05	1.56E+18	1.49E+16	2.40E+18	1.49E+20	1.25E+20	2.83E+20	5.09E+19	1.40E+20	3.14E+19	2.44E+17	9.12E+19	4.91E+19	3.54E+18	2.49E+18	5.87E+20
	35 核桃	6.90E+05	8.14E+16	0.00E+00	0.00E+00	0.00E+00	4.41E+18	0.00E+00	7.90E+19	1.38E+18	0.00E+00	2.44E+17	1.39E+18	2.44E+19	0.00E+00	8.13E+18	1.19E+20
	36 竹笋干	2.70E+04	4.73E+17	1.91E+18	3.16E+15	3.96E+17	3.96E+17	4.73E+17	1.06E+17	6.35E+16	1.16E+18	5.08E+18	1.39E+18	3.50E+17	6.63E+17	3.32E+16	8.52E+18
	小计	/	3.04E+20	4.77E+20	3.91E+19	8.87E+20	4.93E+20	4.30E+20	4.36E+20	1.31E+20	3.64E+20	5.08E+20	7.22E+20	1.39E+21	1.38E+20	3.78E+20	6.80E+21
畜牧业产出	37 猪肉	1.70E+06	4.32E+20	2.30E+21	3.04E+21	5.59E+21	4.77E+21	3.81E+21	3.12E+21	5.88E+20	2.55E+21	2.99E+21	4.20E+21	1.89E+21	2.55E+21	5.83E+20	4.23E+22
	38 牛肉	4.00E+06	2.45E+20	1.21E+20	2.32E+20	2.58E+20	5.37E+20	3.19E+20	2.82E+20	1.23E+20	2.74E+20	2.39E+20	4.92E+20	2.76E+20	2.55E+21	1.32E+20	3.60E+21
	39 羊肉	2.00E+06	1.11E+20	7.14E+19	1.21E+20	8.08E+19	5.72E+19	5.47E+19	2.51E+20	2.52E+20	5.43E+19	5.80E+19	3.72E+20	6.00E+19	3.58E+20	4.65E+19	1.00E+21
	40 禽肉	2.00E+06	8.34E+20	2.76E+20	1.24E+20	1.34E+21	5.94E+20	4.37E+20	1.48E+21	6.64E+20	3.73E+20	5.80E+20	8.53E+20	1.08E+21	1.72E+20	8.93E+20	7.85E+21
	41 兔肉	4.00E+06	1.56E+18	4.78E+17	1.10E+17	2.23E+18	5.50E+18	3.95E+18	1.19E+19	2.57E+17	2.65E+18	4.28E+18	1.16E+18	8.88E+18	9.20E+17	1.29E+17	8.57E+19
	42 牛奶	1.71E+06	4.93E+20	2.33E+18	1.81E+19	7.95E+18	3.03E+18	1.35E+18	7.01E+18	0.00E+00	0.00E+00	4.31E+18	6.68E+18	5.27E+16	1.49E+18	0.00E+00	4.97E+20
	43 蜂蜜	1.71E+06	5.51E+20	3.94E+18	2.53E+18	2.07E+18	2.14E+18	2.97E+18	2.66E+18	6.95E+18	7.28E+18	3.54E+18	2.70E+18	4.40E+18	2.16E+18	2.83E+18	5.54E+19
	44 蛋	1.71E+06	3.32E+21	3.11E+21	3.41E+21	1.27E+21	5.88E+20	5.29E+20	3.42E+21	4.12E+21	1.72E+22	1.11E+21	1.73E+21	1.28E+22	7.22E+21	1.02E+21	7.35E+21
	小计	/	6.12E+21	1.80E+21	6.29E+21	2.47E+21	2.28E+21	2.50E+21	2.95E+21	3.87E+05	1.94E+21	1.50E+21	2.28E+21	1.29E+21	1.32E+21	9.55E+21	6.28E+22
渔业产出	45 水产品	2.00E+06	2.43E+06	1.33E+06	1.03E+06	2.91E+06	2.28E+06	2.50E+06	2.95E+06	3.87E+05	1.94E+06	1.50E+06	2.28E+06	1.29E+06	1.32E+06	5.44E+05	4.84E+21
	小计	/	2.59E+06	1.80E+06	7.87E+21	6.07E+21	6.86E+21	1.21E+21	8.70E+21	6.60E+21	1.25E+21	1.14E+21	1.65E+21	1.63E+21	7.22E+21	1.98E+21	4.84E+21
	第一产业（农业）	/	1.31E+22	7.87E+21	6.29E+21	2.47E+22	1.63E+22	1.94E+22	3.42E+22	4.12E+21	1.72E+22	1.11E+22	1.73E+22	1.28E+22	7.22E+21	6.19E+21	1.98E+23
	传统GDP（单位：万元）	/	2.43E+06	1.33E+06	1.03E+06	2.91E+06	2.28E+06	2.50E+06	2.95E+06	3.87E+05	1.94E+06	1.50E+06	2.28E+06	1.29E+06	1.32E+06	5.44E+05	2.47E+07
	农业从业人员数量（单位：万人）	/	8.76E+01	7.84E+01	2.10E+02	2.51E+02	8.70E+01	1.21E+02	6.60E+01	1.25E+02	1.14E+02	1.65E+02	1.63E+02	1.21E+02	9.29E+01	—	1.79E+03

注：根据附表 F-3 整理而得。

表5-3 2011年湖南省农业生态系统五大区投入—产出能值表

项目			能值转换率	长株潭地区	湘北洞庭湖平原区	湘中丘岗盆地区	湘南山地丘陵区	湘西武陵源山区	湖南省
可更新环境资源投入	1	太阳光能	1.00E+00	1.29E+20	2.08E+20	1.33E+20	2.62E+20	2.42E+20	9.75E+20
	2	风能	6.63E+02	1.72E+15	1.98E+15	1.27E+15	2.49E+15	2.40E+15	9.85E+15
	3	雨水化学能	1.54E+04	3.07E+21	3.32E+21	2.02E+21	4.05E+21	4.05E+21	1.65E+22
	4	雨水势能	8.89E+03	1.53E+21	1.65E+21	1.01E+21	2.02E+21	2.02E+21	8.23E+21
	5	地球旋庭转能	2.19E+04	8.92E+20	1.44E+21	9.19E+20	1.81E+21	1.67E+21	6.73E+21
		小计	/	4.10E+21	4.97E+21	3.08E+21	6.13E+21	5.97E+21	2.42E+22
不可更新环境资源投入	6	净表土损失能	6.25E+04	6.09E+19	1.03E+20	5.54E+19	9.49E+19	5.65E+19	3.71E+20
		小计	/	6.09E+19	1.03E+20	5.54E+19	9.49E+19	5.65E+19	3.71E+20
可更新工业辅助能投入	7	水电	1.59E+05	4.55E+20	5.16E+19	4.94E+20	6.50E+20	2.31E+20	1.88E+21
		小计	/	4.55E+20	5.16E+19	4.94E+20	6.50E+20	2.31E+20	1.88E+21
不可更新工业辅助能投入	8	火电	1.59E+05	1.47E+21	1.28E+21	3.07E+20	8.77E+20	2.47E+20	4.19E+21
	9	化肥	4.88E+15	6.75E+21	1.50E+22	4.88E+21	1.08E+22	3.48E+21	4.08E+22
	10	农药	1.62E+15	3.32E+19	6.13E+19	2.21E+19	5.42E+19	2.45E+19	1.95E+20
	11	农膜	3.80E+08	1.74E+17	5.92E+17	8.73E+16	4.67E+17	1.77E+17	1.50E+18
	12	农用柴油	6.60E+04	2.35E+20	5.98E+20	1.07E+20	1.86E+20	1.03E+20	1.23E+21
	13	农用机械	7.50E+07	2.80E+21	3.85E+21	1.79E+21	3.44E+21	1.44E+21	1.33E+22
		小计	/	1.13E+22	2.08E+22	7.09E+21	1.53E+22	5.29E+21	5.97E+22

续表

项目		能值转换率	长株潭地区	湘北洞庭湖平原区	湘中丘岗盆地区	湘南山地丘陵区	湘西武陵源山区	湖南省
有机能投入	14 劳动力	3.80E+05	4.00E+21	4.79E+21	5.35E+21	7.02E+21	4.62E+21	2.58E+22
	15 畜力	1.46E+05	4.91E+19	2.12E+20	2.06E+20	1.80E+20	2.42E+20	8.87E+20
	16 有机肥	2.70E+04	7.07E+20	1.01E+21	7.27E+20	1.26E+21	5.06E+20	4.21E+21
	17 种子	6.60E+04	2.31E+20	4.57E+20	1.97E+20	3.68E+20	1.26E+20	1.38E+21
小计		/	4.97E+21	6.47E+21	6.48E+21	8.82E+21	5.50E+21	3.22E+22
总能值投入		/	2.09E+22	3.24E+22	1.72E+22	3.10E+22	1.70E+22	1.18E+23
种植业产出	18 谷物	8.30E+04	7.45E+21	1.19E+22	6.02E+21	1.02E+22	3.83E+21	3.94E+22
	19 豆类	8.30E+04	6.61E+19	1.37E+20	1.05E+20	3.11E+20	7.70E+19	6.95E+20
	20 薯类	8.30E+04	1.19E+20	1.77E+20	1.39E+20	4.19E+20	3.41E+20	1.19E+21
	21 油料	6.90E+05	3.68E+21	2.59E+22	4.41E+21	1.37E+22	7.94E+21	5.56E+22
	22 棉花	1.90E+06	1.22E+20	9.57E+21	2.98E+19	8.23E+20	9.66E+19	1.06E+22
	23 麻类	8.30E+04	2.98E+18	4.62E+19	1.22E+18	7.38E+17	7.33E+18	5.86E+19
	24 甘蔗	8.40E+04	1.89E+18	4.88E+19	3.49E+18	1.03E+20	5.68E+18	1.63E+20
	25 烟叶	2.70E+04	1.27E+18	3.65E+17	4.32E+17	4.46E+18	1.97E+18	8.49E+18
	26 蔬菜	2.70E+04	5.55E+20	4.65E+20	1.84E+20	6.51E+20	1.50E+20	2.01E+21
	27 茶叶	2.00E+05	8.47E+19	2.00E+20	2.79E+19	2.21E+19	1.68E+19	3.52E+20
	28 水果	5.30E+05	8.73E+20	2.63E+21	1.19E+21	3.22E+21	3.20E+21	1.11E+22
	29 瓜果	2.46E+05	2.35E+20	5.21E+20	2.40E+20	7.80E+20	2.74E+20	2.05E+21

续表

	项目		能值转换率	长株潭地区	湘北洞庭湖平原区	湘中丘岗盆地区	湘南山地丘陵区	湘西武陵源山区	湖南省
种植业产出		小计	/	1.32E+22	5.16E+22	1.24E+22	3.02E+22	1.59E+22	1.23E+23
林业产出	30	木材	4.40E+04	2.57E+20	8.08E+20	3.90E+20	7.31E+20	9.21E+20	3.11E+21
	31	竹材	4.40E+04	1.11E+19	4.42E+19	1.11E+19	3.51E+19	4.81E+18	1.06E+20
	32	油桐籽	6.90E+05	4.48E+19	5.17E+19	4.66E+19	3.27E+20	6.86E+20	1.16E+21
	33	油茶籽	8.60E+04	4.26E+20	2.50E+20	1.30E+20	7.71E+20	1.40E+20	1.72E+21
	34	板栗	6.90E+05	7.93E+19	9.47E+19	4.79E+19	2.49E+20	1.16E+20	5.87E+20
	35	核桃	6.90E+05	8.14E+16	7.90E+19	4.41E+18	1.16E+18	3.39E+19	1.19E+20
	36	竹笋干	2.70E+04	2.39E+18	1.74E+18	1.06E+18	2.89E+18	4.47E+17	8.52E+18
		小计	/	8.20E+20	1.33E+21	6.31E+20	2.12E+21	1.90E+21	6.80E+21
畜牧业产出	37	猪肉	1.70E+06	9.66E+21	9.48E+21	7.32E+21	1.28E+22	3.06E+21	4.23E+22
	38	牛肉	4.00E+06	3.89E+20	8.75E+20	8.19E+20	9.89E+20	5.31E+20	3.60E+21
	39	羊肉	2.00E+06	1.95E+20	3.60E+20	9.30E+20	2.24E+20	1.32E+20	1.00E+21
	40	禽肉	2.00E+06	1.23E+21	2.29E+21	7.66E+20	2.85E+20	7.16E+20	7.85E+21
	41	兔肉	4.00E+06	2.15E+18	1.85E+19	6.42E+18	4.94E+19	9.27E+18	8.57E+19
	42	牛奶	1.71E+06	7.12E+19	8.36E+19	3.18E+20	1.89E+19	5.27E+18	4.97E+20
	43	蜂蜜	1.71E+06	9.12E+18	1.58E+20	4.23E+18	1.63E+19	9.89E+18	5.54E+19
	44	蛋	1.71E+06	1.07E+21	2.27E+21	8.41E+20	2.59E+21	5.74E+20	7.35E+21
		小计	/	1.26E+22	1.54E+22	1.02E+22	1.95E+22	5.03E+21	6.28E+22

续表

项目		能值转换率	长株潭地区	湘北洞庭湖平原区	湘中丘岗盆地区	湘南山地丘陵区	湘西武陵源山区	湖南省
渔业产出	45 水产品	2.00E+06	6.10E+20	2.44E+21	3.86E+20	1.20E+21	2.07E+20	4.84E+21
	小计	/	6.10E+20	2.44E+21	3.86E+20	1.20E+21	2.07E+20	4.84E+21
总能值产出		/	2.73E+22	7.08E+22	2.35E+22	5.31E+22	2.31E+22	1.98E+23
第一产业（农业）传统 GDP（单位：万元）		·						
农业从业人员数量（单位：万人）		/	4.79E+06	7.39E+06	3.60E+06	6.69E+06	2.22E+06	2.47E+07
		/	2.78E+02	3.33E+02	3.72E+02	4.89E+02	3.22E+02	1.79E+03

注：根据表 5-2 整理而得。

5.4.3 结果分析

（1）湖南省各地州市农业生态系统传统 GDP 的比较

将湖南省五个区域的农业生态系统按传统 GDP 绝对值进行比较，如表5-4所示，排名的结果是：湘北洞庭湖平原地区、湘南山地丘陵区、长株潭地区、湘中丘岗盆地区、湘西武陵源山区；具体数值依次是：738 亿元、669 亿元、479 亿元、359 亿元和 222 亿元。排名第一的湘北洞庭湖平原区与排名最末的湘西武陵源山区相比，前者约为后者的 3.32 倍，这在一定程度上是由各区域农业发展水平和农业发展条件决定的。为了使数据更具有可比性，计算出五个区域的农业生态系统人均传统 GDP 的具体数值，再进行排名（见表5-4），则结果发生了一些变化，排名结果是：湘北洞庭湖平原区第一，长株潭地区第二，湘南山地丘陵区第三，湘中丘岗盆地区和湘西武陵源山区位列第四和第五。这在一定程度上表明了各地农业生态经济系统的劳动生产效率差别，湘北洞庭湖平原区劳动效率较高，湘西武陵源山区则相对较低。

表5-4 2011 年湖南省五大区农业生态经济系统传统 GDP 比较

地区	传统 GDP/万元	传统 GDP 排名	劳动力/万元	人均传统 GDP/万元	人均传统 GDP 排名
长株潭地区	4.79E+06	3	2.78E+02	5.01	2
湘北洞庭湖平原区	7.38E+06	1	7.38E+06	7	1
湘中丘岗盆地区	3.59E+06	4	3.59E+06	1.99	4
湘南山地丘陵区	6.69E+06	2	6.69E+06	4.09	3
湘西武陵源山区	2.22E+06	5	2.22E+06	1.97	5
湖南省	2.47E+07	/	1.99E+07	3.75	/

（2）湖南省五大农业生态经济系统不可更新资源和绿色 GDP 比较

从表5-5中可以看出，湖南省五大区农业生态经济系统绿色 GDP 占传统 GDP 的比重排名与传统 GDP 的排名又发生了变化，湘西武陵源山区排到第一，而长株潭地区则排到第五。这是因为在传统的 GDP 计算过程中，由于没有考虑人类活动对自然资源与环境的影响，得出的结果是偏大的，扣除这部分价值后的剩余部分才是 GDP 的真实值，即绿色 GDP 的值。扣除的这部分价值是以对自然资源的无偿透支为代价的，这部分价值的比重在长株潭地区、湘北洞庭湖平原区、湘中丘岗盆地区、湘南山地丘陵区、湘西武陵源山区分别为 41.70%、30.18%、30.76%、29.24%、23.07%。

表 5 - 5   不可更新值投入的能值货币和绿色 GDP

地区	不可更新环境资源能值货币	不可更新工业辅助能值货币	能值绿色GDP/万元	人均能值绿色GDP/万元	人均绿色GDP 排名	能值绿色GDP 占比	能值绿色GDP 占比排名
长株潭地区	1.07E+08	1.99E+10	2.79E+06	2.92E+04	2	58.3%	5
湘北洞庭湖平原区	1.10E+08	2.22E+10	5.15E+06	4.89E+04	1	69.8%	3
湘中丘岗盆地区	8.46E+07	1.10E+10	2.49E+06	1.38E+04	5	69.2%	4
湘南山地丘陵区	1.21E+08	1.94E+10	4.73E+06	2.89E+04	3	70.8%	2
湘西武陵源山区	5.42E+07	5.08E+09	1.71E+06	1.52E+04	4	76.9%	1

在能值分析表中，太阳能、风能、雨水化学能、雨水势能和地球旋转能等属于可更新的环境资源，在这些资源的使用过程中，农业生态系统可以对其进行自然恢复。而表土层损耗等属于不可更新环境资源，无法在短期内从农业生态系统中得到恢复和补充。为了使表土层资源损耗得到补偿，必须从农业生态系统传统 GDP 中拿出一部分资金进行治理。

从表 5 - 5 中可知，长株潭地区、湘北洞庭湖平原区、湘中丘岗盆地区、湘南山地丘陵区、湘西武陵源山区 2011 年农业生态经济系统所消耗的不可更新环境资源的太阳能值—货币价值分别为 1.07E+08 元、1.10E+08 元、8.46E+07 元、1.21E+08 元、5.42E+07 元。这就是湖南省各地州市在农业生产过程中消耗的环境资源的价值，而对于这部分价值，必须从农业生态经济系统 GDP 中拿出一部分资金进行补偿。因此，在核算各地州市农业绿色 GDP 时，必须从传统的 GDP 中扣除这部分不可更新环境资源的价值。

电力、化肥、农膜、农药、柴油、农用机械等资源属于农业生态经济系统所消耗的不可更新工业辅助能。从表 5 - 5 中可知，长株潭地区、湘北洞庭湖平原区、湘中丘岗盆地区、湘南山地丘陵区、湘西武陵源山区 2011年农业生态经济系统所消耗的不可更新工业辅助能值—货币价值分别为 1.99E+10 元、2.22E+10 元、1.10E+10 元、1.94E+10 元、5.08E+09

元。农业生产过程中投入的这些化肥、电力等都属于不可更新资源。化肥的过量使用会造成土壤板结，使土壤中的矿物质、有机物、水分、微生物等遭到破坏和丧失，对生态环境也会造成污染；电力投入则需要消耗大量的煤炭等能源和矿物资源。所以，计算农业生态经济系统绿色 GDP 的时候，应从传统 GDP 中减去这一部分所消耗的不可更新工业辅助能的价值。

由表 5-6 可以看出，湖南省在农业中使用最多的不可更新工业辅助能是化肥，湖南省平均占比 68.34%，其中以湘北洞庭湖平原区为甚，高达 72.05%，其次是湘南山地丘陵区为 70.26%，湘中丘岗盆地区为 68.83%，这三个地区均高于湖南省的平均水平。最低的长株潭地区为 59.68%，因为长株潭农业生态系统以都市农业形式、农家乐等乡村旅游形式较多，化肥施用量相对少一些。不可更新工业辅助能中，农用机械位列第二，农用机械比重占总消耗的比重，湖南省的平均值是 22.28%，除了湘北洞庭湖平原区（18.55%）低于湖南省平均水准外，其他区都高于 22.28%。其中，湘西武陵源山区达 27.13%，湘中丘岗盆地区为 25.18%，长株潭地区为 24.78%，湘南山地丘陵区也有 22.51%。由表 5-3 可知，湖南省农用机械消耗值排名是湘北洞庭湖平原区、湘南山地丘陵区、长株潭地区、湘中丘岗盆地区、湘西武陵源山区，分别为 $3.85E+21$、$3.44E+21$、$2.80E+21$、$1.79E+21$、$1.44E+21$、$1.33E+22$。机械化程度最高的湘北洞庭湖平原区的农用机械消耗占总消耗的比重只有 18.55%，这更能证明湘北洞庭湖平原区是高投入的化肥消耗型农业。机械化程度最低的湘西武陵源山区的农用机械消耗比重反而最大，这说明在实际中，农用机械对于湘西武陵源山区的农业发展起到了更重要的作用。火电是比重第三的不可更新工业辅助能消耗，其中长株潭地区为 13.02%，远高于湖南省的平均水平 7.02%。这是因为以农家乐为主的都市农业的电力消耗明显会高于其他农业发展方式。

值得说明的是，在湖南省农业生态经济系统中所排放的废弃物一般为人、畜的粪、尿及其他有机物垃圾，而这些废弃物基本上作为农田、耕地和林地的有机肥料，在生态系统中实现了循环利用。在本章的核算中，假设这部分资源实现了循环利用，忽略农业生态经济系统所排放的各种废弃物造成对环境资源的耗减。

表 5-6 不可更新工业辅助能投入各要素占比   单位:%

	长株潭地区	湘北洞庭湖平原区	湘中丘岗盆地区	湘南山地丘陵区	湘西武陵源山区	湖南省
火电	13.02	6.19	4.33	5.73	4.66	7.02
化肥	59.68	72.05	68.83	70.26	65.84	68.34
农药	0.29	0.30	0.31	0.35	0.46	0.33
农膜	0.0015	0.0029	0.0012	0.0031	0.0033	0.0025
农用柴油	2.08	2.88	1.51	1.21	1.95	2.06
农用机械	24.78	18.55	25.18	22.51	27.13	22.28

湖南省五大区人均绿色 GDP 排名依次为:湖北洞庭湖平原区、长株潭地区、湘南山地丘陵区、湘西武陵源山区、湘中盆地区。这在一定程度上表明了各地农业生态经济系统的劳动生产效率差别。平原、丘陵的地理条件会比其他地貌更容易耕种,而排名在前的地区的经济、科技条件也明显高于排名在后的地区。

表 5-7 所示是湖南省五大区农业生态经济系统单位平方公里绿色GDP 的数据,用来反映各大区的土地利用效率指标。其中,湘北洞庭湖平原区单位平方公里绿色 GDP 为 1139380.53,说明其土地资源利用效率最高;而湘西武陵源山区地形复杂,土地利用率较低。长株潭地区绿色 GDP占传统 GDP 的比重虽然只有 58.3%,但其单位平方公里绿色 GDP 为992882.56,排名湖南省第二,这说明长株潭地区农业科技水平较高,生产效率较好。

表 5-7 湖南省五大区农业生态经济系统单位平方公里绿色 GDP

地区	绿色 GDP/元	耕地面积（km²）	单位平方公里绿色 GDP	排名
长株潭地区	2.92E+08	28100	992882.56	2
湘北洞庭湖平原区	4.89E+08	45200	1139380.53	1
湘中丘岗盆地区	1.38E+08	28900	861591.70	3
湘南山地丘陵区	2.89E+08	57000	829824.56	4
湘西武陵源山区	1.52E+08	52600	325095.06	5

由以上分析可见：

（1）传统 GDP 的核算方法存在一定的弊端，其以货币为尺度来衡量生产商品所付出的人类劳务量，并没有把透支自然环境资源的成本考虑进去，这一部分成本也无法用货币来度量；绿色 GDP 的计算方法是从传统 GDP 中扣除所消耗的各项不可更新环境资源的能值—货币价值及不可更新工业辅助能的能值—货币价值和系统中所排放的各种废弃物的能值—货币价值等。湖南农业能值绿色 GDP 仅占整个 GDP 的 68.20%。这表明湖南农业主要是依靠投入过多的不可更新工业辅助能而获得的。不可更新工业辅助能的过量使用会造成土壤物理性质的恶化，如土壤板结，使土壤中的矿物质、有机物、水分、微生物等遭到破坏和丧失，对生态环境也会造成污染，同时会消耗许多的石油、有色金属、煤炭等能源和矿产资源，所以应从传统 GDP 的计算中减去。

（2）按 GDP 和绿色 GDP 核算，湖南五大区的排名都是湘北洞庭湖平原地区、湘南山地丘陵区、长株潭地区、湘中丘岗盆地区、湘西武陵源山区。而绿色 GDP 占传统 GDP 的比率的排名则有显著的不同：湘西武陵源山区上升到第一，湘南山地丘陵区维持第二，湘北洞庭湖平原地区下降到第三，长株潭地区位列最末。

（3）湖南省五大区域农业生态经济系统能值绿色 GDP 占传统 GDP 的比重排名依次是湘西武陵源山区、湘南山地丘陵区、湘北洞庭湖平原区、湘中丘岗盆地区、长株潭地区。这反映了湖南省各地州市农业生态经济系统发展过程中的质量，绿色 GDP 占传统 GDP 的比重越高，说明其农业发展过程的质量越高，同时在农业发展过程中以透支自然资源为代价的程度越低。

5.5　小结

对洞庭湖区农业生态系统绿色 GDP 的核算结果表明：洞庭湖区农业生态系统能值产出效率相对较高，但该系统能值绿色 GDP 占传统 GDP 的比重不高，这在一定程度上反映出该系统农业还是处于高投入、高能耗的生产阶段，尤其具有明显的化肥农业、石油农业特征，可持续发展水平相对不高。因此，改善其农业投入结构（比如用有机肥替代化肥，提高有机农业比重）是提高可持续发展水平的举措之一。湖南省五大区域农业生态经济系统能值绿色 GDP 占传统 GDP 的比重排名依次是湘西武陵源山区、湘南山地丘陵区、湘北洞庭湖平原区、湘中丘岗盆地区、长株潭地区。这也从另一方面表明洞庭湖区农业发展方式有待改变。

6 湖南省农业生态系统能值结构功能效率及演变趋势

本章之所以要对湖南农业生态系统进行能值分析，主要目的是为洞庭湖区农业生态系统的进一步深入分析寻找一个参照物，即一个用以比较的对象。内容包括湖南省农业生态系统结构功能值效率分析以及系统的能值演变与趋势分析。所采用的横截面数据为 2009 统计年度，所用的纵向时间序列数据为 2000—2009 年。

6.1 湖南省农业生态系统的资源特征简介

湖南幅员辽阔，地处东经 108°47′~114°15′，北纬 24°39′~30°08′，东邻江西，南接广东、广西，西连贵州、重庆，北交湖北，位于长江中游。湖南省土地面积 21.18 万平方公里。全省辖 13 个市、1 个自治州。湖南地貌以山地、丘陵为主，山地面积占全省总面积的 51.2%，丘陵及岗地占29.3%，平原占 13.1%，水面占 6.4%。海拔约 500~1500 米。湖南属中亚热带季风湿润气候，光热充足，雨量丰沛。全省年平均气温为 18.2℃，日照时数 1521.0 小时，降水量 1215.4 毫米。全省 4~10 月，总辐射量占全年总辐射量的 70%~76%，降水量则占全年总降水量的 68%~84%。2009年，全省农作物播种面积 800 万公顷，有林地面积 988.16 万公顷。2009 年全年实现地区生产总值 13059.69 亿元，比上年增长 13.7%。其中，第一产业完成增加值 1969.69 亿元，增长 5.0%；第二产业完成增加值 5687.19 亿元，增长 18.9%；第三产业完成增加值 5402.81 亿元，增长 11.3%。第一、二、三产业的构成比重为 15.1∶43.5∶41.4。在经济增长质量提高的同时，第一产业总量的比重增速较慢；第二、三产业比重上升，增速加快。

6.2 湖南省农业生态系统能值结构功能效率

6.2.1 数据来源

数据资料主要来源于《湖南省农村经济统计年鉴》（2010 年版）、《2010 年湖南省年鉴》、《2010 年湖南省统计年鉴》、《农业技术经济手册》、湖南统计信息网等。本章的能量折算系数和太阳能值转换率以及能值投入产出表的项目与第三章保持一致。

6.2.2 能值投入产出及能值分析指标

经计算整理，将分析数据整理成 3 个表格：湖南农业生态系统能值投入表、产出表和能值分析指标表。为了便于分析，在能值分析指标体系中，笔者共设计了 3 个一级指标，分别是结构指标、功能指标和效率指标。结构一级指标从自然支撑力、发展潜力、机械化程度和系统均衡性等方面设计了能值自给率等 9 个三级指标；功能一级指标分别从保障生活、容纳人口和生态调节等方面设计了人均产出能值等 4 个三级指标；效率一级指标的解释指标是能值产出率。具体如表 6－1 至表 6－3 所示。

表 6－1　湖南省农业生态系统能值投入表（2009）

项　　目		能量数据 （j 或 t）	能值转换率（sej· J^{-1}或 sej·t^{-1}）	太阳能值 （sej）
可更新环境资源能值投入	太阳光能	9.75E+20	1.00E+00	9.75E+20
	风能	1.39E+13	6.63E+02	9.22E+15
	雨水化学能	1.45E+18	1.54E+04	2.23E+22
	雨水势能	1.3E+18	8.89E+03	1.16E+22
	地球旋转能	8.72E+16	2.19E+04	1.91E+21
	小计			2.52E+22
不可更新环境资源能值投入	净表土损失能值	5.94E+15	6.25E+04	3.71E+20

项　目		能量数据 （j 或 t）	能值转换率（sej· J^{-1}或 sej·t^{-1}）	太阳能值 （sej）
总环境能值投入				2.56E+22
可更新工业辅助能值投入	水电	1.863E+16	1.59E+05	2.96E+21
	小计			2.96E+21
不可更新工业辅助能值投入	火电	1.50486E+16	1.59E+05	2.39E+21
	化肥	8080000	4.88E+15	3.94E+22
	农药	115000	1.62E+15	1.86E+20
	农膜	3700000000	3.80E+08	1.41E+18
	农用柴油	1.77E+16	6.60E+04	1.17E+21
	农用机械	1.57E+14	7.50E+07	1.18E+22
	小计			5.50E+22
有机能值投入	劳动力	3.05218E+17	3.80E+05	1.16E+23
	畜力	5.96E+15	1.46E+05	8.70E+20
	有机肥	12300000000	2.70E+04	9.08E+20
	种子	1.66E+13	6.60E+07	1.10E+21
	小计			1.19E+23
总辅助能值投入				1.77E+23
总能值投入				2.02E+23

表 6-2　湖南省农业生态系统能值产出表（2009）

项　目		能量数据 （j 或 t）	能值转换率 （sej·J^{-1}或 sej·t^{-1}）	太阳能值 （sej）
种植业产出	谷物	4.84E+17	8.30E+04	4.02E+22
	豆类	8.69E+15	8.30E+04	7.21E+20
	薯类	1.76E+16	8.30E+04	1.46E+21
	油料	6.92E+16	6.90E+05	4.77E+22
	棉花	4.53E+15	1.90E+06	8.61E+21
	麻类	1.28E+15	8.30E+04	1.06E+20

项　目		能量数据 （j 或 t）	能值转换率 （sej·J⁻¹或 sej·t⁻¹）	太阳能值 （sej）
种植业产出	甘蔗	2.09E+15	8.40E+04	1.76E+20
	烟叶	3.11E+14	2.70E+04	8.40E+18
	蔬菜	7.00E+16	2.70E+04	1.89E+21
	茶叶	1.37E+15	2.00E+05	2.74E+20
	水果	1.86E+16	5.30E+05	9.86E+21
	瓜果	7.77E+15	2.46E+05	1.91E+21
小计				1.13E+23
畜牧业产出	猪肉	2.48E+16	1.70E+06	4.22E+22
	牛肉	8.42E+14	4.00E+06	3.37E+21
	羊肉	4.93E+14	2.00E+06	9.86E+20
	禽肉	3.72E+15	2.00E+06	7.44E+21
	兔肉	1.70E+13	4.00E+06	6.80E+19
	牛奶	3.50E+14	1.71E+06	5.99E+20
	蜂蜜	2.94E+13	1.71E+06	5.03E+19
	蛋	4.09E+15	1.71E+06	6.99E+21
小计				6.17E+22
林业产出	木材	6.43E+16	4.40E+04	2.83E+21
	竹材	2.54E+15	4.40E+04	1.12E+20
	油桐籽	1.44E+15	6.90E+05	9.94E+20
	油茶籽	1.62E+16	8.60E+04	1.39E+21
	板栗	6.88E+14	6.90E+05	4.74E+20
	核桃	6.09E+13	6.90E+05	4.20E+19
	竹笋干	3.84E+14	2.70E+04	1.04E+19
小计				5.85E+21
渔业产出	水产品	2.28E+15	2.00E+06	4.56E+21
总能值产出				1.85E+23

表6-3　湖南省农业生态系统能值分析指标表（2009）

序号	指标名称	数值
1	能值投资率	6.91
2	能值产出率	1.05
3	不可更新工业辅助能值比率	0.27
4	有机辅助能值比率	0.59
5	环境负载率	2.19
6	可持续发展指数	0.48
7	人均能值投入量	1.08E+16

6.2.3　结果与分析

（1）能值投资率。

湖南农业的能值投资比率达到了6.91，高于重庆（1.70）（杨松，2007，下同）、甘肃省（2.08）（张希彪，2007，下同）和辽宁省（4.10）（付晓，2005，下同），也高于国内平均水平（4.93），但远低于发达国家的能值投资比率（日本1990年能值投资比率为14.03，意大利1989年能值投资比率为8.52）。这说明湖南农业对自然资源的开发利用水平总体上处于中等偏上，但是与国际水平相比仍然差距较大，还有较大的增长空间；也说明经济购买能值投入不足，导致湖南农业资源得不到有效的利用，经济发展水平并不高，湖南是农业大省，但还不是农业强省。

（2）净能值产出率。

湖南农业的净能值产出率为1.05，与重庆（3.67）、辽宁省（2.89）及甘肃省（1.26）相比均比较低，也低于全国平均水平（2.00），这表明湖南农业生态系统生产效率偏低。究其原因，主要是系统投入了大量的具有高能值的人力能，农村剩余劳动现象普遍，当然，这里有一个统计数据的问题，湖南大部分地区的青壮年流向广东等沿海地区打工，但其户口还在农村，这种兼业化现象可能是影响因素之一；另外，湖南的湘中、湘西、湘南等地属于典型的丘陵、山区及丘岗盆地区，不适合规模农业，大部分地区均属于农业分散经营，科技水平低，农业机械化水平不高，人力能值的大量投入并没有表现为相应的能值产出，导致投入产出率低下，区域缺乏明显竞争力。

（3）人均能值投入量。

湖南农业的人均能值投入量为1.08E+16 sej/人，远高于世界平均水平

3.90E + 10 sej/人，为人均能值较高地区，尽管人均 GDP 不高，但农村自给自足的生活方式在农村占比较大，这也相应地提高了人民生活水平与质量，因此，从生态能量学角度来讲，湖南农村属于生活水平较高的地区。

（4）不可更新工业辅助能值比率和有机辅助能值比率。

在不可更新工业辅助能值占总能值的比重（27%）中，化肥的能值比例就占了 19.78%，说明化肥对系统的贡献率高。化肥使用量过多，一方面会导致土壤肥力减弱，另一方面会污染地下水，这是一个不良的信号。而在有机能值投入中，劳动力、畜力能值的投入占有相当大的比重（59%），这说明湖南农业仍具有传统农业的生产特点，对劳动力、畜力的依赖性较大。

（5）环境负载率。

湖南农业的环境负载率为 2.19，高于重庆（1.80），低于辽宁省（4.33）及全国平均水平（2.80）和黄土高原区的甘肃省（6.08），这说明湖南省农业系统所承受的压力不是很大。

（6）能值可持续发展指数。

湖南农业的能值可持续发展指数为 0.48，这主要是净能值产出率较低而环境负载率高所致。按照以能值可持续发展指数对生态系统的分类标准，湖南农业应归入消费型经济系统，其特点是系统投入的资源和劳务的能值量在总能值使用量中所占比重较大，对本地不可更新资源的利用也较高。这说明湖南农业转变经济增长方式，发展"两型"社会之路还很长。

6.3　湖南省农业生态系统能值演变趋势

6.3.1　数据来源与分析数据

本章原始数据主要来源于 2000—2009 年湖南省统计年鉴以及 2000—2009 年中国统计年鉴。本章的能量折算系数和太阳能值转换率与第三章保持一致，能值投入与产出表的项目与格式与第三章保持一致。在收集汇总数据的基础上，对湖南省农业生态系统 2000—2009 年各种生态流变动情况进行计算，分别得到 2000—2009 年湖南省农业生态系统能值投入汇总表（见表 6 - 4）、2000—2009 年湖南省农业生态系统能值产出汇总表（见表 6 - 5）、2000—2009 年湖南省农业生态系统能值总量指标汇总表（见表 6 - 6）、2000—2009 年湖南省农业生态系统能值相对指标汇总表（见表 6 - 7）。

表6-4 2000—2009年湖南省农业生态系统能值投入汇总表

单位：sej

项目		能值转换率	2000	2001	2002	2003	2004	2005	2006	2007	2008	2009
可更新环境资源能值投入	太阳光能	1.00E+00	9.75E+20	9.75E+20	9.75E+20	9.75E+20	9.75E+20	9.75E+20	9.75E+20	9.75E+20	9.75E+20	9.75E+20
	风能	6.63E+02	9.22E+15	9.22E+15	9.22E+15	9.22E+15	9.22E+15	9.22E+15	9.22E+15	9.22E+15	9.22E+15	9.22E+15
	雨水化学能	1.54E+04	2.38E+22	2.19E+22	3.17E+22	1.98E+22	2.41E+22	2.10E+22	2.18E+22	2.00E+22	1.98E+22	2.23E+22
	雨水势能	8.89E+03	1.23E+22	1.13E+22	1.63E+22	1.02E+22	1.24E+22	1.08E+22	1.12E+22	1.03E+22	1.02E+22	1.16E+22
	地球旋转能	2.19E+04	1.91E+20	1.91E+20	1.91E+20	1.91E+20	1.91E+20	1.91E+20	1.91E+20	1.91E+20	1.91E+20	1.91E+20
	小计		2.50E+22	2.31E+22	3.29E+22	2.10E+22	2.53E+22	2.22E+22	2.30E+22	2.12E+22	2.10E+22	2.35E+22
不可更新环境资源能值投入	净表土损失能值	6.25E+04	3.84E+20	3.83E+20	3.81E+20	3.76E+20	3.74E+20	3.74E+20	3.71E+20	3.71E+20	3.71E+20	3.71E+20
	小计		3.84E+20	3.83E+20	3.81E+20	3.76E+20	3.74E+20	3.74E+20	3.71E+20	3.71E+20	3.71E+20	3.71E+20
总环境能值投入			2.54E+22	2.34E+22	3.32E+22	2.13E+22	2.57E+22	2.25E+22	2.34E+22	2.15E+22	2.13E+22	2.39E+22
可更新工业辅助能值投入	水电	1.59E+05	8.05E+20	7.98E+20	8.54E+20	8.05E+20	1.20E+21	1.96E+21	2.31E+21	2.63E+21	2.84E+21	2.96E+21
	小计		8.05E+20	7.98E+20	8.54E+20	8.05E+20	1.20E+21	1.96E+21	2.31E+21	2.63E+21	2.84E+21	2.96E+21
不可更新工业辅助能值投入	化肥	4.88E+15	1.74E+21	1.88E+21	2.00E+21	2.28E+21	2.09E+21	1.77E+21	1.75E+21	1.74E+21	1.83E+21	2.39E+21
	农药	1.62E+15	3.14E+22	3.18E+22	3.18E+22	3.25E+22	3.51E+22	3.63E+22	3.66E+22	3.80E+22	3.85E+22	3.94E+22
	农膜	3.80E+08	1.39E+20	1.39E+20	1.41E+20	1.55E+20	1.77E+20	1.83E+20	1.59E+20	1.77E+20	1.83E+20	1.86E+20
	农用柴油	6.60E+04	7.98E+17	8.47E+17	9.39E+17	9.99E+17	1.16E+18	1.17E+18	1.30E+18	1.34E+18	1.37E+18	1.41E+18
	农用机械	7.50E+07	7.00E+20	7.66E+20	7.92E+20	8.58E+20	9.37E+20	1.02E+21	1.03E+21	1.04E+21	1.11E+21	1.17E+21
	小计		5.96E+21	6.37E+21	6.74E+21	7.19E+21	7.88E+21	8.63E+21	9.23E+21	9.98E+21	1.09E+22	1.18E+22
	小计		3.99E+22	4.09E+22	4.15E+22	4.30E+22	4.62E+22	4.79E+22	4.88E+22	5.09E+22	5.25E+22	5.50E+22

续表

项目		能值转换率	2000	2001	2002	2003	2004	2005	2006	2007	2008	2009
有机能值投入	劳动力	3.80E+05	1.29E+23	1.28E+23	1.26E+23	1.24E+23	1.23E+23	1.22E+23	1.21E+23	1.18E+23	1.17E+23	1.16E+23
	畜力	1.46E+05	1.06E+21	1.05E+21	1.04E+21	1.07E+21	1.10E+21	1.12E+21	1.11E+21	1.04E+21	7.87E+20	8.70E+20
	有机肥	2.70E+04	8.01E+20	8.25E+20	8.58E+20	8.90E+20	9.45E+20	9.88E+20	1.00E+21	9.13E+20	9.09E+20	9.08E+20
	种子	6.60E+07	9.87E+20	9.41E+20	9.05E+20	8.80E+20	9.96E+20	1.02E+21	1.04E+21	1.04E+21	1.01E+21	1.10E+21
小计			1.32E+23	1.31E+23	1.29E+23	1.27E+23	1.26E+23	1.25E+23	1.24E+23	1.21E+23	1.20E+23	1.19E+23
总辅助能值投入			1.73E+23	1.73E+23	1.71E+23	1.71E+23	1.74E+23	1.75E+23	1.75E+23	1.74E+23	1.75E+23	1.77E+23
总能值投入			1.98E+23	1.96E+23	2.04E+23	1.92E+23	1.99E+23	1.97E+23	1.98E+23	1.96E+23	1.96E+23	2.01E+23

*能值转换率单位除化肥、农药为 sej·g^{-1}外，其余都为 sej·j^{-1}。

表6-5 2000—2009年湖南省农业生态系统能值产出汇总表

单位：sej

项目		能值转换率	2000	2001	2002	2003	2004	2005	2006	2007	2008	2009
种植业产出	谷物	8.30E+04	3.60E+22	3.33E+22	3.05E+22	2.99E+22	3.49E+22	3.55E+22	3.60E+22	3.60E+22	3.77E+22	4.02E+22
	豆类	8.30E+04	8.40E+20	9.41E+20	9.40E+20	8.61E+20	8.66E+20	8.73E+20	9.25E+20	9.58E+20	6.22E+20	7.21E+20
	薯类	8.30E+04	1.56E+21	1.76E+21	1.85E+21	1.74E+21	1.71E+21	1.72E+21	1.77E+21	1.87E+21	1.35E+21	1.46E+21
	油料	6.90E+05	3.71E+22	3.66E+22	3.18E+22	3.35E+22	3.72E+22	3.75E+22	3.98E+22	4.10E+22	3.82E+22	4.77E+22
	棉花	1.90E+06	6.11E+21	6.79E+21	5.47E+21	5.83E+21	7.29E+21	6.63E+21	7.39E+21	8.71E+21	8.64E+21	8.61E+21
	麻类	8.30E+04	9.70E+19	1.36E+21	1.89E+21	1.87E+21	1.89E+21	1.94E+21	2.02E+21	1.99E+21	1.48E+21	1.06E+21
	甘蔗	8.40E+04	2.61E+20	3.75E+20	4.06E+20	3.20E+20	2.49E+20	2.26E+20	2.43E+20	2.70E+20	1.70E+20	1.76E+20
	烟叶	2.70E+04	6.47E+18	6.28E+18	7.20E+18	7.22E+18	7.31E+18	8.22E+18	8.30E+18	7.52E+18	7.46E+18	8.40E+18
	蔬菜	2.70E+04	1.18E+21	1.32E+21	1.45E+21	1.52E+21	1.53E+21	1.59E+21	1.88E+21	1.76E+21	1.71E+21	1.89E+21
	茶叶	2.00E+05	1.64E+20	1.67E+20	1.75E+20	1.73E+20	1.91E+20	2.06E+20	2.18E+20	2.50E+20	2.63E+20	2.74E+20

项目		能值转化率	2000	2001	2002	2003	2004	2005	2006	2007	2008	2009
种植业产出	水果	5.30E+05	2.11E+21	6.97E+21	6.73E+21	7.20E+21	7.10E+21	7.57E+21	8.51E+21	9.14E+21	9.39E+21	9.86E+21
	瓜果	2.46E+05	1.40E+21	1.88E+21	1.79E+21	1.83E+21	1.62E+21	1.67E+21	1.82E+21	1.90E+21	1.85E+21	1.91E+21
	小计		8.68E+22	9.02E+22	8.13E+22	8.31E+22	9.45E+22	9.37E+22	9.88E+22	1.02E+23	1.00E+23	1.13E+23
畜牧业产出	猪肉	1.70E+06	3.24E+22	3.35E+22	3.47E+22	3.57E+22	3.79E+22	4.00E+22	4.10E+22	3.70E+22	4.04E+22	4.22E+22
	牛肉	4.00E+06	2.55E+21	2.65E+21	2.97E+21	3.27E+21	3.58E+21	3.96E+21	4.26E+21	2.97E+21	3.16E+21	3.37E+21
	羊肉	2.00E+06	7.33E+20	8.02E+20	9.32E+20	1.03E+21	1.11E+21	1.16E+21	1.20E+21	9.42E+20	9.78E+20	9.86E+20
	禽肉	2.00E+06	5.47E+21	5.86E+21	6.41E+21	6.82E+21	7.08E+21	7.50E+21	7.98E+21	6.54E+21	6.91E+21	7.44E+21
	兔肉	4.00E+06	2.27E+19	2.48E+19	2.92E+19	3.88E+19	4.75E+19	5.55E+19	6.10E+19	6.45E+19	6.46E+19	6.80E+19
	牛奶	1.71E+06	8.30E+19	1.45E+20	2.73E+20	4.13E+20	5.23E+20	5.43E+20	5.72E+20	5.66E+20	5.87E+20	5.99E+20
	蜂蜜	1.71E+06	2.68E+19	3.86E+19	4.84E+19	4.41E+19	5.06E+19	5.06E+19	5.21E+19	7.50E+19	4.95E+19	5.03E+19
	蛋	1.71E+06	5.78E+21	6.04E+21	6.49E+21	6.75E+21	6.93E+21	7.24E+21	7.49E+21	6.71E+21	7.05E+21	6.99E+21
	小计		4.71E+22	4.91E+22	5.19E+22	5.41E+22	5.73E+22	6.05E+22	6.26E+22	5.48E+22	5.92E+22	6.17E+22
林业产出	木材	4.40E+04	2.03E+21	2.06E+21	1.59E+21	2.14E+21	2.40E+21	2.53E+21	2.30E+21	3.44E+21	4.54E+21	2.83E+21
	竹材	4.40E+04	1.48E+20	1.77E+20	1.97E+20	1.07E+20	1.17E+20	1.66E+20	1.04E+20	2.36E+20	1.01E+20	1.12E+20
	油桐籽	6.90E+05	1.12E+20	1.08E+20	1.08E+20	1.00E+20	1.10E+20	1.13E+20	1.16E+20	1.01E+20	1.02E+20	9.94E+20
	油茶籽	8.60E+04	1.12E+20	1.12E+20	1.20E+20	1.13E+20	1.27E+20	1.24E+20	1.22E+20	1.15E+20	1.33E+20	1.39E+21
	板栗	6.90E+05	1.32E+20	1.41E+20	1.68E+20	1.96E+20	2.31E+20	2.37E+20	2.53E+20	3.82E+20	3.44E+20	4.74E+20
	核桃	6.90E+05	2.17E+19	2.31E+19	2.47E+19	3.21E+19	2.82E+19	3.06E+19	5.74E+19	3.59E+19	3.21E+19	4.20E+19
	竹笋干	2.70E+04	5.35E+18	5.22E+18	5.16E+18	4.55E+18	4.35E+18	6.33E+18	6.18E+18	7.23E+18	1.19E+19	1.04E+19
	小计		4.58E+21	4.60E+21	4.26E+21	4.61E+21	5.15E+21	5.34E+21	5.10E+21	6.26E+21	7.38E+21	5.85E+21
渔业产出	水产品	2.00E+06	3.22E+21	3.41E+21	3.62E+21	3.79E+21	4.04E+21	4.34E+21	3.87E+21	4.11E+21	4.33E+21	4.56E+21
总能值产出			1.42E+23	1.47E+23	1.41E+23	1.46E+23	1.61E+23	1.64E+23	1.70E+23	1.67E+23	1.71E+23	1.85E+23

表6-6 2000—2009年湖南省农业生态系统能值总量指标汇总表

年份	总环境能值投入	总辅助能值投入	总能值产出	不可更新工业辅助能值投入	总能值投入量	有机能值投入	不可更新环境资源能值投入	可更新环境资源能值投入	农业从业人员数量
2000	2.54E+22	1.73E+23	1.42E+23	3.99E+22	1.98E+23	1.32E+23	3.84E+20	2.50E+22	2.07E+07
2001	2.34E+22	1.73E+23	1.47E+23	4.09E+22	1.96E+23	1.31E+23	3.83E+20	2.31E+22	2.06E+07
2002	3.32E+22	1.71E+23	1.41E+23	4.15E+22	2.04E+23	1.29E+23	3.81E+20	3.29E+22	2.02E+07
2003	2.13E+22	1.71E+23	1.46E+23	4.30E+22	1.92E+23	1.27E+23	3.76E+20	2.10E+22	2.00E+07
2004	2.57E+22	1.74E+23	1.61E+23	4.62E+22	1.99E+23	1.26E+23	3.74E+20	2.53E+22	1.98E+07
2005	2.25E+22	1.75E+23	1.64E+23	4.79E+22	1.97E+23	1.25E+23	3.74E+20	2.22E+22	1.95E+07
2006	2.34E+22	1.75E+23	1.70E+23	4.88E+22	1.98E+23	1.24E+23	3.71E+20	2.30E+22	1.93E+07
2007	2.15E+22	1.74E+23	1.67E+23	5.09E+22	1.96E+23	1.21E+23	3.71E+20	2.12E+22	1.89E+07
2008	2.13E+22	1.75E+23	1.71E+23	5.25E+22	1.96E+23	1.20E+23	3.71E+20	2.10E+22	1.88E+07
2009	2.56E+22	1.76E+23	1.85E+23	5.50E+22	2.01E+23	1.19E+23	3.71E+20	2.52E+22	1.87E+07

表 6 – 7 2000—2009 年湖南省农业生态系统能值相对指标汇总表

年份	能值投资率	能值产出率	不可更新工业辅助能值比率	有机辅助能值比率	环境负载率	可持续发展指数	人均能值投入量	人均能值产出量
2000	6.80	0.82	0.20	0.67	1.61	0.51	9.56E + 15	6.84E + 15
2001	7.37	0.85	0.21	0.67	1.79	0.48	9.54E + 15	7.16E + 15
2002	5.15	0.82	0.20	0.63	1.27	0.65	1.01E + 16	6.98E + 15
2003	8.02	0.85	0.22	0.66	2.07	0.41	9.63E + 15	7.29E + 15
2004	6.76	0.93	0.23	0.63	1.84	0.50	1.01E + 16	8.15E + 15
2005	7.75	0.94	0.24	0.63	2.18	0.43	1.01E + 16	8.40E + 15
2006	7.48	0.97	0.25	0.62	2.14	0.46	1.02E + 16	8.81E + 15
2007	8.09	0.96	0.26	0.62	2.42	0.40	1.04E + 16	8.85E + 15
2008	8.21	0.98	0.27	0.61	2.52	0.39	1.05E + 16	9.10E + 15
2009	6.91	1.05	0.27	0.59	2.19	0.48	1.08E + 16	9.91E + 15

6.3.2 结果与分析

（1）湖南省农业生态系统能值总量的变化趋势

2000—2009 年，湖南省农业生态系统年总能值使用投入量基本保持平稳（图 6 – 1），由 2000 年的 1.98E + 23 sej 增加至 2009 年的 2.01E + 23 sej；而年总能值产出有了较大幅度的增长，由 2000 年的 1.42E + 23 sej 增长为 2009 年的 1.85E + 23 sej，增幅达 30.56%。这说明研究期间，湖南省农业生态系统投入产出效率有了较大幅度的提高，但总能值产出仍小于总能值投入，表明湖南省农业生态系统的投入产出效率仍然不高，具有较为明显的粗放式发展特征。

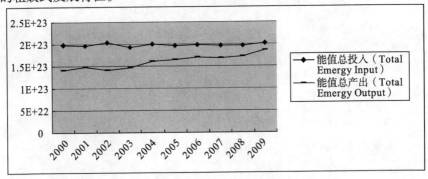

图 6 – 1 湖南省农业生态系统能值总量变化

（2）湖南省农业生态系统能值投入结构的变化趋势

研究期间，湖南省农业生态系统总投入能值虽没有较大变动，但结构组成的变化较大，如图6-2所示。其中，可更新环境资源能值稍许增加（由2.50E+22 sej增至2.35E+22 sej）。这主要是由于计算太阳光能、风能、地球旋转能等依据的指标都是土地面积，而雨水势能与雨水化学能的变化不是很大造成的，说明湖南省的自然资源条件改变不大，雨水总量稍有增长。

不可更新环境能值（主要是表土层损失）在不断下降，从3.84E+20 sej降至3.71E+20 sej，呈现稳定下降趋势。这说明自2000年起实施的退耕还林还草政策在一定程度上遏制了农业生态环境的恶化。

可更新工业辅助能值（主要是指水电）增加很快，由2000年的8.05E+20 sej增加至2009年的2.96E+21 sej，增幅为268.18%。这说明湖南省农业基础设施这几年在水电方面发展速度快，这主要是由于乡村两级水电站的不断增加所致。

不可更新工业辅助能值显著增加（由3.99E+22 sej增至5.50E+22 sej，增幅达37.57%），并且不可更新工业辅助能值的投入已超过总环境能值的投入，且超出的幅度越来越大，2009年总环境能值的投入为2.39E+22 sej，不可更新工业辅助能值的投入为5.50E+22 sej，后者是前者的2.15倍。这说明湖南省农业生态系统的发展越来越依赖于工业辅助能值投入，尤其是化肥、农药以及柴油、石油农业的烙印非常明显。

而可更新有机能值投入量有所下降（由1.32E+23 sej逐渐下降到1.19E+23 sej）。笔者认为可更新有机能值投入量下降的原因有二：一是农村劳动力转离农业系统而到广东等东南沿海地区务工，劳力能值由2000年的1.29E+23 sej降到2009年的1.16E+23 sej，降幅达9.5%；二是畜力在农业生产中所占比重不断下降，由2000年的1.06E+21 sej降到2009年的8.70E+20 sej，降幅达18.02%，这充分说明在湖南省农业机械化水平不断提高的同时，畜力在农业生产中的比重越来越低。在能值投入总量平缓变化的条件下，由于劳动力和蓄力能值投入量的不断减少，以及不可更新工业辅助能值的不断增加，系统的能值产出呈不断提高之势。这也说明，湖南农业生产效率的提高是建立在资源大量消耗，尤其是石油资源大量消耗的基础之上。

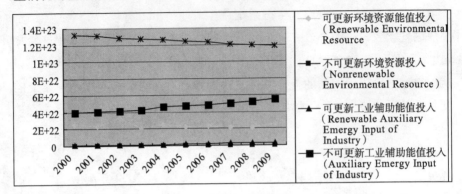

图6-2　湖南省农业生态系统能值投入结构的变化

（3）湖南省农业生态系统能值产出结构的变化趋势

2000—2009年，湖南省农业生态系统能值产出大幅增长，总能值产出由1.43E+23 sej增至1.85E+23 sej。种植业、牧业、林业和渔业的量比关系由2000年的61.27∶33.22∶3.23∶2.27变为2009年的61.04∶25.45∶3.16∶2.46。种植业、牧业、林业和渔业所占比重如表6-8所示。

表6-8　2000—2009年湖南省农业生态系统能值产出结构

项目	2000	2001	2002	2003	2004	2005	2006	2007	2008	2009
种植业比重（%）	61.27	61.24	57.63	57.07	58.72	57.18	57.97	61.02	58.52	61.04
畜牧业比重（%）	33.22	31.95	33.39	32.35	29.24	28.72	27.63	28.14	27.55	25.45
林业比重（%）	3.23	3.12	3.02	3.17	3.20	3.26	2.99	3.74	4.32	3.16
渔业比重（%）	2.27	2.31	2.57	2.60	2.51	2.65	2.27	2.46	2.53	2.46

2000—2009年，湖南省种植业能值相对比重虽然有所下降，但能值绝对量仍然呈增长趋势，由2000年的8.68E+22 sej增至2009年的1.13E+23 sej，增幅为30.07%。

在种植业中，谷物和油料所占比重最大，棉花、水果、薯类次之，蔬菜、瓜果、豆类、甘蔗、茶叶、麻类和烟叶比重最小。对比种植业能值产出总量的变动趋势可以看出，种植业能值产出波动总体不大，这说明湖南省农业产业结构调整力度不大。

研究期间，湖南省种植业总的增长速度为30.07%，其中水果的增长速度最快（366.36%），其次为茶叶（67.12%），然后分别是蔬菜、棉花、瓜果、烟叶。薯类、豆类、甘蔗则呈下降态势（见表6-9）。

表6-9　湖南省农业生态系统种植业各项目2000—2009年平均增速

项目	平均增速（%）	项目	平均增速（%）
谷物	11.66	烟叶	29.72
豆类	-14.14	蔬菜	59.79
薯类	-6.35	茶叶	67.12
油料	28.65	水果	366.36
棉花	40.91	瓜果	36.17
麻类	9.54	种植业	30.07
甘蔗	-32.69		

2000—2009年间，湖南省畜牧业能值产出呈一路攀升的趋势，由4.71E+22 sej增至6.17E+22 sej，增幅为30.98%，略高于种植业的增长速度。这表明随着老百姓生活水平的提高，对畜牧业的需求比种植业的需求更大，有更高的收入需求弹性。随着养殖规模的扩大和人民生活水平的不断提高，牧业能值产出应该还会有较大增长，将来有可能成为湖南省农业生态系统的又一主导产业。

湖南省林业能值产出所占比重较小。2000—2009年，湖南省林业能值产出呈不断增加的趋势，尤其是从2007年开始，林业产出能值出现了较大增长。这说明随着国家退耕还林政策的进一步稳定实施，湖南省林业能值产出的增长空间将更加广阔。

湖南省渔业能值产出比重最小，但增长速度很快，由2000年的3.22E+21 sej增至2008年的4.33E+21 sej，增幅达41.61%。由于湖南省素有"渔米之乡"之美称，具备鱼类养殖的自然优势，雨水充足，对系统能值总产出的贡献较大，故这部分的产出潜力非常大。

（4）湖南省农业生态系统能值指标的变化趋势

如表6-7所示，2000—2009年湖南省农业生态系统能值指标均发生不同程度的改变。

① 能值投资率。能值投资率是总辅助能值投入与环境资源能值投入的比率。2000—2009年，湖南省农业生态系统能值投资率从6.80上升到

6.91，总体呈不断上升的趋势，但上升速度不很明显，与国际水平相比有一定差距，如1989年意大利农业生态系统能值投资率就达到了7.55，而能值投资率一般来说呈不断上升状态。这说明湖南省农业生态系统农业资源还没有得到高效利用，制约了农业生产的发展，但总辅助能值投入还有较大的增长空间。

② 能值产出率。能值产出率是总能值产出与总辅助能值投入的比率。研究期间，湖南省农业生态系统净能值产出率呈不断提高的趋势，由2000年的0.82上升至2008年的1.05。这说明随着湖南省农业生态系统能值投入和产出结构的不断优化，系统能值产出效率在不断提高，发展趋势良好。能值产出率常被用来判断系统在获得经济输入能值上是否具有优势，这在一定程度上反映了系统的可持续发展状况。H. T. Odum认为，该值应在1～6之间，如果该值小于1，则说明系统的产出不敷投入。据此可见，湖南省农业生态系统表现出高投入、低产出的粗放型经济特征。因此，改善系统的能值投入和产出结构、提高系统的功能与效率是湖南省农业的主要任务。

③ 工业辅助能值比率、有机辅助能值比率。工业辅助能值比率是不可更新工业辅助能值与总能值投入的比率。研究期间，湖南省农业生态系统工业辅助能值投入比率总体呈快速上升的趋势，由2000年的20%增加到2009年的27%，但总量上低于同期有机辅助能值投入水平。其原因主要有两点：其一，农业作为弱势产业，整体回报率低于第二和第三产业，农业投资项目的特点是受自然资源和环境的影响大，投资周期长，风险因素多，农民自身和非农投资者不愿将过多的资金投入到农业生产中；其二，近10年来，国家对农业基础作用的重视、对"三农"问题的重视以及对农产品价格实行保护价在一定程度上提高了农民的生产和投资积极性。

有机辅助能值比率是可更新有机能值投入与总能值投入的比率。研究期间，湖南省农业生态系统有机辅助能值比率变化总体呈下降趋势，由2000年的67%下降到2009年的59%，有机辅助能值比率的变化趋势与工业辅助能值比率刚好相反，这也是农业机械化、技术化的一种必然结果。2000—2009年间，湖南省农业生态系统有机辅助能值比率保持在59%的较高水平，说明湖南省农业机械化、现代化之路还很长。在有机能值投入

90

中，劳动力能值占绝对优势，而有机肥所占比例则很小，2009 年有机肥与工业辅助能中化肥的比例为 2.03 : 100。因此，在湖南农业工业化、工业辅助能值比率上升的过程中，需要适当控制工业辅助能中化肥比重的增长，鼓励有机辅助能值投入中有机肥的使用，这也是湖南建设生态农业、保护农业生态环境的要求。

④ 环境负载率。环境负载率指不可更新环境资源能值投入和不可更新工业辅助能值投入之和与可更新环境资源能值投入的比率。研究期间，湖南省农业生态系统的环境负载率呈缓慢上升趋势，由 2000 年的 1.61 上升到 2008 年的 2.19。湖南省农业生态系统环境负载率不断上升的主要原因在于：一是可更新的环境资源能值投入在不断减少，由 2000 年的 2.50E + 22 sej 降为 2009 年的 2.35E + 22 sej。这是由于受工业化和城市化的影响，农业用地面积有一定程度的减少，特别是林地草地面积有所减少。二是不可更新环境资源能值投入由 2000 年的 3.84E + 20 sej 增至 2008 年的 3.71E + 20 sej。三是随着农业工业化步伐的加快，不可更新工业辅助能值投入在不断增加。这与 1998 年全国平均水平（2.80）、1990 年日本的水平（14.49）和 1989 年意大利的水平（10.03）相比还是较低的，说明湖南在实现农业现代化过程中还有一定的环境负载空间。

⑤ 可持续发展指数。可持续发展指数（ESI）指能值产出率与环境负载率的比值，该指数能够较客观地说明区域可持续发展能力。1 < ESI < 10 表明该区域农业生态系统富有活力和发展潜力；ESI > 10 是农业经济不发达的象征，表明对资源的开发利用不够；ESI < 1 表明该区域农业生态系统属于高消费驱动型生态系统，本地不可更新资源的利用较大。

2000—2009 年，湖南省农业生态系统可持续发展指数从 0.51 下降到 0.48，并且一直处于小于 1 的水平，说明湖南省农业总体属于高消费驱动型生态系统，还不是富有活力和发展潜力的生态系统。研究期间，湖南省农业生态系统 ESI 呈不断下降的趋势。原因在于：2002 年以来，该系统的能值产出率在不断提高，但与之相对应的环境负载率也在不断提高且提高速度更快。相对于较高的环境负载率，湖南省农业生态系统的能值产出率并不高，这与湖南省农业资源特点的关系很大。湖南省山区、丘陵区面积占比较大，土地零碎化水平较高，人均耕地较少，不利于农业机械化的开展，加上农村人口多、剩余劳动力多，并且一度形成了农业生产兼业化的特点（即承包土地主要由家庭妇女、老人承担的特殊现象），对农业机械化和现代化产生排挤作用。由于劳动生产率很低，所以过多的人力能值投入并没有导致能值产出相应的大幅提高。在较高的环境负载率条件下，较低的能值产出率导致相对较低的能值可持续发展指数。

6.4 小结

湖南省农业生态系统的能值结构、功能和效率分析结果表明：（1）系统结构特点：湖南农业仍具有传统农业的生产特点，对劳动力、畜力的依赖性较大。工业辅助能值中，化肥对系统的贡献率最高，农业机械化水平低。工业辅助能值可更新比偏低，农业绿色能源的开发潜力和前景较大。系统产品定价偏低，忽视了自然资源和环境对产品生产的贡献，也反映出湖南农业产业链条相对短、产品附加值较低的特性。系统内部种植业和畜牧业的能值产出占绝对优势比例，且其市场定价相对于林业和渔业偏低。（2）功能：该系统环境负载率虽不高，但是人口承受力超载。系统可持续发展指数为0.48，说明湖南省农业总体属于高消费驱动型生态系统，还不是富有活力和发展潜力的生态系统。（3）效率：该系统2009年的能值投入产出率略低于全国水平，表现出较明显的粗放型经济特点。因此，控制人口过快增长、转移剩余劳动力、进一步调整农业产业结构和产品结构、加强农业技术开发和利用、延长产业链、提高农业机械化和现代化水平是当前湖南农业的基本政策取向。能值演变与趋势分析结果表明：研究期间，湖南省农业生态系统总能值使用投入量基本保持平稳，但能值投入结构不断变化，不可更新工业辅助能值投入量在不断增加，而可更新有机能值投入量在不断下降；该系统能值产出总量和产出效率均有较大幅度提高；环境负载率也呈不断上升趋势，且增幅超过了将能值产出率的增长率；系统可持续发展指数呈缓慢下降趋势。

7 洞庭湖农业在湖南省的能值地位及趋势分析

本章对洞庭湖区农业与湖南农业的能值指标进行对比分析,主要目的是从能值角度分析环洞庭湖区农业在整个湖南农业中所处的地位,找出洞庭区农业生态系统中的投入特色和产业优势。

7.1 洞庭湖区农业在湖南省农业中的能值总量份额与趋势

为方便表达,先明确几个公式。

AT 表示环洞庭湖区农业生态系统总能值投入,AH 表示湖南省农业生态系统总能值投入,A 表示环洞庭湖区农业生态系统总能值投入占比,则有:

$$A = AT/AH$$

BT 表示环洞庭湖区农业生态系统总能值产出,BH 表示湖南省农业生态系统总能值产出,B 表示环洞庭湖区农业生态系统总能值产出占比,则有:

$$B = BT/BH$$

2000—2009 年,指标 A 从 11.83% 增长到 13.17%,增幅为 1.34%,保持平稳增长态势。B 由 2000 年的 27.34% 增加到 2009 年的 29.32%,增幅为 1.98%。这说明洞庭湖区农业的能值产出效率要远高于湖南省的平均水平。实际上,这从洞庭湖区农业和湖南省农业的能值指标表中也能得到证实:洞庭湖区农业生态系统 2009 年的能值产出率为 2.43,而湖南省农业生态系统的该指标只有 1.05。也就是说,环洞庭湖区农业生态系统用占全省 13.17% 的能值投入产出了占全省 29.32% 的能值产出,这说明洞庭湖区农业生态系统在湖南省农业生态系统中,在能值效率方面有较大的比较优势见表 7 - 1,图 7 - 1。

表 7 - 1 2000—2009 年环洞庭湖区农业在湖南省的能值投入产出总量份额表

项目	2000	2001	2002	2003	2004	2005	2006	2007	2008	2009
AT (sej)	2.34E+22	2.01E+22	2.54E+22	2.39E+22	2.50E+22	2.53E+22	2.52E+22	2.52E+22	2.63E+22	2.65E+22
AH (sej)	1.98E+23	1.96E+23	2.04E+23	1.92E+23	1.99E+23	1.97E+23	1.98E+23	1.96E+23	1.96E+23	2.01E+23
A (%)	11.83	10.24	12.44	12.39	12.56	12.85	12.72	12.85	13.39	13.17
BT (sej)	3.87E+22	4.10E+22	3.72E+22	4.02E+22	4.46E+22	4.51E+22	4.82E+22	5.11E+22	4.90E+22	5.42E+22
BH (sej)	1.42E+23	1.47E+23	1.41E+23	1.46E+23	1.61E+23	1.64E+23	1.70E+23	1.67E+23	1.71E+23	1.85E+23
B (%)	27.34	27.84	26.41	27.61	27.72	27.51	28.29	30.57	28.65	29.32

数据来源：根据表 4 - 2 和表 6 - 4 整理计算而得。

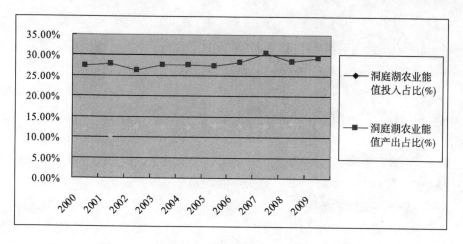

图 7 – 1 2000—2009 年环洞庭湖区农业在湖南省的
能值投入占比与产出占比对照

7.2 环洞庭湖区农业生态系统的各项能值投入要素 在湖南省的占比及趋势

CT 表示环洞庭湖区农业生态系统可更新环境资源能值投入，CH 表示湖南省农业生态系统可更新环境资源能值投入，C 表示环洞庭湖区农业生态系统可更新环境资源能值投入占比，则有：

$$C = CT/CH$$

DT 表示环洞庭湖区农业生态系统不可更新环境资源能值投入，DH 表示湖南省农业生态系统不可更新环境资源能值投入，D 表示环洞庭湖区农业生态系统不可更新环境资源能值投入占比，则有：

$$D = DT/DH$$

ET 表示环洞庭湖区农业生态系统可更新工业辅助能值投入，EH 表示湖南省农业生态系统可更新工业辅助能值投入，E 表示环洞庭湖区农业生态系统可更新工业辅助能值投入占比，则有：

$$E = ET/EH$$

FT 表示环洞庭湖区农业生态系统不可更新工业辅助能值投入，FH 表示湖南省农业生态系统不可更新工业辅助能值投入，F 表示环洞庭湖区农业生态系统不可更新工业辅助能值投入占比，则有：

$$F = FT/FH$$

GT 表示环洞庭湖区农业生态系统有机能值投入，GH 表示湖南省农业生态系统有机能值投入，G 表示环洞庭湖区农业生态系统有机能值投入占比，则有：

$$G = GT/GH$$

由表 7 - 2 中的数据可知，2009 年环洞庭湖区农业的总能值投入在湖南的占比（A）为 13.17%。其中，高于这一水平的有：可更新环境资源能值投入占比（C = 16.4%），不可更新环境资源能值投入占比（D = 22.53%），不可更新工业辅助能值投入占比（F = 30.5%）；低于这一指标的有：可更新工业辅助能值投入占比（E = 0.83%），有机能值投入占比（G = 4.69%）。

指标 C 大于指标 A，说明该区域的自然资源条件好，雨水丰富，气候宜人，适合农作物的生长与发育，具有相对较好的自然条件和资源。

指标 D（这里主要是指水土流失）大于指标 A，说明该区域的水土流失严重。实际上，由表 4 - 1 和表 6 - 4 中的数据可计算出洞庭湖区农业生态系统不可更新环境资源能值的比重是湖南省该指标的 3 倍多，也就是说，洞庭湖区农业的水土流失率是全省的 3 倍多。

指标 F 大大高于指标 A。实际上，由表 6 - 4 可知，湖南农业生态系统总能值投入中，不可更新工业辅助能值的比重为 27.28%；由表 4 - 1 可知，洞庭湖区农业生态系统总能值投入中，不可更新工业辅助能值的比重为 63.17%。

其中，化肥占比（31.72%）和农膜占比（31.33%）又高出了不可更新工业辅助能值占比 F 的平均水平（30.5%），农药占比也高达 27.98%。这充分说明在洞庭湖区农业生态系统中化肥、农药、农膜的投入量还是相当大的，石油农业的特征表现得特别明显。

由表 7 - 2 可知，2000—2009 年，环洞庭湖区农业生态系统总能值投入在湖南农业生态系统总能值投入中的占比介于 10.24% ~ 13.39% 之间，但各组分的占比差异性大。

表 7-2 环洞庭湖农区农业能值投入在湖南省的占比计算过程

项目	2000	2001	2002	2003	2004	2005	2006	2007	2008	2009
CT（sej）	4.43E+21	4.22E+21	6.53E+21	4.74E+21	4.67E+21	4.48E+21	4.12E+21	3.77E+21	4.44E+21	4.13E+21
DT（sej）	1.44E+20	1.45E+20	1.45E+20	1.45E+20	1.45E+20	1.45E+20	1.45E+20	8.09E+19	8.37E+19	8.37E+19
ET（sej）	3.40E+19	2.45E+19	2.19E+19	2.03E+19	2.09E+19	2.17E+19	1.72E+19	1.38E+19	1.41E+19	2.45E+19
FT（sej）	1.28E+22	9.70E+21	1.29E+22	1.32E+22	1.44E+22	1.49E+22	1.52E+22	1.57E+22	1.62E+22	1.68E+22
化肥（sej）	1.02E+22	7.01E+21	1.01E+22	1.03E+22	1.12E+22	1.15E+22	1.18E+22	1.20E+22	1.22E+22	1.25E+22
农药（sej）	3.22E+19	3.22E+19	3.24E+19	3.86E+19	4.60E+19	4.75E+19	4.84E+19	4.59E+19	5.07E+19	5.21E+19
农膜（sej）	1.89E+17	2.09E+17	2.60E+17	2.92E+17	3.12E+17	3.12E+17	3.61E+17	4.43E+17	4.45E+17	4.40E+17
农业机械（sej）	1.67E+21	1.76E+21	1.82E+21	1.90E+21	2.06E+21	2.22E+21	2.24E+21	2.39E+21	2.58E+21	2.82E+21
GT（sej）	6.05E+21	6.01E+21	5.77E+21	5.74E+21	5.78E+21	5.76E+21	5.67E+21	5.65E+21	5.57E+21	5.53E+21
AT（sej）	2.34E+22	2.01E+22	2.54E+22	2.39E+22	2.50E+22	2.53E+22	2.52E+22	2.52E+22	2.63E+22	2.65E+22
CH（sej）	2.50E+22	2.31E+22	3.29E+22	2.10E+22	2.53E+22	2.22E+22	2.30E+22	2.12E+22	2.10E+22	2.52E+22
DH（sej）	3.84E+20	3.83E+20	3.81E+20	3.76E+20	3.74E+20	3.74E+20	3.71E+20	3.71E+20	3.71E+20	3.71E+20
EH（sej）	8.05E+20	7.98E+20	8.54E+20	8.05E+20	1.20E+21	1.96E+21	2.31E+21	2.63E+21	2.84E+21	2.96E+21
FH（sej）	3.99E+22	4.09E+22	4.15E+22	4.30E+22	4.62E+22	4.79E+22	4.88E+22	5.09E+22	5.25E+22	5.50E+22
化肥（sej）	3.14E+22	3.18E+22	3.18E+22	3.25E+22	3.51E+22	3.63E+22	3.66E+22	3.80E+22	3.85E+22	3.94E+22
农药（sej）	1.39E+20	1.39E+20	1.41E+20	1.55E+20	1.77E+20	1.83E+20	1.59E+20	1.77E+20	1.83E+20	1.86E+20
农膜（sej）	7.98E+17	8.47E+17	9.39E+17	9.99E+17	1.16E+18	1.17E+18	1.30E+18	1.34E+18	1.37E+18	1.41E+18

续表

项目	2000	2001	2002	2003	2004	2005	2006	2007	2008	2009
农业机械（sej）	5.96E+21	6.37E+21	6.74E+21	7.19E+21	7.88E+21	8.63E+21	9.23E+21	9.98E+21	1.09E+22	1.18E+22
GH（sej）	1.32E+23	1.31E+23	1.29E+23	1.27E+23	1.26E+23	1.25E+23	1.24E+23	1.21E+23	1.20E+23	1.18E+23
AH（sej）	1.98E+23	1.96E+23	2.04E+23	1.92E+23	1.99E+23	1.97E+23	1.98E+23	1.96E+23	1.96E+23	2.01E+23
C（%）	17.72	18.31	19.88	22.61	18.45	20.23	17.9	17.81	21.2	16.4
D（%）	37.36	37.82	38.1	38.7	38.66	38.84	39.14	21.79	22.53	22.53
E（%）	4.23	3.07	2.56	2.53	1.74	1.1	0.74	0.52	0.5	0.83
F（%）	31.97	23.68	31.17	30.72	31.22	31.17	31.27	30.75	30.85	30.5
化肥占比	32.51	22.04	31.9	31.57	32.01	31.7	32.17	31.54	31.81	31.72
农药占比	23.2	23.23	22.97	24.97	26.04	25.93	30.41	25.99	27.7	27.98
农膜占比	23.66	24.67	27.67	29.17	26.95	26.67	27.71	33	32.54	31.33
农业机械占比	28.08	27.67	27.04	26.47	26.21	25.76	24.3	23.94	23.76	23.93
G（%）	4.59	4.58	4.48	4.51	4.58	4.62	4.58	4.68	4.65	4.69
A（%）	11.83	10.24	12.44	12.39	12.56	12.85	12.72	12.85	13.39	13.17

数据来源：根据表 4-1 和表 6-4 整理计算而得。

如图7-2所示，在能值投入要素中，2000—2009年这10年中，高于环洞庭湖区农业的总能值投入在湖南农业中占比的仍然是可更新环境资源能值、不可更新环境资源能值和不可更新工业辅助能值；低于这一水平的仍然是有机能值和可更新工业辅助能值。

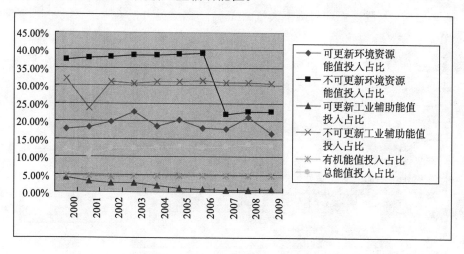

图7-2 环洞庭湖区农业生态系统能值投入项目占比（2000—2009）

值得说明的是：不可更新环境资源能值（主要是表土层损失）稳中有降，尤其是从2007年起有一个明显的下降过程，从2006年的1.45E+20 sej下降到2009年的8.37E+19 sej。这表明国家的退耕还林还草政策在该区域自2007年起收到了明显效果，在一定程度上改善了农业生态环境。

可更新工业辅助能值占比从2000年的4.23%也下降到2009年的0.83%，一直处于远远低于总投入能值占比水平的位置运行，并有不断下降的趋势。关于湖南省农村水电使用量的问题，由于政府大力加强农业基础水利设施建设，尤其是在2005年后国家非常重视水利水电建设，农村水电每年都有较大幅度的增长。但相比而言，洞庭湖区没有利用其水利资源优势大力发展清洁能源，村及村以下办水电站的发电量比例较低，其能值占比呈下降趋势。作为湖区水乡，其水资源的优势没有充分发挥出来。

就不可更新工业辅助能值而言，2000—2009年不可更新工业辅助能值占比大大高于该区在湖南的总值占比，包括化肥、农药、农膜和农用机械等。

在不可更新工业辅助资源能值中，2000—2009年，洞庭湖农业生态系统中化肥能值投入占湖南省农业生态系统总化肥能值的比重绝大多数年份均处于30%以上，如图7-3所示。这一比例是相当高的，也给洞庭湖区农业生态系统带来严重的环境污染。2009年，湖区农村化肥施用量达256万吨之多。❶我国氮肥利用率大概为35%，那么另外的65%去哪了？大约30%是被土壤固化了，还有相当一部分挥发掉了或者是淋洗到土壤深层了，从而造成湖区水体的富营养化。人们如果长期饮用这种含有超标硝酸盐的地下水，就会引起一系列消化系统的疾病。

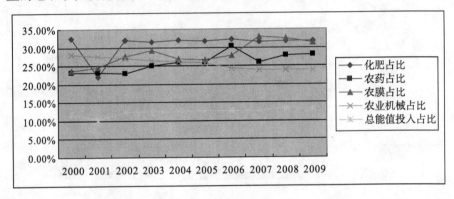

图7-3 环洞庭湖区农业化肥等能值投入占湖南省农业化肥等的比例趋势

另外，单一的化肥利用使土壤微生物结构发生了变化，使土壤中有害的微生物数量增加、有益的微生物数量降低，生物多样性锐减很容易导致外来的病虫害呈爆发的态势，降低农田的抗灾能力，从而导致农药施用的大量增长。

2009年，湖区农药施用量为3.22万吨，相当于能值5.21E+19 sej（见表7-2）。由图7-4（b）可以看出，2000—2009年，湖区农药从3.22E+19 sej增长到5.21E+19 sej，10年里共增长62%，大大高于湖区农业总能值投入的增长速度，农药增长的趋势十分明显（见图7-4）。

---

❶ 主要原因在于化肥本身的一些优点，比如：简单，比较容易使用，比较清洁，短期效果好，等等；而传统的有机肥脏，不太好用，增产效果不像化肥这么显著。如果要在化肥和有机肥中选择，农民更倾向于选择化肥，而化肥流失成为水体污染的重要来源。

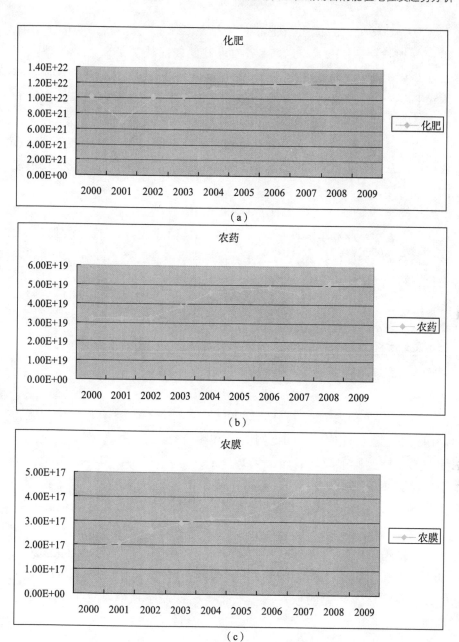

图7-4 环洞庭湖区农业化肥、农药、农膜等的能值趋势

2000—2009 年，洞庭湖区农膜能值投入从 1.89E + 17 sej 增加到4.40E + 17 sej，10 年间增长率达 132.8%；湖南省农业在此期间从 7.98E + 17sej 增加到 1.41 E + 18 sej，增长速度为77%。很明显，洞庭湖区农膜施用比湖南省平均水平高，这一方面说明洞庭湖区农业栽培技术有了明显的改善，另一方面也带来了越来越严重的白色污染。

G1T 表示环洞庭湖区农业生态系统劳动力能值投入，G1H 表示湖南省农业生态系统劳动力能值投入，G1 表示环洞庭湖区农业生态系统劳动力能值投入占比，则有：

$$G1 = G1T/G1H$$

G2T 表示环洞庭湖区农业生态系统畜力能值投入，G2H 表示湖南省农业生态系统畜力能值投入，G2 表示环洞庭湖区农业生态系统畜力能值投入占比，则有：

$$G2 = G2T/G2H$$

G3T 表示环洞庭湖区农业生态系统有机肥能值投入，G3H 表示湖南省农业生态系统有机肥能值投入，G3 表示环洞庭湖区农业生态系统有机肥能值投入占比，则有：

$$G3 = G3T/G3H$$

由表 7 - 2 和表 7 - 3 可知，2000—2009 年洞庭湖区有机能值投入占湖南省农业有机能值投入的比例从 4.59% 演变至 4.69%，整体上远远低于总投入能值所占湖南省份额（11.87% ~ 13.17%）。其中，劳动力能值的份额在 2000—2009 年间从 4.08% 下降至 3.90%，畜力能值份额从 2000 年的 8.84% 上升到 2009 年的 13.82%，农业机械的能值占比从 2000 年的 28.08% 下降至 23.93%，而洞庭湖区农业的总投入能值占湖南农业的份额仅为 13.17%。这说明在这 10 年中，畜力与农业机械对劳动力的替代水平高。该地区区位优势明显，农村劳动力外出打工进城较方便，系统对劳动力的依赖程度较低，已摆脱自然农业之间的低水平状态。

表7-3 环洞庭湖区农业有机能投入占湖南省有机能份额汇总

项目	2000	2001	2002	2003	2004	2005	2006	2007	2008	2009
G1T (sej)	5.26E+21	5.21E+21	4.96E+21	4.92E+21	4.89E+21	4.84E+21	4.76E+21	4.68E+21	4.62E+21	4.53E+21
G2T (sej)	9.38E+19	9.72E+19	1.00E+20	9.64E+19	9.42E+19	1.03E+20	1.05E+20	1.08E+20	1.19E+20	1.20E+20
G3T (sej)	5.55E+20	5.70E+20	5.90E+20	5.99E+20	6.49E+20	6.52E+20	6.32E+20	6.95E+20	6.57E+20	6.95E+20
G1H (sej)	1.29E+23	1.28E+23	1.26E+23	1.24E+23	1.23E+23	1.22E+23	1.21E+23	1.18E+23	1.17E+23	1.16E+23
G2H (sej)	1.06E+21	1.05E+21	1.04E+21	1.07E+21	1.10E+21	1.12E+21	1.11E+21	1.04E+21	7.87E+20	8.70E+20
G3H (sej)	8.01E+20	8.25E+20	8.58E+20	8.90E+20	9.45E+20	9.88E+20	1.00E+21	9.13E+20	9.09E+20	9.08E+20
G1 (%)	4.08	4.06	3.94	3.96	3.97	3.98	3.95	3.97	3.95	3.9
G2 (%)	8.84	9.23	9.61	9.05	8.55	9.25	9.48	10.4	15.12	13.82
G3 (%)	69.35	69.13	68.78	67.29	68.7	65.98	62.99	76.19	72.34	76.53

数据来源：根据表4-1和表6-4整理而得。

上述数据表明：洞庭湖区农业生态系统的发展越来越依赖于工业辅助能值投入，这种由农业产业化农业现代化所带来的能值结构性变化是环洞庭湖区农业生产效率大幅提高的主要原因，如果没有工业辅助能值的支撑，该区域农业生态系统的可持续发展将无法维持。石油农业为该系统打上了深深的烙印，在农业产出过程中，资源消耗的比重大。有机农业、生态农业的比重低，可持续发展水平并不高。

7.3 环洞庭湖区农业生态系统能值产出结构份额及变化趋势

IT 表示环洞庭湖区农业生态系统种植业产出能值，IH 表示湖南省农业生态系统种植业产出能值，I 表示环洞庭湖区农业生态系统种植业产出能值占比，则有：

$$I = IT/IH$$

JT 表示环洞庭湖区农业生态系统畜牧业产出能值，JH 表示湖南省农业生态系统畜牧业产出能值，J 表示环洞庭湖区农业生态系统畜牧业产出能值占比，则有：

$$J = JT/JH$$

KT 表示环洞庭湖区农业生态系统林业产出能值，KH 表示湖南省农业生态系统林业产出能值，K 表示环洞庭湖区农业生态系统林业产出能值占比，则有：

$$K = KT/KH$$

MT 表示环洞庭湖区农业生态系统渔业产出能值，MH 表示湖南省农业生态系统渔业产出能值，M 表示环洞庭湖区农业生态系统渔业产出能值占比，则有：

$$M = MT/MH$$

表7-4 环洞庭湖区农业生态系统能值产出占湖南省农业能值产出的份额

单位：sej

项目	2000	2001	2002	2003	2004	2005	2006	2007	2008	2009
IT	2.87E+22	3.04E+22	2.56E+22	2.82E+22	3.22E+22	3.19E+22	3.45E+22	3.68E+22	3.64E+22	4.12E+22
JT	8.26E+21	8.74E+21	9.61E+21	9.86E+21	1.02E+22	1.08E+22	1.10E+22	1.16E+22	1.00E+22	1.05E+22
KT	2.99E+20	2.94E+20	3.28E+20	3.51E+20	3.85E+20	3.20E+20	4.28E+20	4.24E+20	4.90E+20	3.90E+20
MT	1.48E+21	1.57E+21	1.67E+21	1.77E+21	1.90E+21	2.07E+21	2.22E+21	2.35E+21	2.08E+21	2.19E+21
BT	3.87E+22	4.10E+22	3.72E+22	4.02E+22	4.46E+22	4.51E+22	4.82E+22	5.11E+22	4.90E+22	5.42E+22
IH	8.68E+22	9.02E+22	8.13E+22	8.31E+22	9.45E+22	9.37E+22	9.88E+22	1.02E+23	1.00E+23	1.13E+23
JH	4.71E+22	4.91E+22	5.19E+22	5.41E+22	5.73E+22	6.05E+22	6.26E+22	5.48E+22	5.92E+22	6.17E+22
KH	4.58E+21	4.60E+21	4.26E+21	4.61E+21	5.15E+21	5.34E+21	5.10E+21	6.26E+21	7.38E+21	5.85E+21
MH	3.22E+21	3.41E+21	3.62E+21	3.79E+21	4.04E+21	4.34E+21	3.87E+21	4.11E+21	4.33E+21	4.56E+21
BH	1.42E+23	1.47E+23	1.41E+23	1.46E+23	1.61E+23	1.64E+23	1.70E+23	1.67E+23	1.71E+23	1.85E+23
I	33.05	33.71	31.54	33.94	34.04	34	34.96	36.04	36.39	36.45
J	17.55	17.81	18.54	18.24	17.76	17.9	17.59	21.12	16.89	17.01
K	6.54	6.38	7.71	7.62	7.46	6.00	8.38	6.76	6.64	6.67
M	45.99	46.08	46.21	46.75	47.06	47.66	57.31	57.15	47.95	48.13
B	27.34	27.84	26.41	27.61	27.72	27.51	28.29	30.57	28.65	29.32

数据来源：根据表4-2和表6-5整理而得。

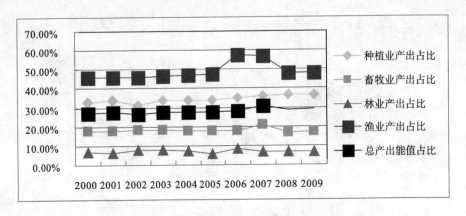

图7-5　环洞庭湖区种植业能值产出占湖南省的份额

由表7-4可以看出，洞庭湖区农业在湖南省农业中占有相当重要的地位，研究期间，环洞庭湖区农业能值产出占比从2000年的27.34%增加至2009年的29.32%，这说明洞庭湖区的农业能值产出增长速度比湖南省农业平均增长速度要快。由图7-5来看，渔业和种植业的产出份额比总产出能值份额要大，因此，这两大产业应该是洞庭湖区的优势产业，其中渔业占整个湖南将近一半的份额，种植业占全省种植业的1/3有余，这两大产业均呈现相对增长态势。相对而言，畜牧业和林业在湖南省的产出份额低于洞庭湖区农业总产出占湖南省的份额，洞庭湖林业产出能值占比在6.54%~7.71%之间，畜牧业的份额在16.89%~18.54之间，是相对劣势产业。

I1T表示环洞庭湖区农业生态系统种植业中谷物的产出能值，I1H表示湖南省农业生态系统种植业中谷物的产出能值，I1表示环洞庭湖区农业生态系统种植业中谷物能值的占比，则有：

$$I1 = I1T/I1H$$

以此类推，I2、I3、I4、I5、I6、I7、I8、I9、I10、I11、I12分别代表环洞庭湖区豆类、薯类、油料、棉花、麻类、甘蔗、烟叶、蔬菜、茶叶、水果、瓜果在湖南农业该科目中的能值占比。

表7-5 环洞庭湖区各类种植业产出在湖南省的份额

单位：sej

项目	2000	2001	2002	2003	2004	2005	2006	2007	2008	2009
I1T	7.54E+21	6.71E+21	6.39E+21	6.47E+21	8.37E+21	8.92E+21	9.41E+21	9.66E+21	9.10E+21	9.92E+21
I2T	1.50E+20	1.40E+20	1.44E+20	1.55E+20	1.50E+20	1.45E+20	1.42E+20	1.51E+20	9.32E+19	1.37E+20
I3T	1.85E+20	1.84E+20	2.02E+20	1.87E+20	1.93E+20	1.71E+20	1.86E+20	2.01E+20	1.13E+20	1.67E+20
I4T	1.47E+22	1.42E+22	1.10E+22	1.24E+22	1.47E+22	1.45E+22	1.57E+22	1.62E+22	1.66E+22	2.06E+22
I5T	4.80E+21	5.88E+21	4.79E+21	5.80E+21	6.18E+21	5.53E+21	6.23E+21	7.50E+21	7.70E+21	7.50E+21
I6T	8.13E+19	1.17E+20	1.69E+20	1.68E+20	1.53E+20	1.75E+20	1.84E+20	1.81E+20	1.34E+20	9.22E+19
I7T	1.67E+20	2.62E+20	2.85E+20	1.86E+20	1.22E+20	9.90E+19	1.09E+20	1.22E+20	5.45E+19	5.48E+19
I8T	5.84E+16	1.40E+17	1.39E+17	1.41E+17	1.16E+17	1.31E+17	1.46E+17	1.21E+17	1.55E+17	1.89E+17
I9T	2.54E+20	2.28E+20	3.20E+20	3.26E+20	2.90E+20	2.95E+20	3.05E+20	3.18E+20	3.06E+20	3.32E+20
I10T	5.11E+19	4.94E+19	5.52E+19	5.27E+19	5.92E+19	6.00E+19	5.98E+19	6.09E+19	6.17E+19	6.37E+19
I11T	4.12E+20	2.02E+21	1.72E+21	1.85E+21	1.56E+21	1.56E+21	1.77E+21	1.88E+21	1.86E+21	1.88E+21
I12T	3.56E+20	6.50E+20	5.35E+20	5.55E+20	4.03E+20	4.04E+20	4.42E+20	4.82E+20	4.11E+20	4.45E+20
IT	2.90E+22	3.04E+22	2.56E+22	2.82E+22	3.22E+22	3.19E+22	3.45E+22	3.68E+22	3.64E+22	4.12E+22
I1H	3.60E+22	3.33E+22	3.05E+22	2.99E+22	3.49E+22	3.55E+22	3.60E+22	3.60E+22	3.77E+22	4.02E+22
I2H	8.40E+20	9.41E+20	9.40E+20	8.61E+20	8.66E+20	8.73E+20	9.25E+20	9.58E+20	6.22E+20	7.21E+20
I3H	1.56E+21	1.76E+21	1.85E+21	1.74E+21	1.71E+21	1.72E+21	1.77E+21	1.87E+21	1.35E+21	1.46E+21
I4H	3.71E+22	3.66E+22	3.18E+22	3.35E+22	3.72E+22	3.75E+22	3.98E+22	4.10E+22	3.82E+22	4.77E+22
I5H	6.11E+21	6.79E+21	5.47E+21	5.83E+21	7.29E+21	6.63E+21	7.39E+21	8.71E+21	8.64E+21	8.61E+21
I6H	9.70E+19	1.36E+20	1.89E+20	1.87E+20	1.89E+20	1.94E+20	2.02E+20	1.99E+20	1.48E+20	1.06E+20
I7H	2.61E+20	3.75E+20	4.06E+20	3.20E+20	2.49E+20	2.26E+20	2.43E+20	2.70E+20	1.70E+20	1.76E+20

项目	2000	2001	2002	2003	2004	2005	2006	2007	2008	2009
I8H	6.47E+18	6.28E+18	7.20E+18	7.22E+18	7.31E+18	8.22E+18	8.30E+18	7.52E+18	7.46E+18	8.40E+18
I9H	1.18E+21	1.32E+21	1.45E+21	1.52E+21	1.53E+21	1.59E+21	1.88E+21	1.76E+21	1.71E+21	1.89E+21
I10H	1.64E+20	1.67E+20	1.75E+20	1.73E+20	1.91E+21	2.06E+20	2.18E+20	2.50E+20	2.63E+20	2.74E+20
I11H	2.11E+21	6.97E+21	6.73E+21	7.20E+21	7.10E+21	7.57E+21	8.51E+21	9.14E+21	9.39E+21	9.86E+21
I12H	1.40E+21	1.88E+21	1.79E+21	1.83E+21	1.62E+21	1.67E+21	1.82E+21	1.90E+21	1.85E+21	1.91E+21
IH	8.70E+22	9.02E+22	8.13E+22	8.31E+22	9.45E+22	9.37E+22	9.88E+22	1.02E+23	1.00E+23	1.13E+23
I1	20.96	20.17	20.96	21.61	23.99	25.13	26.14	26.88	24.14	24.7
I2	17.91	14.89	15.27	17.99	17.31	16.62	15.33	15.75	14.98	19.01
I3	11.89	10.5	10.89	10.78	11.28	9.99	10.48	10.76	8.31	11.44
I4	39.6	38.72	34.68	37.15	39.55	38.63	39.43	39.53	43.39	43.1
I5	78.54	86.63	87.61	99.6	84.79	83.45	84.26	86.13	89.14	87.12
I6	83.86	86.29	89.73	90.19	81.07	90.14	91.03	90.68	90.48	86.74
I7	64.09	69.94	70.23	58.05	48.94	43.81	44.7	45.08	32.07	31.19
I8	0.90	2.23	1.94	1.95	1.59	1.59	1.76	1.61	2.08	2.25
I9	21.45	17.3	22.09	21.44	18.97	18.52	16.22	18.07	17.89	17.59
I10	31.17	29.56	31.63	30.43	3.10	29.15	27.41	24.31	23.48	23.27
I11	19.48	29.01	25.57	25.71	21.9	20.64	20.83	20.61	19.84	19.03
I12	25.35	34.49	29.87	30.37	24.84	24.17	24.24	25.37	22.19	23.28
I	33.05	33.71	31.54	33.94	34.04	34	34.96	36.04	36.39	36.45

数据来源：根据表4-2和表6-5整理而得。

由表 7 - 5 可知，从绝对指标来看，油料和谷物是种植业的主导产业，2009 年两大产业占整个洞庭湖种植业的 70% 以上，其中油料产出是全省的43.10%，谷物产出占全省谷物产量的 24.7%。从 2000—2009 年的发展趋势来看，这两大种植业的增长速度明显高于平均水平，充分说明了该地区油料和粮食生产在全省的优势地位。

从相对指标来看，洞庭湖区油料（43.10%）、棉花（87.12%）、麻类（86.74%）的能值产出份额都高于种植业在湖南的平均份额（36.45%）。而从发展趋势来看，棉花和麻类在全省中的份额在 2000—2009 年这 10 年中保持平稳增长，说明这两大产业在湖南省境内的优势是名副其实的。另外，从份额变动情况来看，2000—2009 年产出增长速度快于湖南省该类产品的增长速度的还有豆类和烟叶，增长速度慢于湖南省该类产品的增长速度、市场相对萎缩的有薯类、甘蔗、蔬菜、茶叶、水果和瓜果。本书建议洞庭湖区一定要根据自己的产业发展优势，因地制宜来选择自己的优势产业，并通过产业集群的方式大力发展。

J1T 表示环洞庭湖区农业生态系统畜牧业中猪肉的产出能值，J1H 表示湖南省农业生态系统畜牧业中猪肉的产出能值，J1 表示环洞庭湖区农业生态系统畜牧业中猪肉的产出能值占比，则有：

$$J1 = J1T/J1H$$

以此类推，J2、J3、J4、J5、J6、J7、J8 分别代表环洞庭湖区畜牧业中的牛肉、羊肉、禽肉、兔肉、牛奶、蜂蜜、蛋在湖南农业该科目中的能值占比。

由表 7 - 6 可以看出，2000—2009 年洞庭湖区畜牧业占湖南省的份额从 17.55% 下降到 17.01%，总体上呈现缓慢萎缩的趋势。在畜牧业中，发展速度快于湖南省、份额在不断增加的有猪肉、羊肉、兔肉和牛奶。份额在不断缩小的有牛肉、禽肉、蜂蜜和蛋类。2000 年排名前三名的是禽肉、羊肉和猪肉，10 年后，羊肉和猪肉仍然保持比湖南省该类产业强劲的发展势头，但禽肉的份额在不断下降，这与湖南省加强对洞庭湖区野生动物保护有直接关系。

表7-6 2000—2009年环洞庭湖区畜牧业占湖南省畜牧业的比例

单位：sej

项目	2000	2001	2002	2003	2004	2005	2006	2007	2008	2009
J1T	5.80E+21	6.09E+21	6.59E+21	6.75E+21	7.14E+21	7.67E+21	7.75E+21	8.08E+21	7.27E+21	7.59E+21
J2T	3.64E+20	3.89E+20	4.99E+20	4.64E+20	4.25E+20	4.84E+20	5.49E+20	5.62E+20	4.14E+20	4.50E+20
J3T	1.75E+20	1.97E+20	2.24E+20	2.42E+20	2.52E+20	2.74E+20	2.81E+20	2.90E+20	2.43E+20	2.41E+20
J4T	1.60E+21	1.74E+21	1.94E+21	2.00E+21	1.92E+21	1.98E+21	2.00E+21	2.18E+21	1.65E+21	1.75E+21
J5T	3.26E+18	2.54E+18	2.41E+18	4.67E+18	8.33E+18	9.51E+18	1.03E+19	1.86E+19	1.14E+19	1.21E+19
J6T	3.79E+18	5.41E+18	3.19E+19	6.03E+19	6.89E+19	8.23E+19	8.37E+19	8.52E+19	7.94E+19	7.87E+19
J7T	1.66E+18	2.71E+18	2.24E+18	2.98E+18	3.10E+18	2.98E+18	2.83E+18	2.93E+18	2.06E+18	1.98E+18
J8T	3.12E+20	3.17E+20	3.25E+20	3.41E+20	3.48E+20	3.37E+20	3.44E+20	3.60E+20	3.22E+20	3.63E+20
JT	8.30E+21	8.74E+21	9.61E+21	9.86E+21	1.02E+22	1.08E+22	1.10E+22	1.16E+22	1.00E+22	1.05E+22
J1H	3.24E+22	3.35E+22	3.47E+22	3.57E+22	3.79E+22	4.00E+22	4.10E+22	3.70E+22	4.04E+22	4.22E+22
J2H	2.55E+21	2.65E+21	2.97E+21	3.27E+21	3.58E+21	3.96E+21	4.26E+21	2.97E+21	3.16E+21	3.37E+21
J3H	7.33E+20	8.02E+20	9.32E+20	1.03E+21	1.11E+21	1.16E+21	1.20E+21	9.42E+20	9.78E+20	9.86E+20
J4H	5.47E+21	5.86E+21	6.41E+21	6.82E+21	7.08E+21	7.50E+21	7.98E+21	6.54E+21	6.91E+21	7.44E+21
J5H	2.27E+19	2.48E+19	2.92E+19	3.88E+19	4.75E+19	5.55E+19	6.10E+19	6.45E+19	6.46E+19	6.80E+19
J6H	8.30E+19	1.45E+20	2.73E+20	4.13E+20	5.23E+20	5.43E+20	5.72E+20	5.66E+20	5.87E+20	5.99E+20
J7H	2.68E+19	3.86E+19	4.84E+19	4.41E+19	5.06E+19	5.06E+19	5.21E+19	7.50E+19	4.95E+19	5.03E+19
J8H	5.78E+21	6.04E+21	6.49E+21	6.75E+21	6.93E+21	7.24E+21	7.49E+21	6.71E+21	7.05E+21	6.99E+21
JH	4.70E+22	4.91E+22	5.19E+22	5.41E+22	5.73E+22	6.05E+22	6.26E+22	5.48E+22	5.92E+22	6.17E+22
J1	17.89	18.15	18.98	18.89	18.82	19.17	18.9	21.86	18.01	18.01
J2	14.28	14.64	16.8	14.17	11.87	12.2	12.87	18.95	13.12	13.35
J1	23.88	24.57	24	23.5	22.69	23.56	23.5	30.77	24.88	24.45
J2	29.32	29.77	30.32	29.36	27.12	26.34	25.03	33.33	23.93	23.52
J1	14.32	10.21	8.25	12.05	17.56	17.12	16.81	28.77	17.59	17.77
J2	4.57	3.73	11.7	14.6	13.15	15.15	14.63	15.06	13.51	13.15
J1	6.21	7.03	4.64	6.77	6.13	5.89	5.44	3.9	4.16	3.94
J2	5.4	5.25	5	5.05	5.03	4.66	4.59	5.37	4.57	5.19
J	17.55	17.81	18.54	18.24	17.76	17.9	17.59	21.12	16.89	17.01

数据来源：根据表4-2和表6-5整理而得。

表 7－7 环洞庭湖区林业占湖南省林业的比例

单位：sej

项目	2000	2001	2002	2003	2004	2005	2006	2007	2008	2009
K1T	1.21E+20	1.19E+20	1.33E+20	1.95E+20	2.38E+20	1.89E+20	2.56E+20	2.68E+20	2.68E+20	1.80E+20
K2T	4.58E+19	5.48E+19	5.78E+19	1.48E+19	1.80E+19	2.73E+19	2.66E+19	1.99E+19	1.91E+19	1.64E+19
K3T	3.15E+19	3.66E+19	3.65E+19	4.68E+19	4.95E+19	2.93E+19	2.39E+19	2.38E+19	2.05E+19	7.43E+18
K4T	9.37E+19	8.28E+19	8.94E+19	8.55E+19	6.46E+19	6.09E+19	1.06E+20	1.02E+20	1.61E+20	1.22E+20
K5T	7.09E+18	0.00E+00	1.11E+19	9.06E+18	1.47E+19	1.35E+19	1.40E+19	1.02E+19	2.06E+19	6.39E+19
K6T	4.07E+16	2.77E+17	2.36E+17	4.07E+16	1.95E+17	2.44E+17	2.04E+17	0.00E+00	0.00E+00	2.69E+17
K7T	8.78E+16	3.54E+16	1.33E+17	5.65E+16	4.20E+16	6.98E+16	1.12E+17	1.12E+17	4.10E+17	4.72E+17
KT	3.00E+20	2.94E+20	3.28E+20	3.51E+20	3.85E+20	3.20E+20	4.28E+20	4.24E+20	4.90E+20	3.90E+20
K1H	2.03E+21	2.06E+21	1.59E+21	2.14E+21	2.40E+21	2.53E+21	2.30E+21	3.44E+21	4.54E+21	2.83E+21
K2H	1.48E+20	1.77E+20	1.97E+20	1.07E+20	1.17E+20	1.66E+20	1.04E+20	2.36E+20	1.01E+20	1.12E+20
K3H	1.12E+21	1.08E+21	1.08E+21	1.00E+21	1.10E+21	1.13E+21	1.16E+21	1.01E+21	1.02E+21	9.94E+20
K4H	1.12E+21	1.12E+21	1.20E+21	1.13E+21	1.27E+21	1.24E+21	1.22E+21	1.15E+21	1.33E+21	1.39E+21
K5H	1.32E+20	1.41E+20	1.68E+20	1.96E+20	2.31E+20	2.37E+20	2.53E+20	3.82E+20	3.44E+20	4.74E+20
K6H	2.17E+19	2.31E+19	2.47E+19	3.21E+19	2.82E+19	3.06E+19	5.74E+19	3.59E+19	3.21E+19	4.20E+19
K7H	5.35E+18	5.22E+18	5.16E+18	4.55E+18	4.35E+18	6.33E+18	6.18E+18	7.23E+18	1.19E+19	1.04E+19
KH	4.60E+21	4.60E+21	4.26E+21	4.61E+21	5.15E+21	5.34E+21	5.10E+21	6.26E+21	7.38E+21	5.85E+21
K1	5.97	5.8	8.36	9.12	9.88	7.48	11.16	7.79	5.92	6.36
K2	30.92	30.93	29.33	13.78	15.37	16.49	25.67	8.44	18.89	14.65
K3	2.81	3.38	3.39	4.66	4.5	2.59	2.06	2.36	2.01	0.75
K4	8.35	7.42	7.48	7.58	5.09	4.9	8.71	8.8	12.06	8.77
K5	5.37	0	6.58	4.62	6.35	5.69	5.55	2.68	5.98	13.47
K6	0.19	1.2	0.95	0.13	0.69	0.8	0.35	0	0	0.64
K7	1.64	0.68	2.58	1.24	0.97	1.1	1.81	1.55	3.45	4.54
K	6.54	6.38	7.71	7.62	7.46	6	8.38	6.76	6.64	6.67

数据来源：根据表 4－2 和表 6－5 整理而得。

K1T 表示环洞庭湖区农业生态系统林业中木材的产出能值，K1H 表示湖南省农业生态系统林业中木材的产出能值，K1 表示环洞庭湖区农业生态系统林业中木材的产出能值占比，则有：

$$K1 = K1T/K1H$$

依此类推，K2、K3、K4、K5 、K6、K7 分别代表环洞庭湖区林业中的竹材、油桐籽、油茶籽、板栗、核桃、竹笋干在湖南农业该科目中的能值占比。

环洞庭湖区林业能值产出所占比重最小。2000—2009 年，该区林业能值产出呈不断增加的趋势，10 年间共增长 30% 左右。2000 年，洞庭湖区林业占湖南林业的份额为 6.54%，2009 年洞庭湖区林业的份额为 6.67%，呈现缓慢增长态势。从 2006 年开始，林业产出能值出现了较大增长，说明随着国家退耕还林政策的进一步稳定实施，湖南省林业能值产出的增长空间将更加广阔。

2000 年竹材、油茶籽的市场份额要高于林业在湖南省的市场份额，尤其是竹材，2000 年占全省的 30.92%，远远高于该区林业所占比重。10 年中，份额在不断增加的有木材、油茶籽、板栗、核桃和竹笋干，份额在减少的有竹材和油桐籽。

值得注意的是，环洞庭湖区渔业能值增长速度很快，由 2000 年的 1.48E+21 sej 增至 2009 年的 2.19E+21 sej，增幅达 48.19%。

7.4 环洞庭湖区与湖南省农业生态系统能值指标对比分析

7.4.1 能值投资率变化趋势

能值投资率是总辅助能值投入与环境资源能值投入的比率。由表 7-8 可以看出，2000—2009 年，环洞庭湖区农业生态系统能值投资率从 4.12 上升到 5.29，总体呈不断上升的趋势，但其总体水平与湖南省平均水平相比还有一定差距，如图 7-6 所示。湖南省农业生态系统能值投资率在研究期间均在 6.8 之上（除 2002 年）。这说明洞庭湖区农业生态系统虽然有着

112

相对较大的总辅助能值投入，但由于该区有着相对较大的环境资源能值，所以，在一定的环境负载率的约束下，该区总辅助能值投入还有较大的增长空间，其农业资源的开发和利用率有待进一步提高。从演变趋势来看，洞庭湖区农业生态系统的能值投资率在不断升高，也说明在这10年中，洞庭湖区农业的开发和利用率在不断提高。

表7-8　2000—2009年湖南省与洞庭湖区农业能值指标对比

指标	区域	2000	2001	2002	2003	2004	2005	2006	2007	2008	2009
能值投资率	湖南省	6.8	7.37	5.15	8.02	6.76	7.75	7.48	8.09	8.21	6.91
	洞庭湖区	4.12	3.6	2.8	3.88	4.2	4.48	4.91	5.54	4.81	5.29
能值产出率	湖南省	0.82	0.85	0.82	0.85	0.93	0.94	0.97	0.96	0.98	1.05
	洞庭湖区	2.05	2.61	1.99	2.12	2.21	2.18	2.3	2.4	2.25	2.43
人均能值投入量（sej）	湖南省	$9.56E+15$	$9.54E+15$	$1.01E+16$	$9.63E+15$	$1.01E+16$	$1.01E+16$	$1.02E+16$	$1.04E+16$	$1.05E+16$	$1.08E+16$
	洞庭湖区	$6.40E+15$	$5.54E+15$	$7.36E+15$	$6.96E+15$	$7.36E+15$	$7.52E+15$	$7.60E+15$	$7.73E+15$	$8.18E+15$	$8.42E+15$
人均能值产出量（sej）	湖南省	$6.84E+15$	$7.16E+15$	$6.98E+15$	$7.29E+15$	$8.15E+15$	$8.40E+15$	$8.81E+15$	$8.85E+15$	$9.10E+15$	$9.91E+15$
	洞庭湖区	$1.06E+16$	$1.13E+16$	$1.08E+16$	$1.17E+16$	$1.31E+16$	$1.34E+16$	$1.45E+16$	$1.57E+16$	$1.52E+16$	$1.72E+16$
不可更新工业辅助能值比率	湖南省	0.2	0.21	0.2	0.22	0.23	0.24	0.25	0.26	0.27	0.27
	洞庭湖区	0.55	0.48	0.51	0.55	0.58	0.59	0.61	0.62	0.62	0.63
有机辅助能值比率	湖南省	0.67	0.67	0.63	0.66	0.63	0.63	0.62	0.62	0.61	0.59
	洞庭湖区	0.26	0.3	0.23	0.24	0.23	0.23	0.22	0.22	0.21	0.21
环境负载率	湖南省	1.61	1.79	1.27	2.07	1.84	2.18	2.14	2.42	2.52	2.19
	洞庭湖区	1.23	0.96	1.06	1.27	1.39	1.47	1.57	1.67	1.62	1.74
可持续发展指数	湖南省	0.51	0.48	0.65	0.41	0.5	0.43	0.46	0.4	0.39	0.48
	洞庭湖区	1.67	2.72	1.88	1.67	1.59	1.48	1.46	1.44	1.39	1.4

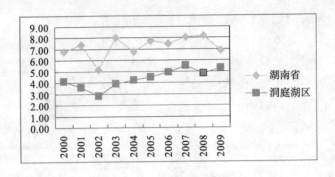

图 7 - 6　能值投资率对比

7.4.2　净能值产出率、人均投入能值与产出能值变化趋势

净能值产出率是总能值产出与总辅助能值投入的比率，该指标常被用来判断系统在获得经济输入能值上是否具有优势，这在一定程度上反映了系统的可持续发展状况。H. T. Odum 认为，该值应在 1 ~ 6 之间，如果该值小于 1，说明系统的产出不敷投入。研究期间，环洞庭湖区农业生态系统净能值产出率呈不断提高的趋势，由 2000 年的 2.05 上升至 2009 年的 2.43，说明随着该区域农业生态系统能值投入和产出结构的不断优化，系统能值产出效率在不断提高，发展趋势良好。据此可见，该区域农业生态系统能值利用效率处于一个较合理的水平。湖南省农业的净能值产出率从 2000 年的 0.82 增加至 2009 年的 1.05，说明湖南省农业生态系统的净能值产出率在 2009 年才完成了质的转变（见图 7 - 7）。笔者认为，这主要是因为在湖南农业生态系统中洞庭湖地区是农业发达地区之一，很多地区均不具备农业生产的优势，如湘西武陵源山区、湘中丘岗盆地区以及湘南山地丘陵区等，在这些地区，小规模农业生产比例大，在农业生产中投入了大量高能值的人力、畜力，且农业生产技术和农业机械化水平相对偏低，农业生产效率不高，产业链相对短，因而造成能值产出相对偏低。相对于湖南省农业而言，环洞庭湖地区农业生态系统的能值产出效率要高得多，农业应该是环洞庭湖区的相对优势产业。

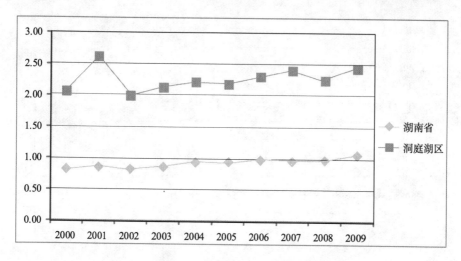

图 7 - 7　净能值产出率对比

　　由人均投入能值对比图（图 7 - 8）和人均产出能值对比图（图 7 - 9）也可以看出，环洞庭湖区农业的人均投入能值较湖南农业平均水平低，但其人均产出能值比湖南农业平均水平要高。这再次证明了洞庭湖区农业生态系统的生产效率远远高于湖南省农业的平均水平。

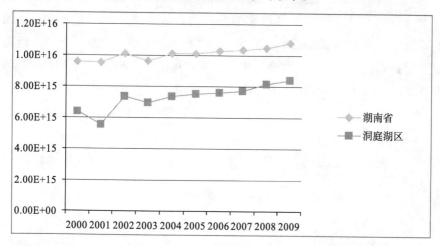

图 7 - 8　人均投入能值对比

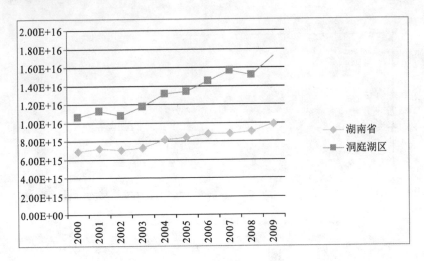

图 7 - 9　人均产出能值对比

7.4.3　不可更新工业辅助能值比率、有机辅助能值比率变化趋势

不可更新工业辅助能值比率是不可更新工业辅助能值与总能值投入的比率。研究期间，环洞庭湖区农业生态系统工业辅助能值投入比率总体呈平衡上升的趋势，由 2000 年的 55% 增加到 2009 年的 63%，这一比例比湖南农业平均水平要高出很多，湖南农业生态系统的不可更新工业辅助能值比率虽然也处于不断上升状态，但是比率相对很低，2000 年为 20%，2009年为 27%（见图 7 - 10）。其原因主要有两点：一是洞庭湖区属于平原区，有利于农业规模化、机械化，生产效率高，投资回报也相对较高；二是近10 年来，国家对农业基础作用的重视、对"三农"问题的重视以及对农产品价格实行保护价在一定程度上提高了农民的生产和投资积极性。

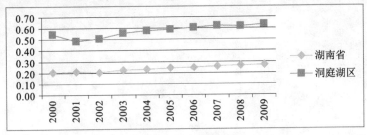

图 7 - 10　不可更新工业辅助能值比率对比

有机辅助能值比率是可更新有机能值投入与总能值投入的比率。研究期间，环洞庭湖区农业生态系统有机辅助能值比率变化总体呈下降趋势，由2000年的26%下降到2000年的21%（见图7－11）。湖南省农业的有机能值投入比率也在不断下降，但相对要高得多，2000年为67%，2009年为59%。有机辅助能值比率的变化趋势与工业辅助能值比率刚好相反，这也是农业机械化、现代化的一种必然结果。需要注意的是，在有机能值投入中，劳动力能值占绝对优势，而有机肥所占比例则很小。如，在洞庭湖区农业生态系统中，同样是肥料，2009年有机肥与工业辅助能中化肥的比例为1:18。因此，在农业工业化、现代化过程中，适当控制工业辅助能中化肥比重的增长，增加有机辅助能值投入中有机肥的使用，这是该区域建设生态农业、有机农业，保护农业生态环境的要求。

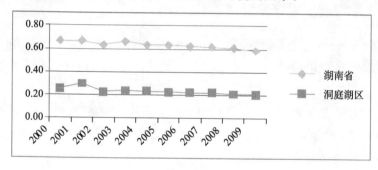

图7－11　有机辅助能值投入比率对比

7.4.4　环境负载率变化趋势

环境负载率指不可更新环境资源能值投入和不可更新工业辅助能值投入之和除以可更新环境资源能值投入、可更新工业辅助能值和可更新有机能值之和的比率。研究期间，洞庭湖区农业生态系统的环境负载率呈明显上升趋势，由2000年的1.23上升到2009年的1.74。湖南省农业生态系统的环境负载率则由2000年的1.61上升到2009年的2.19（见图7－12）。总体来讲，环洞庭湖区农业生态系统环境负载率比湖南省农业生态系统的环境负载率要低，这主要是洞庭湖区气候条件好、雨水资源丰富、可更新环境资源能值比率大所致。两者均呈现上升趋势的原因是：不可更新的工业辅助能值均在不断增加，而可更新环境资源能值投入、可更新工业辅助能值和可更新有机能值都有不断下降的趋势。

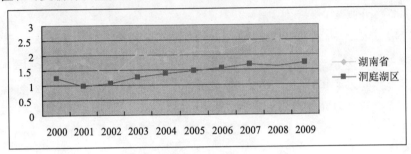

图 7 – 12 环境负载率对比

7.4.5 可持续发展指数变化趋势

可持续发展指数（ESI）指净能值产出率与环境负载率的比值，该指数能够较客观地说明区域可持续发展能力。1 < ESI < 10 表明该区域农业生态系统富有活力和发展潜力；ESI > 10 是农业经济不发达的象征，表明对资源的开发利用不够；ESI < 1 表明该区域农业生态系统属于高消费驱动型生态系统，本地不可更新资源的利用量较大。2009年，环洞庭湖区农业生态系统可持续发展指数（ESI）为 1.40，处于 1 < ESI < 10 的区间，说明该农业生态系统富有活力和发展潜力。研究期间，环洞庭湖区农业生态系统 ESI 呈不断下降的趋势，从 1.67 下降到 1.40（见图 7 – 13）。原因在于 2000 年以来，该系统的能值产出率虽在不断提高，但与之相对应的环境负载率也在不断提高且提高速度更快。相比之下，湖南省农业生态系统可持续发展指数由 2000 年的 0.51 逐步下降为 2009 年的 0.48，这同样是一种下降，但湖南省农业生态系统总体属于高消费驱动型生态系统，系统产业化和商品化率不高，还不是富有活力和发展潜力的生态系统。因此，总体来讲，洞庭湖区农业生态系统的可持续发展水平比湖南省农业要高。

118

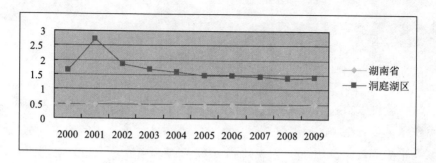

图 7 –13　可持续发展指数对比

7.5　湖南省农业生态经济系统能值区域差异研究

本节依照区域生态系统自然属性的相似性以及相邻行政单元的相对完整性等原则，将湖南省农业生态经济系统划分为五个子系统，采用能值分析法，截取 2011 年统计数据，对湖南省农业生态系统 2011 年能值的投入与产出情况进行了计算，并对五个子系统间的能值投入、产出以及能值指标的差异进行了分析，继而对湖南省各农业区域的可持续性进行了评价。结果表明：湖南省农业作为富有活力的生态系统，能值产出效率较高，但不可更新工业辅助能值投入比率大，环境负载率相对较高。因此，湖南农业的发展总体应朝着既高效又生态的目标迈进。在此基础上，本书提出相应的差别化区域产业政策，以期为湖南省农业差别化区域农业政策提供依据。

7.5.1　湖南省农业生态系统区域划分

根据区域生态系统自然属性的相似性以及相邻行政单元的相对完整性等原则，将湖南省农业生态系统划分为长株潭地区、湘北洞庭湖平原区、湘中丘岗盆地区、湘南山地丘陵区和湘西武陵源山区共五个区域。其中，长株潭地区包括长沙、株洲、湘潭三市；湘北洞庭湖平原区包括岳阳、益阳和常德三市；湘中丘岗盆地区包括邵阳和娄底两市；湘南山地丘陵区包括衡阳、郴州和永州；湘西武陵源山区包括张家界和怀化两市以及湘西自治州。

7.5.2 数据来源与能值投入产出表编制

由于数据更新，本节的原始数据主要来源于 2012 年湖南省农村统计年鉴以及 2012 年湖南统计年鉴。能量折算系数和能值转换率与第三章保持一致。在获得原始数据的基础上，通过计算整理，对 2011 年湖南省农业生态系统各种生态流按区域进行能值计算，得到 2011 年湖南省农业生态系统投入产出能值数据表（见表 7 - 9）和 2011 年湖南省农业生态系统能值分析指标表（见表 7 - 12）。

表 7 - 9　2011 年湖南省农业生态系统投入产出能值数据

单位：sej

项目			能值转换率	长株潭地区	湘中丘岗盆地区	湘北洞庭湖平原区	湘南山地丘陵区	湘西武陵源山区	湖南省
可更新环境资源投入	1	太阳光能	1.00E + 00	1.29E + 20	1.33E + 20	2.08E + 20	2.63E + 20	2.42E + 20	9.75E + 20
	2	风能	6.63E + 02	1.72E + 15	1.27E + 15	1.97E + 15	2.49E + 15	2.40E + 15	9.85E + 15
	3	雨水化学能	1.54E + 04	3.07E + 21	2.02E + 21	3.32E + 21	4.05E + 21	4.06E + 21	1.65E + 22
	4	雨水势能	8.89E + 03	1.53E + 21	1.01E + 21	1.65E + 21	2.02E + 21	2.02E + 21	8.23E + 21
	5	地球旋转能	2.19E + 04	8.93E + 20	9.19E + 20	1.44E + 21	1.81E + 21	1.67E + 21	6.73E + 21
		小计		4.09E + 21	3.08E + 21	4.97E + 21	6.13E + 21	5.97E + 21	2.42E + 22
不可更新环境资源投入	6	净表土损失能	6.25E + 04	6.10E + 19	5.55E + 19	1.03E + 20	9.49E + 19	5.65E + 19	3.71E + 20
		小计		6.10E + 19	5.55E + 19	1.03E + 20	9.49E + 19	5.65E + 19	3.71E + 20
可更新工业辅助能投入	7	水电	1.59E + 05	4.54E + 20	4.94E + 20	5.16E + 19	6.50E + 20	2.31E + 20	1.88E + 21
		小计		4.54E + 20	4.94E + 20	5.16E + 19	6.50E + 20	2.31E + 20	1.88E + 21
不可更新工业辅助能投入	8	火电	1.59E + 05	1.48E + 21	3.07E + 20	1.28E + 21	8.77E + 20	2.47E + 20	4.19E + 21
	9	化肥	4.88E + 15	6.76E + 21	4.87E + 21	1.49E + 22	1.07E + 22	3.48E + 21	4.08E + 22
	10	农药	1.62E + 15	3.32E + 19	2.20E + 19	6.13E + 19	5.42E + 19	2.44E + 19	1.95E + 20
	11	农膜	3.80E + 08	1.74E + 17	8.73E + 16	5.92E + 17	4.68E + 17	1.77E + 17	1.50E + 18
	12	农用柴油	6.60E + 04	2.35E + 20	1.07E + 20	5.98E + 20	1.86E + 20	1.03E + 20	1.23E + 21
	13	农用机械	7.50E + 07	2.81E + 21	1.79E + 21	3.86E + 21	3.44E + 21	1.44E + 21	1.33E + 22
		小计		1.13E + 22	7.10E + 21	2.07E + 22	1.53E + 22	5.29E + 21	5.97E + 22

	项目	能值转换率	长株潭地区	湘中丘岗盆地区	湘北洞庭湖平原区	湘南山地丘陵区	湘西武陵源山区	湖南省
有机能投入	14 劳动力	3.80E+05	3.99E+21	5.35E+21	4.78E+21	7.02E+21	4.62E+21	2.58E+22
	15 畜力	1.46E+05	4.90E+19	2.06E+20	2.12E+20	1.79E+20	2.42E+20	8.87E+20
	16 有机肥	2.70E+04	7.07E+20	7.27E+20	1.01E+21	1.26E+20	5.05E+20	4.21E+21
	17 种子	6.60E+04	2.31E+20	1.97E+20	4.57E+20	3.68E+20	1.26E+20	1.38E+21
	小计		4.98E+21	6.48E+21	6.47E+21	8.83E+21	5.49E+21	3.22E+22
	总能值投入		2.09E+22	1.72E+22	3.23E+22	3.10E+22	1.70E+22	1.18E+23
种植业产出	18 谷物	8.30E+04	7.45E+21	6.03E+21	1.19E+22	1.02E+22	3.83E+21	3.94E+22
	19 豆类	8.30E+04	6.60E+19	1.05E+20	1.37E+20	3.11E+20	7.70E+19	6.95E+20
	20 薯类	8.30E+04	1.19E+20	1.39E+20	1.77E+20	4.20E+20	3.41E+20	1.19E+21
	21 油料	6.90E+05	3.68E+21	4.41E+21	2.59E+22	1.37E+22	7.94E+21	5.56E+22
	22 棉花	1.90E+06	1.22E+20	2.99E+19	9.57E+21	8.23E+20	9.66E+19	1.06E+22
	23 麻类	8.30E+04	2.98E+18	1.22E+18	4.63E+19	7.37E+17	7.34E+18	5.86E+19
	24 甘蔗	8.40E+04	1.89E+18	3.49E+18	4.88E+19	1.03E+20	5.68E+18	1.63E+20
	25 烟叶	2.70E+04	1.27E+18	4.32E+17	3.64E+17	4.45E+18	1.97E+18	8.49E+18
	26 蔬菜	2.70E+04	5.55E+20	1.84E+20	4.65E+20	6.51E+20	1.50E+20	2.01E+21
	27 茶叶	2.00E+05	8.47E+19	2.79E+19	2.00E+20	2.21E+19	1.68E+19	3.52E+20
	28 水果	5.30E+05	8.73E+20	1.18E+21	2.63E+21	3.23E+21	3.19E+21	1.11E+22
	29 瓜果	2.46E+05	2.35E+20	2.39E+20	5.22E+20	7.80E+20	2.74E+20	2.05E+21
	小计		1.32E+22	1.24E+22	5.16E+22	3.03E+22	1.59E+22	1.23E+23
林业产出	30 木材	4.40E+04	2.57E+20	3.90E+20	8.09E+20	7.32E+20	9.21E+20	3.11E+21
	31 竹材	4.40E+04	1.11E+19	1.11E+19	4.42E+19	3.51E+19	4.82E+18	1.06E+20
	32 油桐籽	6.90E+05	4.49E+19	4.65E+19	5.17E+19	3.26E+19	6.87E+19	1.16E+21
	33 油茶籽	8.60E+04	4.26E+20	1.30E+20	2.50E+20	7.71E+20	1.39E+20	1.72E+21
	34 板栗	6.90E+05	7.93E+19	4.79E+19	9.46E+19	2.49E+19	1.16E+19	5.87E+20
	35 核桃	6.90E+05	8.14E+16	4.41E+18	7.90E+19	1.16E+18	3.39E+19	1.19E+20
	36 竹笋干	2.70E+04	2.39E+18	1.06E+18	1.74E+18	2.89E+18	4.47E+17	8.52E+18
	小计		8.20E+20	6.31E+20	1.33E+21	2.12E+21	1.90E+21	6.80E+21

121

项目		能值转换率	长株潭地区	湘中丘岗盆地区	湘北洞庭湖平原区	湘南山地丘陵区	湘西武陵源山区	湖南省
畜牧业产出	37 猪肉	1.70E+06	9.67E+21	7.32E+21	9.48E+21	1.28E+22	3.06E+21	4.23E+22
	38 牛肉	4.00E+06	3.89E+20	8.19E+20	8.75E+20	9.89E+20	5.31E+20	3.60E+21
	39 羊肉	2.00E+06	1.95E+20	9.30E+19	3.60E+20	2.24E+20	1.32E+20	1.00E+21
	40 禽肉	2.00E+06	1.23E+21	7.67E+20	2.29E+21	2.84E+21	7.15E+20	7.85E+21
	41 兔肉	4.00E+06	2.15E+18	6.42E+18	1.85E+19	4.94E+19	9.27E+18	8.57E+19
	42 牛奶	1.71E+06	7.12E+19	3.18E+20	8.37E+19	1.89E+19	5.27E+19	4.97E+20
	43 蜂蜜	1.71E+06	9.12E+18	4.23E+18	1.58E+19	1.64E+19	9.89E+18	5.54E+19
	44 蛋	1.71E+06	1.07E+21	8.41E+20	2.27E+21	2.60E+21	5.73E+20	7.35E+21
	小计		1.26E+22	1.02E+22	1.54E+22	1.95E+22	5.03E+21	6.28E+22
渔业产出	45 水产品	2.00E+06	6.10E+20	3.86E+20	2.44E+21	1.20E+21	2.08E+20	4.84E+21
	小计		6.10E+20	3.86E+20	2.44E+21	1.20E+21	2.08E+20	4.84E+21
总能值产出			2.73E+22	2.35E+22	7.07E+22	5.31E+22	2.31E+22	1.98E+23
第一产业（农业）传统 GDP（单位：万元）			4.79E+06	3.59E+06	7.38E+06	6.69E+06	2.22E+06	2.47E+07
农业从业人员数量（单位：万人）			2.78E+02	3.72E+02	3.33E+02	4.89E+02	3.22E+02	1.79E+03

7.5.3 结果分析

（1）湖南农业区域能值投入差异

由表 7-10 所示，可更新环境资源能值总量最大的是湘南山地丘陵区和湘西武陵源山区，其次是湘北洞庭湖平原区，然后是长株潭地区和湘中丘岗盆地区。在可更新环境资源能值占该地区总能值投入的比率中，湘西武陵源山区为 35%，是比率最大的地区。这表明该地区地广人稀，阳光充足，雨量充沛，农业资源利用率较低，自给自足的特征较明显。

就不可更新环境资源投入比率来说，除长株潭地区相对较低（为0.29%）以外，其他地区的该指标均超过了湖南省该指标的平均水平。这说明，除长株潭地区以外，其他四个地区均面临较严重的水土流失治理压力。

就可更新工业辅助能值投入（这里主要是指水电）比率来说，总体上比火电的比率要低得多。其中，高于湖南省平均水平（1.59%）的是长株潭地区、湘中丘岗盆地区和湘南山地丘陵区，比率最低的是湘北洞庭湖平原区。这说明洞庭湖区生态能源的利用率较低。

湘南山地丘陵区、湘中丘岗盆地区和湘西武陵源山区的不可更新工业辅助能值投入比率低于湖南省平均水平而有机能比率则高于平均水平，说明这三个地区尤其是湘西武陵源山区的农业生产条件没有得到根本改善，农业工业化程度低，对劳动力能值的依赖性程度高。其他两个地区的不可更新工业辅助能值比率则高于湖南省平均水平，尤其是湘北洞庭湖平原区，其不可更新工业辅助能值比率高达64.16%，大大超过湖南省这一比率的平均水平（50.43%），这主要是由于该区域的化肥投入比率、农药投入比率、农用柴油投入比率和农业机械投入比率在湖南省内均处于最高水平。一方面由于化肥、农药等生产要素的投入要消耗大量的石油能源，另一方面由于化肥等的有效利用率低（有数据表明，目前我国化肥的有效利用率在35%左右），大量没有吸收的化肥流入地下后，对地下水造成严重污染，因此，该区域的能耗和污染也是最严重的。

表 7-10　各种投入项目能值占该区域总能值投入的比率

项目		长株潭地区	湘中丘岗盆地区	湘北洞庭湖平原区	湘南山地丘陵区	湘西武陵源山区	湖南省
可更新环境资源能值		19.59%	17.89%	15.36%	19.76%	35.03%	20.45%
不可更新环境资源能值		0.29%	0.32%	0.32%	0.31%	0.33%	0.31%
可更新工业辅助能值		2.17%	2.87%	0.16%	2.10%	1.35%	1.59%
不可更新工业辅助能值	火电	7.06%	1.78%	3.97%	2.83%	1.45%	3.54%
	化肥	32.35%	28.33%	46.23%	34.66%	20.44%	34.44%
	农药	0.16%	0.13%	0.19%	0.17%	0.14%	0.16%
	农膜	0.0008%	0.0005%	0.0018%	0.0015%	0.0010%	0.0013%
	农用柴油	1.12%	0.62%	1.85%	0.60%	0.60%	1.04%
	农用机械	13.43%	10.38%	11.92%	11.10%	8.42%	11.25%
	小计	54.12%	41.25%	64.16%	49.37%	31.06%	50.43%
有机能值	劳动力	19.10%	31.10%	14.79%	22.64%	27.11%	21.75%
	有机肥	3.38%	4.23%	3.14%	4.07%	2.96%	3.56%
	小计	23.82%	37.67%	20.00%	28.47%	32.23%	27.21%

（2）湖南省农业区域能值产出差异

表7-11所示是各州市产出项目能值占湖南省该产出项目能值的比重，其中，斜体数据相对应的地区应该是该产业或该产品具有相对产出优势的地区。

在种植业方面，湘北洞庭湖平原区和湘南山地丘陵区占有明显的份额优势。其中，湘北洞庭湖平原区种植业产出占湖南省的比例是41.82%，湘南山地丘陵区所占比例是24.54%。在种植业内部，湘北洞庭湖平原区在谷物、油料、棉花、麻类、茶叶等领域具有相对优势；而湘南山地丘陵区在豆类、薯类、甘蔗、烟叶、蔬菜、水果和瓜果等领域具有一定的份额优势。

表7-11 各州市产出项目能值占湖南省该产出项目能值的比重

项目		长株潭地区	湘中丘岗盆地区	湘北洞庭湖平原区	湘南山地丘陵区	湘西武陵源山区
种植业	谷物	18.91%	15.30%	*30.18%*	*25.89%*	9.72%
	豆类	9.50%	15.04%	19.68%	*44.71%*	11.08%
	薯类	9.93%	11.60%	14.80%	*35.13%*	28.53%
	油料	6.62%	7.93%	*46.52%*	24.66%	14.27%
	棉花	1.15%	0.28%	*89.93%*	7.73%	0.91%
	麻类	5.09%	2.09%	*79.04%*	1.26%	12.53%
	甘蔗	1.16%	2.15%	29.99%	*63.21%*	3.50%
	烟叶	14.97%	5.09%	4.29%	*52.41%*	23.24%
	蔬菜	27.68%	9.18%	23.20%	*32.45%*	7.48%
	茶叶	24.09%	7.94%	*56.92%*	6.28%	4.77%
	水果	7.86%	10.67%	23.67%	*29.04%*	28.76%
	瓜果	11.47%	11.67%	25.45%	*38.07%*	13.34%
	小计	10.70%	10.02%	**41.82%**	**24.54%**	12.92%
林业	木材	8.27%	12.55%	26.02%	23.54%	29.62%
	竹材	10.42%	10.45%	41.58%	33.02%	4.53%
	油桐籽	3.88%	4.03%	4.47%	28.22%	59.40%
	油茶籽	24.81%	7.57%	14.57%	*44.92%*	8.12%
	板栗	13.52%	8.16%	16.13%	*42.45%*	19.74%
	核桃	0.07%	3.72%	*66.61%*	0.98%	28.62%
	竹笋干	28.01%	12.43%	20.42%	*33.89%*	5.24%
	小计	12.07%	9.28%	19.56%	**31.13%**	**27.96%**

项目		长株潭地区	湘中丘岗盆地区	湘北洞庭湖平原区	湘南山地丘陵区	湘西武陵源山区
畜牧业	猪肉	22.85%	17.30%	22.41%	*30.20%*	7.23%
	牛肉	10.81%	22.74%	24.28%	*27.44%*	14.73%
	羊肉	19.40%	9.28%	*35.85%*	22.34%	13.13%
	禽肉	15.72%	9.76%	29.18%	*36.22%*	9.11%
	兔肉	2.51%	7.49%	21.54%	*57.65%*	10.81%
	牛奶	14.32%	*63.98%*	16.83%	3.81%	1.06%
	蜂蜜	16.47%	7.64%	28.49%	*29.55%*	17.85%
	蛋	14.55%	11.44%	30.87%	*35.35%*	7.80%
	小计	20.14%	16.20%	24.53%	***31.10%***	8.02%
渔业	水产品	12.60%	7.97%	*50.33%*	24.81%	4.29%

在林业方面，湘南山地丘陵区和湘西武陵源山区具有一定的产业优势。这两个地区在林业产出中分别占有31.13%和27.96%的份额。其中，湘南山地丘陵区主要盛产油茶籽、板栗等；湘西武陵源山区以木材和油桐籽闻名；湘北洞庭湖平原区的竹材和核桃生产已具规模。

在畜牧业方面，湘南山地丘陵区不仅在林业产出方面有优势，在畜牧业产出方面在湖南省内也处于绝对优势地位，其畜牧业产出能值占整个湖南省的31.10%，对于除羊肉和牛奶之外的其他产品，湘南山地丘陵区的产出能值在全省的份额处于首位。

在渔业方面，湘北洞庭湖平原区由于丰富的水资源优势，渔业是其主打产业，其渔业产出能值占全省的50.33%。

（3）湖南省农业生态系统能值指标区域差异比较

① 能值投资率。能值投资率是总辅助能值投入与环境资源能值投入的比率。这一指标常用来评价系统资源的利用程度和水平。由表7-12可知，能值投资率最高的分别是湘北洞庭湖平原区和湘中丘岗盆地区，其次是长株潭地区和湘南山地丘陵区，比率最低的是湘西武陵源山区。湘北洞庭湖平原区和湘中丘岗盆地区虽然都有着较高的能值投资率，但二者存在质的差别。湘北洞庭湖平原区具有高能值投资率的原因主要在于该地区的不可

更新工业辅助能较高，而湘中丘岗盆地区具有高能值投资率的主要原因在于可更新有机能（主要是劳动力能）占较大的比重。湘西武陵源山区的能值投资率最低，为1.83，说明该地区具有更多的未开发利用资源，对当地农业资源的利用效率较低，农业经济系统相对不发达。

表7-12　2011年湖南省农业生态系统分区域能值指标

	长株潭地区	湘中丘岗盆地区	湘北洞庭湖平原区	湘南山地丘陵区	湘西武陵源山区	湖南省
能值投资率	4.03	4.49	5.38	3.98	1.83	3.82
净能值产出率	1.63	1.67	2.59	2.14	2.09	2.11
工业辅助能值比率	0.56	0.44	0.64	0.51	0.32	0.52
有机辅助能值比率	0.24	0.38	0.20	0.28	0.32	0.27
环境负载率	1.19	0.71	1.82	0.99	0.46	1.03
可持续发展指数	3.38	6.31	2.96	4.04	4.00	3.70

②能值产出率。能值产出率是总能值产出与总辅助能值投入的比率。能值产出率常被用来判断系统在获得经济输入能值上是否具有优势，这在一定程度上反映了系统的可持续发展状况。H. T. Odum认为，该值应在1~6之间，如果该值小于1，说明系统的产出不敷投入。由表7-12可见，各区域的净能值产出率均高于1，说明湖南农业生态系统各区域的能值产出有一定的能值盈余。其中，能值产出率最高的是湘北洞庭湖平原区，为2.59，该地区在种植业和渔业方面有绝对优势地位。其次是湘南山地丘陵区，其能值产出率为2.14，这主要由于该地区有着发达的畜牧业（全省份额为30.10%）和林业（全省份额为31.13%）。湘西武陵源山区、湘中丘岗盆地区和长株潭地区的净能值产出率相对较低，分别为2.09、1.67和1.63。

③工业辅助能值比率、有机辅助能值比率。工业辅助能值比率是工业辅助能值与总能值投入的比率，有机辅助能值比率是可更新有机能值投入与总能值投入的比率。研究期间，工业辅助能值尤其是不可更新工业辅助能值比率普遍较高。其中，工业辅助能值比率高于湖南省平均水平（0.52）的是湘北洞庭湖平原区（0.64）和长株潭地区（0.56）；湘南山地丘陵区也达到了0.51；最小的湘西武陵源山区也有0.32。相反，湘北洞庭

湖平原区有机辅助能值比率（0.20）和长株潭地区有机辅助能值比率（0.24）是最低的。

④ 环境负载率。环境负载率指不可更新环境资源能值投入和不可更新工业辅助能值投入之和与可更新环境资源能值投入、可更新工业辅助能值以及可更新有机能值之和的比率。湖南省农业生态系统的环境负载率是1.03，高于这一水平的是湘北洞庭湖平原区（1.82）、长株潭地区（1.19），低于这一平均水平的是湘南山地丘陵区（0.99）、湘中丘岗盆地区（0.71）和湘西武陵源山区（0.46）。这说明洞庭湖区农业生态系统的环境压力是最大的，主要原因是在农业生产过程中，不可更新的工业辅助能值，尤其是化肥、农药、农用柴油等的用量太大。

⑤ 能值可持续发展指数。能值可持续发展指数（ESI）指能值产出率与环境负载率的比值，该指数能够较客观地说明区域可持续发展能力。1 < ESI < 10 表明该区域农业生态系统富有活力和发展潜力；ESI > 10 是农业经济不发达的象征，表明对资源的开发利用不够；ESI < 1 表明该区域农业生态系统属于高消费驱动型生态系统，本地不可更新资源的利用较大。湖南省农业生态系统能值可持续平均水平为3.70，高于这一水平的是湘中丘岗盆地区（6.31）、湘南山地丘陵区（4.04）和湘西武陵源山区（4.00），低于这一水平的是湘北洞庭湖平原区（2.96）和长株潭地区（3.38）。尽管湘北洞庭湖平原区的能值产出率是最高的，但是能值可持续发展指数最低，这主要是由于该地区有一个最高的环境负载率。

7.5.4　湖南省农业生态系统差别化政策建议

湖南省农业作为富有活力的生态系统，能值产出效率较高，但不可更新工业辅助能值投入比率大，环境负载率相对较高。因此，湖南农业的发展总体上应朝着既高效又生态的目标迈进。鉴于湖南农业五大区域在能值投入、产出和能值指标方面存在的差异，本书提出几点差别化的政策建议。

（1）湘北洞庭湖平原区

洞庭湖平原区是整个湖南省乃至全国的重要粮食生产基地，该区域的能值产出率是最高的，但环境负载率也是最高的。这说明洞庭湖平原区农业生产的特点是：具有高效率的同时，也伴随着高能耗、高污染、高环境负载压力。因此，笔者认为，该地区当前的主要任务是实现经济转型，由原来的黑色发展方式向绿色发展方式转变，由"高效率、高能耗、高污染的黑色农业"向"高效率、低能耗、低污染的绿色生态农业"转变。其应充分利用在种植业和渔业等方面的优势，以"湖"字为特色，把发展重点放在无公害稻米、优质棉花、油菜、麻类、水果、水生蔬菜、有机茶叶以及特种水产养殖、水禽养殖上；要本着集群化路径、品牌化经营、园区式管理的思路，积极打造优质稻米、油料、棉花、麻类和茶叶等农产品综合开发园区。

（2）湘南山地丘陵区

其特点是可更新环境资源能值总量居湖南省首位，不可更新工业辅助能值投入比率低于湖南省全省平均水平，在湖南省具有"天然温室"的美誉。其要充分利用该地区在畜牧业（猪肉、牛肉、禽肉、兔肉、蜂蜜和蛋的产出能值均居全省首位）、林业（油茶籽、板栗、竹笋的产出能值居全省首位）和种植业（豆类、薯类、甘蔗、烟叶、蔬菜、水果和瓜果的产出能值居全省首位）方面的产业优势，面向广东沿海地区和港澳地区市场，重点发展无公害蔬菜、时鲜瓜果、优质豆产品、油茶、烤烟、特色养殖（包括杂效瘦肉型生猪、草食牲禽）等名特优农产品的生产及加工。

（3）长株潭地区

该地区是农业核心技术所在地。长株潭农村是整个城市的腹地，因此，在保证原有农业生产规模、产业合理布局的情况下，应大力发展加工业，延长农业产业链；发展多种经营，尤其是农业生态旅游，促进农业的优化和升级；要抓住"长株潭"两型社会建设的契机，重点发展无公害蔬菜、时鲜水果、花卉苗木。

（4）湘中丘岗盆地区

该地区目前是湖南省水稻主产区之一，也是湖南省耐旱作物和经济作物的重要产地。该地区地形以丘陵和岗盆地区为主，最大的特点是区域人口密集，劳动力能值比率是全省最高的。该地区可以依据本地区气候和地形的特点开展多种经营，发展劳动密集型农业，重点发展优质有机大米、无公害蔬菜、时鲜水果、畜禽产品的生产与加工。

（5）湘西武陵源山区

该地区农业的特点是：可更新环境资源能值占该地区总能值投入比率大，木材和油桐籽的能值产出居全省首位，地域辽阔，山地面积比重大，自然资源、生态资源丰富。该地区的基本定位应为：不以提供 GDP 产品为主，而以提供生态产品为主。因此，该地区农业的主要任务是：突出其"山"字特色，重点发展生态产品，优先发展林业，把发展重点放在无公害草食畜禽产品、优质水果、优质名茶、反季节蔬菜、药材的开发上，同时还应大力发展生态旅游观光休闲农业。

7.5.5 小结

本章通过对环洞庭湖区农业在湖南省农业中的能值份额的分析，得出如下结论：（1）洞庭湖区农业生产在湖南省内有较大的比较优势，2009 年，该区域农业用占全省 13.17% 的能值投入产出了占全省 29.32% 的能值产出。其能值产出占比明显大于能值投入占比，并且从趋势来看还有进一步拉大的趋势。这表明环洞庭湖区农业生态系统的能值利用效率较高，具有较为明显的集约型发展特征。（2）能值投入方面：洞庭湖区农业生态系统的发展越来越依赖于工业辅助能值投入；石油农业为该系统打上了深深的烙印，在农业产出过程中，资源消耗的比重大；有机农业、生态农业的比重低，可持续发展水平并不高。（3）能值产出方面：洞庭湖区的农业能值产出增长速度比湖南省农业平均增长速度要快。渔业和种植业是洞庭湖区的优势产业，这两大产业呈现相对增长态势；畜牧业和林业是该区域的相对劣势产业。（4）能值指标方面：研究期间，环洞庭湖区农业生态系统 ESI 呈不断下降的趋势，从 1.67 下降到 1.40，湖南省农业生态系统可持续发展指数从 0.51 下降到 0.48。这说明：尽管这两个生态系统属于可持续发展能力类型不同的生态系统，但可持续发展水平均处于下降趋势。（5）湖南农业五大区域在能值投入、产出和能值指标等方面存在较大差异，建议采取差别化的农业政策，区别对待，形成各自区域优势，互补发展。

8　环洞庭湖区农业生态效率问题

关于生态效率问题的讨论，本书主要研究以下问题：首先是效率问题，其次是资源与环境问题，最后是绿色 GDP 核算问题。

8.1　环洞庭湖区农业生态系统的效率问题

在本书中，对效率问题的研究所采用的计量指标主要是能值产出率，该指标也常被用来判断系统在获得经济输入能值上是否具有优势，在一定程度上反映了系统的可持续发展状况。H. T Odum（2000）认为，该值应在 1~6 之间，如果该值小于 1，说明系统的产出不敷投入。2009 年该区域农业生态系统的能值产出率为 2.43，高于全国平均水平 2.00（蓝盛芳等，2002），远远高于湖南农业生态系统 2009 年的能值投入产出率 1.05（朱玉林等，2012）。据此可见，该生态系统能值利用效率处于较合理的水平，农业应该是环洞庭湖区的相对优势产业。

从演变趋势来看，研究期间，环洞庭湖区农业生态系统净能值产出率呈不断提高的趋势，由 2000 年的 2.05 上升至 2009 年的 2.43，系统能值产出效率在不断提高，发展趋势良好。本书认为，其原因主要在于该系统的能值投入结构在不断调整（朱玉林等，2012）。比如，2009 年该生态系统工业辅助能值比率达 63%；化肥能值投入占比为 45.3%，农用机械能值占比为 10.6%，而湖南省 2008 年农业生态系统化肥能值投入占比和农用机械能值占比则分别为 19.8% 和 0.01%（朱玉林等，2012）。因此，环洞庭湖区农业生态系统相对于湖南农业，其机械化和现代化程度要高得多，农业生产的规模效率和集聚效应发挥较好，其能值投入产出效率自然就高一些。

另外，从自然地理因素来看，洞庭湖地区在湖南农业中属于发达地区之一，相对于其他地区，该区域有相对比较优势。如湘西武陵源山区、湘中丘岗盆地区以及湘南山地丘陵区等，在这些地区，小规模农业生产比例大，在农业生产中投入了大量高能值的人力、畜力，且农业生产技术和农业机械化水平相对偏低，农业生产效率不高，产业链相对短，因而造成能值产出相对偏低。

然而从全国范围来看，湖区农业生产的现状还不能完全与其拥有的资源优势相称。洞庭湖区的农业发展已显示出缓慢态势，同处于长江中下游的江汉平原、鄱阳湖区和太湖地区相比，农业总产出由原来的第二位下降到最后一位，主要农产品的增长速度也大多慢于其他三个地区，这说明其产业结构有待进一步优化。从第三章中的能值产出结构分析来看，本书认为洞庭湖区农业产业结构的不足主要表现为：种植业的比重过大，而其市场价格相对偏低，从而造成其经济产出偏低。

2009 年环洞庭湖区农业生态系统的人均产出能值为 1.72×10^{16} sej，根据第五章中表 5 - 1 的计算结果，能值/货币比率为 5.46E + 11，这样计算出来的人均产出能值的货币价值为 31873.56 元，而 2009 年该区域农业生态系统人均地区经济总产值为 24761.14 元。这也就说明，包括洞庭湖区在内的农产品的价格是严重偏低的，整个市场对农业产品的定价总体来讲忽视了自然资源和环境对农产品生产的贡献。这也不难解释为什么这几年农业丰收，但农民不一定赚钱，农民利益得不到保障，这不利于农民增收和农业的可持续发展。同样，通过对比农业内部种植业、林业、牧业、渔业的经济产出占比和能值产出占比，也可发现它们的比价关系。

据统计，2009 年该区域农、林、牧、渔业经济总产值为 780.64 亿元。其中，种植业产值 360.42 亿元，林业产值 15.18 亿元，牧业产值 298.36 亿元，渔业产值 106.68 亿元。2009 年该区域农业生态系统产值结构中，种植业、林业，畜牧业和渔业所占比例分别为 46.17%、1.94%、38.22%、13.67%。第三章的研究结果表明：2009 年该区域农业生态系统能值产出总量为 5.42×10^{22} sej，由种植业能值产出、林业能值产出、畜牧业能值产出和渔业能值产出构成，它们所占的比例分别为 75.90%、0.72%、19.33% 和 4.05%。（见图 3 - 2）。通过对比，在该系统中，2009

年种植业的能值产出比重大于其产值比重（75.90% ＞46.17%）；能值产出比重小于产值比重的是林业（0.72% ＜1.94%）、畜牧业（19.33% ＜38.22%）和渔业（4.05% ＜13.67%）。这一方面说明该系统中种植业产品的市场定价相对偏低，国家仍要继续实行粮食价格的保护价，以保障粮农的利益；另一方面说明，在当前的市场需求和市场价格水平下，调整农业产业结构和产品结构，增加林业、畜牧业和渔业的比重，将对增加农民收入有一定的积极作用。

8.2 环洞庭湖区农业生态系统的资源问题

8.2.1 水土资源流失问题

中国地大物博，但人口众多，我们用占世界 9% 的耕地养活了占世界 22% 的人口，这说明了我们耕地资源的短缺。如果我们把中国的农业置于世界农业大的发展背景之下，明显可以看出，资源短缺始终是困扰我国农业发展的主要因素。人均耕地排倒数第三（在 5000 万人的大国中），先天不足，所以中央反复强调 18 亿亩耕地红线。同时，我们还存在后天失调的问题，我国水土流失总面积达 367 万平方公里，并且每年在以 1 万平方公里的速度增长。这一点在洞庭湖区表现得特别明显。

由第三章中洞庭湖区农业生态系统能值投入表可计算出，该系统 2009 年不可更新环境资源能值（这里主要是指水土流失）占整个系统环境资源能值的比为 1.98%，由第五章中湖南省农业生态系统能值投入表可以计算出，该系统不可更新环境资源能值占整个系统环境资源能值的比为 1.45%。这说明，洞庭湖区水土流失程度要高于湖南省平均水平，是水土流失较严重的地区之一。洞庭湖流域除安乡及南县无明显水土流失外，其他地方均有分布。湘、资、沅、澧四水中，上游水土流失面积为 3.37×10^4 平方公里。其中，轻度流失面积为 8904 平方公里，占流失面积的 26.4%；中度流失面积为 15456 平方公里，占流失面积的 45.8%；强度流失面积为 7259 平方公里，占流失面积的 21.5%；极强度流失面积为 1358 平方公里，占流失面积的 4.0%；剧烈流失面积为 770 平方公里，占流失面积的 2.3%。该区年土壤侵蚀总量约为 1.3×108 吨。

值得说明的是，不可更新环境能值（主要是表土层损失）从 2007 年起有一个明显的下降过程，从 2006 年的 $1.45E + 20$ sej 下降到 2009 年的 $8.37E + 19$ sej。这说明国家的退耕还林还草政策在该区域自 2007 年起收到了明显效果，在一定程度上改善了农业生态环境。

围湖造田、盲目开垦、滥捕乱猎等掠夺式经营造成水土流失、水面缩小。数据显示，近 100 多年以来，由于过度围湖垦殖，洞庭湖湖域面积急剧缩小，由其鼎盛时期的 6000 平方公里减少到 1949 年的 4350 平方公里，到 1995 年时洞庭湖的面积只有 2625 平方公里，2006 年的遥感监测数据为 1837.32 平方公里。物种灭绝致使生物再生能力大为减弱，生产量大大减少，有些物种甚至面临灭顶之灾。据统计，渔业捕捞总产量由 1949 年的 $3.0 \times 10^4 t/a$ 下降为现在的 $1.1 \times 10^4 t/a$，下降了 63.3%；鱼汛期也由过去的 270 天缩短为现在的 180 天。中华鲟、江豚等水生动物几乎绝迹，鸟类数量也大为减少。

8.2.2　能源消耗问题

能源是生活生产的血液，三大常规能源分别为石油、原煤、天燃气，占总能源的 88%。2008 年，全球勘明的石油资源为 12379 亿桶，煤 8491 亿吨，天然气 17.36 亿立方米。有专家预测，到 21 世纪末，天然气会用完。中国的能源状况，以石油为例：1996 年成为石油的净进口国，2006 年对外依存度超过 50%，进口石油 70% 来自中东。在农业上我们是用占世界 9% 的耕地、6% 的可循环水资源养活了占世界 22% 的人口，生产了占世界 25% 的粮食，但这同时让我们消耗了 30% 多的化肥。目前，我国农业中，石油农业的烙印非常深，洞庭湖区也是如此。洞庭湖区农业不可更新工业辅助能值在该系统总能值投入中的比例大大高于湖南农业该指标数据，实际上，在湖南农业生态系统总能值投入中，不可更新工业辅助能值在该系统总能值投入中的比例为 27.28%；在洞庭湖区农业生态系统总能值投入中，不可更新工业辅助能值在该系统总能值投入中的比例为 63.17%。而在不可更新工业辅助能值投入中，化肥占有非常大的比重（化肥能值占总能值投入的 47.13%），这说明化肥对该系统的贡献率非常高。农药的状况也是如此。

因此，洞庭湖区农业生态系统的发展越来越依赖于工业辅助能值投入，尤其是化肥、农药以及柴油等，石油农业的烙印十分明显，在农业产出过程中，资源消耗的比重大。而有机农业、生态农业的比重低，可持续发展水平并不高。

8.3 环洞庭湖区农业生态系统的环境问题

前面的研究结果表明：农业生产要素投入结构的不合理是造成洞庭湖区农业污染加剧和生态环境恶劣的主要原因，下面针对化肥、农药污染和畜禽养殖污染加以阐述。

8.3.1 化肥、农药污染

根据第三章的数据（见表 3 - 5）可知：2009 年在洞庭湖区农业生态系统中，化肥能值占总能值投入的比例为 47.13%，而有机肥能值投入占比仅为 2.62%。第四章（见表 4 - 1）的数据表明，化肥投入绝对量呈现不断上升之势。本书认为这有以下原因：第一，在农业生产过程中，化肥由于本身的优点，比如使用简单、清洁、方便、生产效果比较好，受到了广大农民的直接认可；而有机肥较脏，不太好用，增产效果不像化肥这么显著，所以相对用量要少得多。第二，广大农民由于知识的局限，还没有认识到化肥的过量施用会带来如此严重的资源与环境问题。

2009 年湖区农村化肥施用量为 256 万吨，相当于 1.25E + 22 sej，整个湖南省的化肥投入能值为 3.94E + 22 sej，占比为 31.7%，而洞庭湖区（指益阳、常德和岳阳三市）耕地面积只占全省的 25.8%，高出 20 多个百分点。按耕地面积计算，洞庭湖区化肥施用量为 27.85 吨/平方公里（湖区耕地面积见第二章），已远远超过发达国家设置的 22 吨/平方公里施用量安全上限。如第七章所述，由于我国化肥的利用率低，而化肥的流失严重，造成氮磷营养物质过剩，引起湖泊的富营养化。

水体富营养化的危害主要表现为：首先，富营养化会造成水的透明度降低，阳光难以穿透水层，从而影响水中植物的光合作用和氧气的释放；

134

同时，浮游生物的大量繁殖会消耗水中大量的氧，使水中溶解氧严重不足，而水面植物的光合作用则可能造成局部溶解氧的过饱和。溶解氧过饱和以及水中溶解氧少都对水生动物（主要是鱼类）有害，会造成鱼类大量死亡。其次，富营养化水体底层堆积的有机物质在厌氧条件下分解产生的有害气体，以及一些浮游生物产生的生物毒素（如石房蛤毒素），也会伤害水生动物。第三，富营养化水中含有超标的亚硝酸盐和硝酸盐，人畜长期饮用，会中毒致病，尤其会引起消化系统疾病。水体富营养化常导致水生生态系统紊乱，水生生物种类减少，使多样性受到破坏。农田的抗拒病虫害和抗灾能力在不断降低，农药的施用量也在不断增大。

2009 年洞庭湖区农药能值投入为 5.21E + 19 sej，占整个农业能值投入的比例为 0.20%——这个指标是湖南省的 2 倍多（湖南省这一比例为 0.09%），农药施用总量为 3.22 万吨。据调查，洞庭湖区 18 个县、市年农药使用量占全省总量的 36.37%，而耕地面积却只占全省的 25.8%，这一数据反映出农药在使用上过多过滥，仅湘阴县每年平均就有 130 多头耕牛因食用含有农药的稻草而中毒死亡。

农药对环境的污染主要是有机磷农药的残留问题，它不仅会导致一系列的直接危害，对土壤微生物也是不利的，也会引起对土壤有害的微生物数量增加、有益的微生物数量降低以及生物多样性锐减。

2009 年湖区农村农膜用量为 2.23 万吨，相当于 4.40E + 17 sej，整个湖南省为 1.41E + 18 sej，占比是 32%，而耕地面积却只占全省的 25.8%，农膜用量超过全省平均水平 24%。农膜用量过多带来的是越来越严重的白色污染。白色污染不仅会影响农村的自然景观，产生"视觉污染"，而且因难以降解，会对农业生态系统环境造成潜在危害，如：混在土壤中，影响农作物吸收养分和水分，导致农作物减产；增塑剂和添加剂的渗出会导致地下水污染；混入城市垃圾一同焚烧会产生有害气体，污染空气，损害人体健康；填埋处理会长期占用土地；等等。

8.3.2 畜禽养殖污染

2009 年洞庭湖区农业有机肥生产量为 61.40 万吨，折算能值为 6.95×10^{20} sej。本书在计算有机能投入时，由于粪便能值折算难度大，假定系统所有生产的有机肥都被系统本身消化，所以在计算绿色 GDP 时，没有将它作为备抵项目。但是，这一假定的前提是畜牧业的养殖均是在合理规模之内，一旦超出合理规模，有机肥的污染便不可避免。事实上，农村有机肥的污染已成为农村环境污染的重要来源之一。1995 年美国审计署（GAO）认为畜禽粪便是美国水域中 TN、TP 进入水体的主要来源，美国西部干旱地区河流沿岸生态系统破坏的 80% 是因畜禽粪便所致（Belsky. A. J. and Matke. A.，1999）；根据杨志敏（2009）的研究，三峡库区重庆段农业面源污染的主要污染物 TN、TP 的主要污染源是畜禽养殖，贡献率达到 58.21%。

据统计，洞庭湖区的畜禽粪便排放量逐年增长。黄深树（2009）运用环境经济学原理与方法对湖南洞庭湖区畜禽养殖环境成本进行了估算。结果表明：2006 年湖南洞庭湖区畜禽养殖环境成本为 2.564 × 109 元，相当于该区域当年畜牧业生产总值的 14.08%。如将畜禽养殖环境成本计入生产成本，则每个畜禽养殖单元（1 头肉牛）会亏损 83.57 元。可见，畜禽养殖已对环境造成较大损害，影响了养殖生产的经济效益和生态效益。

农村有机肥的污染主要是粪便完全处理率低所致，未处理的粪便有 20% ~ 30% 直接进入了水体，造成水体的富营养化。这主要是由于大规模的畜禽养殖已经给环境造成巨大影响，畜禽所排放的污染物在很多地区已经超过环境的消化能力，并且由于养分的单方向流动而对环境产生威胁。

畜禽养殖场（户）排放的粪尿、高浓度未经处理的污水等会对水体、土壤、人体健康及生态系统造成直接或间接的影响，具体表现[1]在：（1）畜禽粪尿中含有大量污染物，如 COD、BOD、NH3 – N、TP、TN 以及重金属元素、药物添加剂、病原微生物和寄生虫卵等，这些污染物随养殖场冲洗水或通过淋洗、流失进入江河、湖泊或地下水中，会造成严重的水体污染。（2）当畜禽粪便进入土壤中的类便超过土壤的承载能力时，便会引起土壤性状改变、结构破坏、肥力下降，造成土壤环境破坏，影响农作物生长，降低农作物产量，形成畜禽粪便对土壤的污染：未经无害化处理的粪便含有高浓度的氮，能烧坏农作物；畜禽饲料中的铜、锌以及砷等重金属元素随着畜禽粪便排到外界环境中，将造成土壤的重金属富集，对土

---

[1] 郭晓："规模化畜禽养殖业控制外部环境成本的补贴政策研究"，西南大学 2012 年博士论文。

壤生物和农作物产生毒害作用，进而降低农产品产量和品质；畜禽粪便中残留的激素、抗生素、兽药等污染物是农田土壤抗生素的重要来源（张慧敏、章明奎等，2008）。

8.4 洞庭湖农业生态系统能值绿色 GDP

绿色 GDP 是生态文明时代计量经济效果的主要总量指标，本书将能值绿色 GDP 作为计量农业生态系统生态效率的主要指标之一。经核算，2009年洞庭湖区农业生态系统传统 GDP 的数值为 491.60 亿元，扣除不可更新环境资源的能值—货币价值 6.80E+08 元和不可更新工业辅助能的能值—货币价值 3.07E+10 元，结果为 177.61 亿元。这就是扣除环境损失成本和资源耗减成本后该区域农业生态系统绿色 GDP 的数值，占传统 GDP 的比重仅为 36.13%。

同时，该系统中衡量系统产出对经济贡献大小和系统生产效率的指标——净能值产出率（总产出能值与辅助能值的比）是 2.43，说明系统的农业生产效率是比较高的。这是因为系统投入了比重相对较高的不可更新资源能值，一方面化肥投入比重大，另一方面由于主要是平原区，机械化程度也相对较高。这说明该生态系统的经济增长模式仍是一个建立在资源消耗和环境污染基础上的粗放型经济增长模式。

值得说明的是，由于资料收集的难度大，本书假定：农业生态系统所排放的废弃物一般为人、畜的粪、尿及其他有机物垃圾，而这些废弃物基本上可作为农田、耕地和林地的有机肥料，在生态系统中能实现循环利用，不会造成环境资源的耗减，故在核算绿色 GDP 的过程中，这一部分价值对其传统 GDP 的影响可以忽略。实际上，在洞庭湖区农业生态系统中，废弃物对环境的影响是客观存在的。

8.5 小结

洞庭湖区农业生态系统能值产出效率较高，但与国内其他湖区相比，农业总产出和主要农产品的增长速度都处于劣势地位。本书认为，主要原因是洞庭湖区种植业比例太高，而这一产业总体价格水平相对偏低，因此，农业产业结构有待优化。

尽管从 2007 年起，随着国家退耕还林政策的实施，水土流失有较大程度的缓解，但洞庭湖区仍然存在较为严重的水土流失问题。这一方面影响了渔业生产，另一方面破坏了湖区的生物多样性。湖区农业的发展对不可更新的工业辅助能值投入有很大依赖性，石油农业的烙印十分明显，在农业生产过程中，资源消耗的比重大。有机农业可持续发展水平并不高。

在农业生产过程中，化肥、农药、农膜等的能值投入水平比湖南省的平均水平高，而由于这些物质的吸收率不高，给湖区地下水造成了较为严重的污染，导致湖区地下水的富营养化。另外，规模养殖也给湖区造成了较严重的环境污染。

洞庭湖区农业产出扣除环境损失成本和资源耗减成本后，该区域农业生态系统绿色 GDP 的数值占传统 GDP 的比重仅为 36.13%，这定量说明了该区域农业可持续发展水平不高。

洞庭湖区丰衣足食的代价是对环境资源的巨大破坏，对此必须想办法加以治理。

9 提高洞庭湖区农业生态效率，实现农业绿色发展

提高生态效率实际上就是发展高效生态农业，也可以称为农业的绿色发展。

9.1 农业绿色发展与高效生态农业的内在统一

（1）绿色发展的本质

绿色发展的实质是什么？它实际上是一种经济社会发展的模式。[1] 20世纪 90 年代以来，整个人类社会开始了一次大的转型，即发展模式的转型。在此之前，人类在推进工业化和城市化的过程中，没太把绿色、低碳问题作为一个约束条件考虑，该怎么发展就怎么发展，该怎么排放就怎么排放，根本没有把二氧化碳排放作为一个约束条件。自从《京都议定书》签订以来，全人类开始把低碳和绿色作为人类必须要走的一种新的模式、新的道路。所以，它本质上是一种模式。这种新的模式意味着在我们原来的发展轨道上增加了一个约束条件，这个约束条件就是二氧化碳的排放量控制，这使得二氧化碳的排放权成为稀缺资源。原来二氧化碳想怎么排就怎么排，现在按照《京都议定书》，只允许排那么多。据预测，至 2050 年，地球温度升高应控制在 2 度以内，由此测算出全人类二氧化碳的排放量，这就是二氧化碳排放量的总量控制。在这个总量中分给中国多少，就是中国至 2050 年二氧化碳的排放权。因此，中国的发展就只能在这么一个约束条件下进行，原来所谓的黑色发展模式必须转变为绿色发展模式。所

---

[1] 何党生："绿色发展思路与对策"，载中国改革论坛网，2013 年 5 月 2 日。

以，绿色发展从本质上讲是一种模式。

（2）绿色发展的特征

绿色发展既包括绿色，也包括发展，具有双重含义。以前强调"三低"（低消耗、低排放、低污染），这充其量只能说是绿色，还不能叫绿色发展。绿色发展不仅包含"三低"，还包括"三高"。这三高就是"高效率、高效益、高循环"。高效率才能节约资源；虽然是绿色、低碳，但效益下降了也是不可持续的，所以要有高效益；高循环是绿色发展的主要形式。只有"三低"、"三高"放在一起，才能完整地叫绿色发展，简单而言，可以叫作"高效生态"。因此，农业的绿色发展和高效生态农业的含义应该是统一的。

（3）绿色发展的核心

绿色发展的核心是什么？提高碳生产力。碳生产力的计算公式，分母为二氧化碳排放量，分子为 GDP 或其他，如国民收入。这个公式是绿色发展的本质概括。提高分子值就是要发展，降低分母值就是要绿色（或低碳），所以绿色发展的核心就是提高碳生产力。农业要实现绿色发展，一方面就是要提高农业生产效率，在能值指标体系中就是要提高能值产出率；另一方面是生态化生产，就是充分利用可更新环境资源能值，减少不可更新辅助工业能值的比重，低消耗，低成本，循环生产。概括地讲，绿色发展一方面讲究高效率，另一方面其发展方式是生态化的，高效生态是绿色发展的本质特征。

本书认为：洞庭湖平原区是整个湖南省乃至全国的重要粮食生产基地，该区域的能值产出率较高，但环境负载率也较高。这说明洞庭湖区农业生产的特点是：在具有高效率的同时，伴随着高能耗、高污染、高环境负载压力。因此，笔者认为，该地区当前的主要任务是实现经济转型，由原来的黑色发展方式向绿色发展方式转变，由"高效率、高能耗、高污染的黑色农业"向"高效率、低能耗、低污染的绿色生态农业"转变。

9.2 洞庭湖区发展高效生态农业的战略与思路

面对洞庭湖区农业面临的新问题、挑战和机遇，本书认为必须改变以前年度"什么来钱种什么"的指导思想，必须将资源与环境当作真正的约束条件来改变农业生产模式和经营模式，一方面要增加农民收入、提高劳动生产率，另一方面要做到资源节约、环境友好，全面推进高效生态农业发展模式。

9.2.1 高效生态农业的内涵、特点和功能

"生态农业"（Ecological Agriculture）一词最初是由美国土壤学家W. Albreehe 于 1970 年提出的。1981 年，英国农业学家 M. Worthington 将生态农业定义为"生态上能自我维持，经济上有生命力，在环境、伦理和审美方面可接受的农业"。1982 年，我国农业学家许立新教授提出了"实现农业发展目标，必须控制人口增长，合理利用自然资源，保护良好的生态环境"，走一条生态农业发展之路的设想。生态农业具有综合性、多样性、高效性、持续性等特点，将是我们未来农业发展的方向，是实现农业高产、优质、高效与可持续发展目标的重要保证。[1] 高效生态农业就是在这一基础上提出来的。

（1）高效生态农业的内涵[2]

生态农业是指在环境与经济协调发展思想的指导下，按照农业生态系统内物种共生、物质循环能量多层次利用的生态学原理，因地制宜，将现代科学技术与传统农业技术相结合，发挥地区资源优势，依据经济发展水平及"整体、协调、循环、再生"原则，全面规划，合理组织农业生产，实现农业高产、优质、高效、持续发展，达到生态和经济两个系统的良性循环和"三个效益"的统一。高效生态农业是集约化经营与生态化生产有机耦合的现代农业。它是以绿色消费需求为导向，以理念创新、结构创新、科技创新、体制创新为动力，以提高农业市场竞争力和可持续发展能力为核心，具有经济高效、产品安全、资源节约、环境友好、技术密集、人力资源优势得到充分发挥等特点的农业发展模式，是一条新型的农业现代化之路。

---

[1] 吴艳文、漆晗东："论生态农业在西部大开发中的作用及其开发途径"，载《农村经济》2004 年第 3 期。

[2] 顾益康等："浙江发展高效农业的战略思考"，载《浙江农业科学》2008 年第 2 期。

经济高效：指的是发挥了农业主导产业的比较优势，农业生产与经营的集约化程度高，农业的功能多，农业的产业链长，农产品的附加值高等。

产品安全：指的是农产品的生产以绿色消费为导向，具有从农田到餐桌全过程的农产品质量安全保障体系，在市场上具有明显竞争力。

资源节约：从当地实际出发，农业生产经营注重资源节约使用、循环利用和综合开发，农业生产的资源消耗水平低。

环境友好：农业标准化清洁生产比例高，农业污染治理能力强，农业生态环境较好。

技术密集：科技进步是农业增长的主动力，农产品的科技含量高和农业的科技贡献率高。

人力资源优势得到充分发挥：精耕细作具有一定比例，农业劳动者的科技文化素质高，劳动密集型与技术密集型产业有机结合，相得益彰，农业就业增收的潜力大，科技进步与劳动力素质对农业产业的贡献率较高，符合我国农村人多地少的国情。

（2）高效生态农业的特点

① 综合性。我国高效生态农业强调以大农业为出发点，按"整体、协调、循环、再生"的原则全面规划，强调发挥农业生态系统的整体功能；强调农业结构的优化，农、林、牧、副、渔业综合发展，农村一、二、三产业相得益彰。

② 多样性。我国各地自然条件、资源基础、经济和社会发展水平差异较大，因此，强调生态农业要结合区域发展的实际情况，充分发挥区位优势，可吸收我国传统农业精华，也可结合现代农业科学技术，以多生态模式、生态工程和多种技术类型装备农业生产。

③ 持续性。发展高效生态农业一方面能满足人们对农产品日益增长的需要，促进区域经济发展；另一方面能够保护和改善生态环境，防止污染，维护生态平衡，从而提高整个生态系统的稳定性和持续性，增强农业发展的后劲。

（3）高效生态农业的主要功能❶

① 经济功能。高效生态农业能否成为现代农业的主导模式，关键在于与其他农业类型相比是否具有更强的比较经济利益，是否具有更强的使农民致富的能力。这就是它的首要功能，即经济功能，具体包括：

一是产品功能，即向国内外市场提供优质、安全、营养的农副产品。由于高效生态农业追求高效益、高附加值，其提供的农副产品不仅能满足居民基本生存需求，还能满足居民对新鲜、优质、安全、多品种、反季节的绿色食品以及对深加工农产品等方面的需求；而且，通过与其他产业的结合，还能生产出诸如清洁能源、医用农业疫苗等新产品，进一步扩大农产品的范畴。

二是收入功能，即提供就业，取得产业平均利润。高效生态农业生产经营方式多样，尤其是通过规模化、产业化、市场化经营，能够发展壮大农业产前、产中、产后环节，拓展农业生产经营的范围，进而取得产业平均利润，使农业从业人员与社会投资不断增加、经营主体日益多元化。

三是吸纳功能，即吸纳社会资金。随着生产力水平与资金回报率的不断提高，高效生态农业将作为一项发达的现代产业，成为吸引社会资金的主导部门，农业将不再是昔日由农民个体经营的、需要补贴的、日益萎缩的产业，而是一项新兴的"朝阳产业"，或者说"永不过时的夕阳产业"。

② 社会功能。高效生态农业在传承传统文明、增进社会福利、满足人们对精神生活的需求等方面也发挥着重要功能，具体包括：

一是休闲旅游功能。"农家乐"、"农业旅游"、"农业公园"等农业经营模式为都市居民提供了休闲、娱乐、旅游的新场所和新方式，满足了人们更高层次的精神娱乐需求，农业功能更加拓宽。

二是教育文化功能，传承文明，增强科学与环境意识。通过农家乐等途径，对青少年进行农技、农情、农俗和科普宣传教育，使其亲身感受人类应如何与自然和谐相处，这将增进人们对大自然的了解和热爱，促进人

---

❶ 邓启明："基于循环经济的浙江现代农业研究：高效生态农业的机理模式选择与政策管理"，浙江工商大学 2007 年硕士论文。

类文明向更高层次的生态文明发展演化。农业中特有的风俗、文明也将随高效生态农业的发展得以延续。

三是示范辐射功能，带动乡村社区建设和生活质量提高。高效生态农业是农业经济结构战略性调整的先行者，高效生态农业将现代科学技术、先进管理方法等逐步向传统或现代常规农业辐射，有利于开辟农业与农村经济新的增长点，推动区域经济发展；同时，通过提供新增就业与收入机会，还可以减轻农村大量剩余劳动力转移的巨大压力及社会失业震荡，推进城乡统筹发展，维持社会稳定。

③ 生态功能。高效生态农业还具有显著的维护生态平衡、保护生物多样性等生态功能，具体包括：净化空气，调节气候；涵养水源，净化水体与土壤；减弱噪音，改善人类生理、心理状况。比如，通过农作物的光合作用吸碳放氧、吸滞粉尘以及减少空气含菌量，以达到净化空气的目的，其成本要比工业制氧低很多，且不会对环境造成破坏，还能节约能源和资源。高效生态农业努力寻求生产发展、经济增长与资源环境保护的协调、同步，宜农则农，宜林则林，宜牧则牧，能够突破资源与环境瓶颈的约束，实现农业生产经营的生态化、产业化、市场化，提高农业抵御市场风险、自然灾害风险及环境风险的能力，使农业发展不仅满足当代人发展的需要，也能满足后代人发展的需要，实现农业和农村经济的可持续发展。心理学证明，现代人烦躁不安、神经衰弱等疾病与缺乏农业和绿地的都市环境有关。

9.2.2 洞庭湖区域发展高效生态农业的重大意义

（1）促进洞庭湖区域农业增效、农民增收[1]

洞庭湖区域人口密度大，水土流失现象严重，人均耕地资源不到0.8亩，人地关系十分紧张，基本农业资源稀缺程度日益增大；并且近几年来，农业成本加大，严重影响了农业的长远发展。由于能源的大量消耗和商业能源的高投入，湖区农业日益依赖现代工业和石化能源。而作为不可再生的石化能源，其储量的有限性和开发难度及生产的大量投入，使农业

---

[1] 李劲夫："高效、生态——洞庭湖区现代农业发展的战略选择"，载《2011洞庭湖发展论坛文集》2011年版。

生产在很大程度上受到能源紧缺和能源价格上涨的影响。

在此条件下，洞庭湖要实现"农业增效、农民增收"的目标，如果坚持走传统资源环境消耗型农业发展的老路，显然毫无希望，必须探索出一条"资源节约和环境友好"的农业发展新路，通过农业自身功能的增强、产业链的延伸和经济增长方式的转变来提高农业资源投入产出率。也就是说，洞庭湖区域紧缺的农业资源状况迫切需要有新的农业生产方式与之相适应。而高效生态农业是一种低投入、多循环、高技术、高效益的新型农业生产方武，符合现代农业发展的基本规律和要求，在降低农业生产成本、提高农产品品质、增强农产品市场竞争力等方面具有积极意义。从这个意义来看，高效生态农业这种新型农业增长方式最能满足湖区农业发展的内在需求，最有利于破解资源不足的难题，对于湖区"农业增效和农民增收"必将起到重要而独特的作用。

（2）是洞庭湖区域农业可持续发展的实现途径

近年来，洞庭湖区域农业机械的推广较为普及，农药和化肥的施用量迅速增多，与之相伴而来的是农业污染的不断加剧和农业生态环境的不断恶化，主要表现为：

① 植被破坏，湖区农业生态环境状况十分令人担忧。垦荒殖稼使植被破坏，围湖造田和扩大养殖工程及泥沙淤积不断侵占湖水面积，素有"八百里洞庭"之称的洞庭湖，面积由 1949 年的 4340 平方公里减少到 1998 年的 2691 平方公里，平均每年减少 32.98 平方公里。按此推算，100 年后整个湖泊将夷为平地。

② 物种减少，严重影响生态平衡。高产农业使种植过分集中在少数几种农作物的高产品种上，造成种质狭窄；而森林和湖泊面积减少又使野生动植物栖身之地减少了；化肥、农药的残毒不仅影响人畜健康，而且使大批害虫的天敌和有益生物逐年减少乃至灭绝，由此导致农药的过度使用，使水稻等农产品受到污染。

③ 农田中大量有机肥料的减少和化肥的增施引起土壤板结，土壤肥力下降，使土地质量下降。整体而言，土壤有机质含量不高，中低产田较多。不仅如此，而且氮肥的大量施用导致在农田和饮水中残留过量的亚硝酸盐沉积，对人畜造成严重影响。

④ 农膜的大量使用致使土壤中地膜的残留量增加，造成蔬菜等农作物减产；秸秆焚烧，导致大气污染；大量规模化养殖场的畜禽粪便未经处理就直接排放，成为湖区污染的主要来源。

另外，湖区自然灾害频繁发生，地处湖区的岳阳、益阳、常德等地区，江河沿线上通、下堵、中淤，特别是东洞庭湖区，高水位、危水位、上涨快，下泄慢，洪涝灾害频繁。自 1996 年以来，4 次大的洪涝灾害造成直接经济损失近 400 亿元。此外，每年风灾时有发生。

这种令人忧虑的生态环境迫使洞庭湖区域农业增长方式必须尽快实现从粗放经营到集约经营、从不可持续到可持续发展的转变。因此，只有发展高效生态农业，才能提高土地利用率，做到用地与养地相结合，提高土壤肥力，使农、林、牧、副、渔业得到全面发展，保护和增值自然资源，加速物质循环和能量转化，促进生态平衡。

（3）推进洞庭湖区域社会主义新农村建设

洞庭湖区域要实现社会主义新农村建设的目标，发展高效生态农业既是着力点，也是突破口。发展高效生态农业可以对农村各种生产要素进行统筹安排、综合开发和再生利用，从而产生显著的经济效益、社会效益和生态效益，不断提高洞庭湖区域农业生产过程中各种资源的生产率和农业综合生产能力；可以延长农业及相关产业的产业链，通过正确处理人口、资源与环境及生产、生态之间的关系，建立合理的生产结构，使资源得到多层次利用，促进农村经济的健康发展；可以让农民树立循环经济新理念，让农民自觉按照循环经济"减量化、再利用、资源化"的原则去生产生活，不断改变传统乡风的不文明现象；可以使农村从保护环境的角度充分考虑"再利用"、"资源化"的原则，尽可能利用废沟废塘，改造和整治农户院落排放系统，搞好房前屋后绿化，全面整治湖区卫生环境，循环利用废弃物。因此，积极发展高效生态农业，以更少的资源消耗、更低的环境污染实现有限农业资源的利用，是洞庭湖区域建设社会主义新农村的重要方式。

9.2.3 国外高效生态农业综述及成功经验

（1）德国赫尔曼斯多尔夫养殖场生态农业案例❶

第二次世界大战之后，随着生产日益国际化和新技术革命的发展，德国政府对发展生态农业、提高农牧产品的品质越来越重视。政府不断采取措施，加强对农业生态环境的保护，对生态农业实行了财政补贴政策。资料表明：德国有3%以上的农场属于生态农场或有机农场。这些农场的土地每年可获得450马克/公顷的资金补贴。此外，德国各地还建立了生态农业协会、生物农业协会和有机农业活动联盟。为了带动生态农业技术的发展，联邦政府还扶持建立了一批生态农业示范基地，赫尔曼斯多尔夫养殖场就是一个比较成功的案例。

① 赫尔曼斯多尔夫生态养殖场概况：赫尔曼斯多尔夫养殖场距汉诺威市仅8公里，占地115公顷，属股份制企业。该农场于2002年11月开始建设，共投资2200万马克，其中国家补贴400万马克，银行贷款800万马克，其余资金自筹。养殖场养殖奶牛50头、猪560头和蛋鸡2000只，有建筑面积近2000平方米的经营（销售、加工）门市部和技术培训部。经营门市部设有酒店、面包房、自选市场和接待室。技术培训部也有专门的一幢楼，可供50人住宿、就餐和授课。

② 生态养殖场的特点：从牛舍、猪舍、鸡舍的建设，机械设备的配备，饲料加工，到能源供应，废弃物处理和废水净化等，赫尔曼斯多尔夫养殖场均按照生态平衡和环境优化的原则进行了精心的设计和规划，其特点如下。

a. 环境的美化和优化：为了营造美观舒适的环境，该养殖场规划建设了多种兼有实用性和观赏性的场所。如，建有植物园，园中种植花卉、草坪、林木和农作物；修建了水池，水池周围还修建了石柱、环池走廊等；建造了风车、多种古代畜力车模型及象征攀登意义的人工土山等。

b. 自然型的饲养方式：与目前的工业化养殖场不同，该养殖场首先考虑的是采用接近自然方式的饲养方法，以保证畜产品的品质和质量。例

---

❶ 石旭："我国高效生态农业发展模式探索"，西北农林科技大学2008年硕士学位论文。

如：猪舍、鸡舍、牛舍的建设大量采用木质建筑材料，空间宽敞，给养殖的动物提供了充分的活动场所。鸡舍饲养密度为6只/舍，而且还建有活动场地，采取了类似于散养的方式，使鸡在接近野外的环境里自由活动和采食。

c. 合理利用可再生资源：养殖场收集、贮存雨水用来冲洗牲畜的粪便；还将小麦秸秆铺放在圈舍，一方面给养殖的畜禽提供温暖和接近自然的地面条件，另一方面秸秆经畜禽踩踏、粪便浸泡后可沤制成有机肥料。养殖场建有沼气池，定期将圈内粪便、秸秆添加到沼气池，产生的沼气被输送到养殖场附近的居民家中作为生活能源，残余物则作为有机肥施入农田，以补充土壤的养分。

d. 废水的生物净化处理：为了消除废水对地下水源产生的污染，该养殖场还建立了生物净化水处理设施，具体做法是挖制人工池塘，池塘种有芦苇等水生植物，将废水排入池塘，通过塘内的生物使废水得到净化处理，再渗入地下。为了保证净化水的质量，其专门成立了水质化验检测机构，定时对废水水质进行测量、化验和分析，为废水处理提供科学依据。

德国发展生态农业的目的是改善现有农牧业产品的品种结构，以绿色食品、有机食品替代传统食品，保护人类生存的自然环境。生态农业产品的产量低，价格相对较高，但销售情况不错，大多数生态农业企业均取得了较好的经营效果。

(2) 瑞典伦德贝格生态农场案例

在瑞典首都斯德哥尔摩郊区，伦德贝格先生计划把自己的农场建设成一个生态农场，并接受了瑞典农业科学有关生态农业知识的培训。瑞典不同于中国，它地广人稀，气候条件并不十分优越，近半个多世纪以来，瑞典的农业结构发生了显著变化，农业人口逐渐向工业和第三产业转变，而农场规模不断扩大。目前大约有12万人从事农业生产，家庭的混合农业生产比较普遍。伦德贝格农场便是一个典型，它主要经营粮食种植，也进行畜牧业生产。以前，为了提高农产品产量，伦德贝格接受培训的内容是使用化肥、生长剂或制造人工饲料方面的知识，当时这些知识也确实帮助他走上致富之路。但近年来，疯牛病、口蹄疫在欧洲蔓延，禽流感对瑞典的威胁也在与日俱增，再加上杀虫剂等化学制剂的过量使用，粮食和蔬菜的安全越来越受到人们关注。有研究表明，这些问题产生的主要原因是违背自然规律的喂养及种植方式对家畜、家禽、农作物以及环境造成了损害。因此，那些在"传统"体制下生产出来的产品正受到人们的抵制。面对这种情况，瑞典人一直在思考农业今后该如何发展。瑞典农业科技大学是瑞典知名的高等学府之一。学校针对瑞典农场主开展了系统的生态农业培训，帮助他们找到今后发展的出路。1997年，该校成立了"可持续发展农业中心"，聘请了涉及种植业、畜牧业及环境保护领域的学者，对生态农业这一跨学科问题进行综合研究，并提出长期规划和具体的技术方案。目前瑞典发展生态农业的地区仅占全国总耕地面积的1/5左右，为鼓励生态农业的发展，学校还在全国很多地方建立了技术示范推广基地，为农民提供培训和咨询服务，费用主要由国家提供，所有农业从业人员均可轮流入学。

很多来"生态农业发展中心"参加培训的农民，在开始时都相信生态农业可以促进人类健康、保护环境，但对能否帮助他们更加富裕表示怀疑。除了传授知识之外，令农业专家约翰逊教授最费口舌的就是如何向农民解释这一问题。他说，很多农民只注意到生态农业成本高的一面，却没有看到这一产业巨大的市场潜力。就食品而言，当"数量"不再是问题时，"质量"就会成为引导市场的主要因素，特别是疯牛病等疫情在近年先后爆发，造成了人们对食品安全的恐慌。在这种情况下，能够保证质量的生态农产品虽然只占据食品的高端市场，但在不久的将来，这种产品一定会抢占食品的"主流"市场。现在，有越来越多像伦德贝格这样的瑞典农民参加了生态农业知识的培训。伦德贝格说，参加培训不仅学到了施用有机肥、种植绿肥、作物轮作、生物防治等技术来发展生态农业，也对市场有了新认识。他曾亲自到斯德哥尔摩的大型超市里做过调查，发现多数瑞典人为了健康和环保，愿意出高价去购买生态产品，虽然生态产品的价格比普通产品高20%～30%，最贵的要高出一倍，但市场销路依然很好，有统计显示，这类产品在瑞典的年销售额已超过10亿瑞典克朗（约合1.29亿美元），并且仍会有很大的上升空间。这使伦德贝格更加坚定了建设生态农场的信心。他说："今后在这里不仅会品尝到最健康、最环保的食品，也会看到更加美丽、更加富裕的农场。"

（3）国外高效生态农业发展的经验

20 世纪三四十年代，生态农业在瑞士、英国、日本等国出现。至 2010 年止，世界上实行生态管理的农业用地约为 1055 万公顷。其中，澳大利亚为 529 万公顷，占世界总生态用地面积的 50%；其次是意大利和美国，分别为 95 万公顷和 90 万公顷。短短几十年时间，生态农业缘何能在这些国家取得突出成果？以下几个方面的经验值得关注。

① 完善的法律体系是生态农业迅速发展的基础。1983 年美国制定了有机农业法规，对有机农业进行界定，并要求所有农药都必须在联邦农业部登记，在使用的州注册，使用者必须经过培训合格方可领证。1985 年美国依据《土壤保护法》，对占全美耕地 24% 的"易发生水土流失地"实行 10～15 年休耕，休耕还林、还草的农户可从政府拿到补助金。1990 年美国政府制定了《有机食品生产法》，成立了国家"有机标准委员会"。1991 年，美国在原来《有机食品生产法》的基础上制定了《有机食品证书管理法》。欧共体于 1988 年规定，为控制生产和保护环境，实行 20% 的农地不耕作，对恢复自然植被的农户损失进行直接补偿。瑞典政府早在 1969 年就制定了环境保护法规，在此基础上，1999 年颁布了一部完整的《农业保护法》，把对农药、化肥、水等的使用上升到法律高度。德国的农业有一套较完善的法律、法规，一般农产品种植必须遵循 7 项法律法规，即《种子法和物种保护法》、《肥料使用法》、《自然资源保护法》、《土地资源保护法》、《植物保护法》、《垃圾处理法》、《水资源管理条例》。英国在 20 世纪 90 年代初制定的《控制公害法》将污染物流入水中视为犯罪，实行严格的"污染者负担"制度。

② 强有力的财政支持是生态农业迅速壮大的前提。针对生态农产品的公共性特点，一些国家政府提供了强有力的财政支持。在德国，政府对生态农业的扶持有三大方面：一是对生产的扶持。在生态农业的范围内，转型企业每公顷农田和绿草地可得到 300 马克的补贴；在蔬菜栽培的土地上，转型中的生产实体每公顷可得到 700 马克的补贴。二是对营销的扶持。德国为帮助其生态农业尽快实现产业化，启动了"有机农业联邦计划"，动用 7000 万欧元作为专项基金，用于生态农业的宣传、信息服务、职业培训、科技研究与推广。三是对生产合作社的扶持。启动扶持补贴用于"生

态生产者合作社"，最高可达建立"生态生产者合作社"费用的50%。在美国，据其农业部测算，2002—2011年，政府补贴农业的资金为1900亿美元，比1996年《农业法》预算增加了约830亿美元，平均每年增加190亿美元。日本农林水产省规定，对审查合格的环保型农户，银行可以提供额度不等的无息贷款，贷款时间最长可达12年。奥地利于1995年开始实施支持有机农业发展的特别项目，国家提供专门资金鼓励和帮助农场主向有机农业转变。

③雄厚的科技实力是生态农业持续发展的坚强后盾。澳大利亚拥有完善的农业科研与应用推广体系。联邦科学与产业研究院主要从事农牧业基础理论研究；联邦及各州农林渔业部的研究和推广机构主要从事农牧业科研成果的开发应用；高等院校则主要从事面向市场的科研合作，推进生态农业实用技术产业化。以色列每年用于农业科研开发的投资占国民生产总值的3%，用于教育的资金投入比重占GNP的9%。日本在生态农业研究方面则体现出特有的整合性和系统性。如，早稻田大学针对生态农业，从社会学上的人与自然、人与食品系统等方面，开展不间断的从理论到实践的研究，为政府决策管理提供科学依据。中央农业综合研究中心近30年来一直获得政府的立项支持，该机构先后与国际国内就生态农业建设中的生态环境保全、农产品安全等重大技术课题开展协作研究，并取得了较好成效。德国政府每年拨款5000万马克用于"工业作物"的研究和开发，并成立了生物原料和生物能源研究中心，专门负责这方面的科研，以及促进和协调全国"工业作物"的种植和新技术、新工艺的推广。

④配套的标准体系是确保生态农产品质量的必要关口。为保证生态农产品的质量和安全，美国认证机构制定了有机农产品标准：土地上的有机农作物在认证前，必须停止使用禁用物质3年，同时在执行有机栽培时是符合有机计划的；申请发照的生产经营者，必须向认证机构递交一份有机农作物生产计划；从事生产的农民需要记录所有栽培过程，并保持该记录5年。德国根据《欧洲有机法案》制定了有机食品的统一标准，对有机食品的生产过程、各种生产资料的使用、原料的使用、单位畜禽的最小饲养面积、单位面积上的畜禽数量、监控操作程序、登记和标签内容等均作出了规定。以欧盟标准为范本，日本于2000年4月制定了有机农业标准，并

出台了有机农产品加工标准。

9.2.4 洞庭湖区高效生态农业的 SWOT 分析

SWOT 分析原来是指企业在进行发展战略选择时，通过对企业内部的优劣势和外部环境的机会与威胁进行综合分析，对备选的战略方案作出系统的评价。这里借用 SWOT 分析法，对洞庭湖区发展高效生态农业的战略环境进行简要分析。

（1）战略优势方面

经过近年来农业结构的战略性调整，洞庭湖区已初步具备加速推进高效生态农业发展与普及的有利条件。具体表现❶在以下几方面。

① 各种主体参与发展高效生态农业的积极性有所提高。近年来，随着人们环保意识的增强，湖区各级政府陆续出台了发展生态农业的优惠政策；企业基本上实现了由被动到主动减少废弃物排放的转变，彻底关闭了一大批小造纸厂等污染源；广大农户都积极加入沼气工程建设和乡村清洁工程建设，自觉加入创建生态农业示范区活动。据调查，2011 年湖区 99.5% 的农户表示支持政府推行沼气工程、乡村清洁工程、生态示范工程建设，66.7% 的农户参与到相关工程的建设当中，近 70% 的农户采取还田肥地、制作沼气等方式将畜禽粪便循环利用起来。这些情况表明，在洞庭湖区域，无论是政府、企业还是居民的生态保护意识都普遍有所增强，参与发展高效生态农业的积极性正在逐步提高。

② 不同类型的高效生态农业发展模式初步形成。据调查，洞庭湖区域内初步形成了双孢菇种养结合模式、农产品加工产业链耦合模式以及生态家园模式。其中，尤以沼气为纽带的农业种养结合模式最为普遍，基本形成了"山上种果、地里种菜、田里种粮、水面养鱼、库旁喂猪、院里建沼气池"的农业循环体系。如，岳阳市君山区 20 个村就有 18 个村建设了沼气池，参与农户达到 72%。其他高效生态农业发展模式也逐步出现并完善。

③ 农业增长方式开始转变。近年来，洞庭湖区域的岳阳、益阳、常德

---

❶ 李劲夫："高效、生态—洞庭湖区域现代农业发展的战略选择"，载《洞庭湖发展论坛文集》2011 年版。

三市积极推广"猪沼果"和"鱼菜稻"等多种复合型农业模式，变传统的"农业资源—农业产品—农业废弃物"的单向线型经济为"农业资源—农业产品—农业再生资源"的循环经济形式，初步实现了农业增长方式由粗放型向集约型的转变。与2006年相比，2010年湖区绿色食品产量增长10倍，产值增长11倍，出口额增长5倍，各类农业生态示范园区增加15个，这充分反映出洞庭湖区域农业生产方式已发生较大程度的转变。

④农业资源的利用效率有较大程度的提高。农业产业链与价值链之间的高水平循环是高效生态农业追求的一个重要目标。近年来，洞庭湖区域各地通过推动"初加工与深加工和上游产业与下游产业"的充分结合，不断延伸农业产业链，运用级次方式实现农业资源利用的多级化和高效率，在丰富农业产业内涵的过程中增加了农业效益。如，岳阳正虹凤凰山自动化养殖场内污水全部为暗管排放，经污水车间集中后，通过固液分离等一系列工艺流程，最终都变废为宝，生产沼气供生产生活之用，粪渣生产有机肥用于农业生产，余水达国家二级排放标准后排入排水通道。

⑤ 洞庭湖区域发展高效生态农业具有明显的区位优势：

一是良好的自然条件，气候适宜。洞庭湖区域属中亚热带季风性湿润气候，湖区年均温度16.4℃～17℃，无霜期258～275天，年降水量1100～1400毫米，特别适合农作物生长。二是农产品资源丰富。洞庭湖区地势平坦，土壤肥沃，气候温和，水量充沛，发展生产条件优越，成为我国以粮食生产为主，兼有多种农产品资源的生产基地，这些资源是发展食品业、造纸业、纺织业、油脂业、养殖业和新型生物产业的优势资源。三是农村劳动力资源丰富。据调查，目前，岳阳、益阳、常德三市还有150万剩余农村劳动力，可以大力发展劳动密集型产业。四是物流畅通。洞庭湖区域水陆交通便利，有利于吸引人流、物流、资金流等多种要素，这种生产要素的"洼地"可以形成推进农业产业化、促进高效生态农业发展的"高地"。

⑥ 具有良好的发展基础，防洪抗灾能力明显增强。经过近几年的综合治理，洞庭湖区重点堤垸抗洪能力有较大提高。通过平垸行洪移民建镇，洞庭湖调蓄洪水的能力也有较大增强。同时，环境保护取得明显效果。在全省开展的洞庭湖治理活动中，环洞庭湖关闭了一批小型造纸厂，污染问

题得到较好的整治。

（2）战略劣势（Weekness）方面❶

改革开放以来，洞庭湖区农业取得重大发展，为全国农产品市场的稳定特别是粮食安全作出了重要贡献。然而湖区农业生产的现状还不能完全与其拥有的资源优势相称。从全国范围考察，洞庭湖区的农业发展已显示出缓慢态势：与同处长江中下游的江汉平原、鄱阳湖区和太湖地区相比较，农业总产出由原来的第二位下降到最后一位，主要农产品的增长速度也大多慢于其他三个地区。

其主要问题如下：

① 农业内部结构不合理。洞庭湖区农业长期以种植业为主，林业、畜牧业、副业、渔业被忽视；种植业中又以粮食作物占绝大比重，经济作物种植、多种经营的优势未能得到充分发挥。

② 农产品初级产品多，优良率低。洞庭湖区是湖南省乃至全国的重要农产品生产基地，然而从总体来看，其农产品品种结构单一，优良率低，大部分粮食是水稻，水产品以"四大家鱼"为主，缺乏优、新、特品种。珍珠养殖等新型水产品生产虽然已开始发展，但没有形成规模，尚不能为大规模加工提供充足的原料。

③ 名牌产品少，缺乏竞争力。洞庭湖区的农产品品牌不少，如益阳的"辣妹子"、"油中王"、"粒粒晶"，岳阳的"义丰祥"、"加华"、"正虹"，常德的"金健米业"、"洞庭水殖"等。然而这些品牌虽然在省内有了一定的影响，但在全国的影响力还不是很大，市场竞争力不够强，产业带动力有限。另外，湖区绿色食品比率低也是导致农产品缺乏竞争力的一个原因，目前洞庭湖区达到国际标准的绿色食品只占10%。

④ 农产品加工转化率不高。洞庭湖区近万家农产品加工企业平均资产仅30多万元，普遍规模较小，技术水平落后，加工和销售能力有限，这制约了农产品的转化增值，导致湖区农产品商品率低、产业化程度不高，影响了农业经济效益和农民收入的提高。

⑤ 农业专业组织化程度低。目前洞庭湖区内"公司＋农户"的产销

---

❶ 刘茂松："洞庭湖区农业现代化战略研究"，载《洞庭湖发展论坛文集》2011年版。

一体化组织、农民合作经济组织普及率低，大多数农户仍处于分散的小规模家庭经营状态，参加农村经济合作组织的农户不到 1/10，与龙头企业有直接联系的农户不到 20%，真正的订单农业不到 30%，大量分散的农户仍然游离在"合作化"大门之外，独自承担生产和市场的风险。而单个农户由于缺乏农产品市场信息和先进的生产技术，盲目生产低水平、市场过剩的产品，生产和销售脱节，农业产业化发展严重滞后。

⑥ 劳动力素质低。洞庭湖区乡村从业人员 600 多万人，其中，初中文化程度以下的占多数，有一技之长或文化素质较高者大都外出务工、经商。没有外出的这部分农民年龄相对较大，文化素质偏低，吸收新技术、获取新信息的能力不强，这在一定程度上制约了新的栽培、养殖技术和新的农产品加工技术的推广应用，也难以把握农产品产销的大致趋势，导致农产品生产经常因市场误导而出现区域性、结构性、季节性过剩，不仅影响了农民的经济效益，也造成生产资料及劳动力资源的浪费。

（3）战略机会（Oportunities）方面❶

① 时代机遇。从先行的工业化国家和新兴的工业化国家来看，现代农业都是在工业化中期开始推进的，目前，湖区三市人均 GDP 超过 3000 美元，已经跨入中等收入地区行列；从三大产业的结构来看，其基本上进入了工业化的中期发展阶段，此时大力发展现代农业，条件具备，恰逢其时。同时，粮、棉、油等农产品作为资源约束型产品，正在成为战略性资源，全球市场价格将保持持续上升态势。

② 政策机遇。近年来，国家和省里为加速现代农业发展，出台了一系列含金量很高的政策措施。比如，21 世纪以来连续出台了九份中央一号文件，始终把农业现代化建设作为重要内容。国家农业部出台了创建国家级现代农业示范区的意见，省委、省政府加快推进"四化两型"建设，"农业现代化"就是"四化"之一。

③ 市场机遇。现在我们正处在工业化、城镇化加速推进时期，城镇人口继续扩大，生活水平不断提高，这不仅会带来农产品质和量需求的增长，而且将带动生态观光型、休闲体验型农业的发展，加速第一产业与第

---

❶ 陈文浩："发挥绿色优势　推进互利合作，加快建设洞庭湖现代农业示范区"，载《洞庭湖发展论坛文集》2011 年版。

二、第三产业的融合，为现代农业发展创造巨大的市场需求和发展空间。

（4）战略威胁（Threats）方面

洞庭湖区发展高效生态农业主要有来自以下几个方面的制约。❶

① 思想认识的制约。洞庭湖区域农民的环保意识仍然十分有限，对发展高效生态循环农业的现实意义和深远意义总体上还处于模糊状态；区域内各级政府尽管对发展高效生态农业的重要意义有一定程度的理解，但重视程度和工作力度尚显不够，发展高效生态农业经济的氛围不浓，既缺乏发展高效生态农业的整体规划，又缺乏发展高效生态农业的协同合作；部分农业龙头企业对资源掠夺式利用的现象还没有得到完全有效的遏制，对生产过程中的原材料远没有"吃干"、"榨净"，废弃物随意排放现象依旧存在。

② 政策体制的制约。发展高效生态农业经济是一项系统工程，需要多方面的政策与法规综合配套，需要各级政府结合地方实际情况，制定法规和规章。然而洞庭湖区域各级政府囿于现有行政管理体制，至今未出台清晰具体的高效生态农业发展战略规划，也未建立和完善促进高效生态农业经济发展的评价指标体系和科学考核机制，各地之间缺乏协同配合，各种政策资源未能得到有效整合，政府对促进高效生态农业发展的推动力不足、支持不大、投入不多，对重点企业和重点项目发展高效生态农业的优惠扶持政策较少，农户和企业往往"心有余而力不足"，该办的事无法办，想办的事办不成。

③ 农业规模的制约。实施规模经营是发展高效生态农业的重要手段，没有农业生产的组织化、规模化，就不能充分挖掘农业资源的潜力。洞庭湖区域人多地少，农户生产规模超小型化，农业龙头企业规模相对较小，高效生态农业的规模经济效益无从获得，这不仅直接影响了资源的有效利用以及废弃物的资源化程度，而且增加了政府的污染监控成本和高效生态农业技术的研发推广成本。

④ 科学技术的制约。高效生态农业是以发展生物科学和生物技术为主线的科技密集型农业，是以科技为支撑、高度集约化与适度规模化相结合

---

❶ 李劲夫："高效、生态——洞庭湖区域现代农业发展的战略选择"，载《洞庭湖发展论坛文集》2011 年版。

的多元生态农业。然而高效生态农业在我国的相关科学技术储备比较薄弱，尤其是洞庭湖区域属经济欠发达地区，财力有限，各类高效生态农业技术研发推广投入捉襟见肘，当地所开展的污染治理技术、废弃物利用技术和清洁生产技术等先进适用技术远不能适应高效生态农业发展的需要。

9.2.5 洞庭湖区高效生态农业的发展模式

洞庭湖区现阶段发展高效生态农业的当务之急是设计和实施适合本地特点的高效生态农业发展模式，杨新荣（2006）❶ 曾提出适合洞庭湖区高效农业发展的几种模式，现介绍如下。

（1）种植型

它与传统种植模式的区别是最大限度地利用水平和垂直空间及时间节律对作物种植进行优化组合，使经济再生产和自然再生产高度交织，其模式主要有以下几种。

① 高产多熟种植模式。这是指在同一土地上充分利用时间节律，采用间作套种的办法，实现一年高产多熟的模式。该模式的设计是根据各种作物的生态适应和经济价值，结合当地的自然、社会经济条件进行选择和组合。按照不同作物种群对光、热、水分、养分等需要的差异以及作物上部枝叶繁茂的程度、体态与个体差异、根系分布的深浅等，将彼此互相无害的作物种类在空间层次上合理配置。如早、中、晚、熟葡萄结合，橘、梨、桃间作，果园或零星果树下间种蔬菜、豆类、饲料作物，幼林间种药材、培育食用菌等。

② 分层种植模式。这是指在地上、地下、空间三个层次上，有机利用多种植物的生活习性，合理利用光热资源，向三个层次要效益的高效生态模式。该模式主要适用于耕地面积较少的丘陵或小山丘，主要利用作物混作生产技术，即利用生物群体内不同层次生物特性的相互共生关系，分层利用自然资源，充分享用生存空间，提高生产系统光能利用率和土地生产能力，形成一个生物类别多层次、空间多分布的结构模式。如，"空中果、地面花、地茎长在花底下"便是典型实例。

---

❶ 杨新荣："洞庭湖区农业综合治理与高效生态农业发展研究"，载《科技信息》2006 年第1 期。

③ 立体种植模式。这是一种优化种植布局，合理利用高杆与矮杆相结合、耐阴作物和喜阳作物相结合、攀援作物与匍匐作物相结合、宽叶与窄叶相结合等多种生产方式，调节水、肥、气、热诸因素的相互关系，创造良好经济和生态效益的高效生态农业模式。该模式主要适用于山丘区，庭院面积大，劳动力多而经济基础不太好的农户。如，湖南省桃江县安桥乡黑石村农民孙谷新在自家土地上种了柑橘、葡萄、枇杷、桃、李等多种果树，在果树下又培育了果苗食用菌，还种了白芍、百合、茶叶。这样，在同一土地上根据果、苗、菌、茶对光照、温度、水分等资源要求的差异性实行多层次、分季节的立体种植，而且这些产品大多耐长途运输，易销售，经济效益高。

④ 绿色食品生产模式。绿色食品是一种安全、无污染、无残毒、无公害、优质、营养的食品，平原、丘陵和山区均可种植。其生产过程要求与生态环境保持和谐统一。因此，绿色食品生产必须把握两大环节，即生产环境控制和特定的生产操作技术规程的控制。在环境控制上，绿色食品生产基地要求选择在空气清新、水质纯净、自然环境良好、土壤无污染的地区，尽量选择山清水秀的农村或城市郊区，避开工业区和交通要道，以确保产品或原料产地的生态环境符合绿色食品生产的基本标准。在操作技术规程的控制上，首先是产地的灌溉水和大气及土壤必须符合国家环境质量标准，严格截断污染源（如工业"三废"排发点）。其次是在优良品种选择和壮苗培育方面，不仅要求选择抗病虫和抗逆境能力强、适应广、产量高的品种，而且还必须培养和栽培与本地方式相适应的具有优良特性的品种和壮苗。再次是施肥和病虫防治。绿色食品在施肥上要求以有机肥提高土壤肥力水平为基础，优化基肥和追肥组合，严格掌握追肥时间和追肥量，茬入豆科作物以提高土壤氮肥含量，减少矿质氮肥施用。在病虫害防治上，要在搞好栽培场地清理、消毒和改善保护地温湿环境条件的基础上，重点采用以菌防治病虫害的生物防治为主，必要时兼用高效、低毒、低害化学农药的综合防治技术。

⑤ 设施种植模式。这是利用人工设施如塑料大棚、温室和地下室等生产手段，培育早熟、无菌、无毒、鲜嫩蔬菜、水果，以获得良好的经济和生产效益的一种高效生态农业模式。塑料大棚多用于晚秋和早春生产紧缺

鲜嫩蔬菜，集约贮藏室则可以用作食用菌、豆芽等产品周年生产和旺季果菜淡季上市前的贮藏和催熟。目前一些农村兴起的塑料大棚，盖膜后种下时令蔬菜，既早熟、无菌、无害，又能使产值提高 2 倍左右，还有一些农户家里屋底下建有地下室，主要用于催熟水果和种子发芽，以提高产品的经济效益。这是目前发展高效生态农业的一条新思路。

（2）养殖型

这是一类以养殖业为主的高效生态农业模式，特点是投入少、见效快、产出高。适合洞庭湖区特点的养殖型模式主要有以下几种。

① 陆地多层集约养殖模式。这是一种充分运用立体空间，根据生物特性、饲料来源、市场需求以及农户技术经验与习惯，在一定的空间内合理配置生物种群及数量比例关系，以取得良好的经济和生态效益的高效养殖模式。该模式主要利用生物养殖技术，即根据不同区域的气温、湿度等指标，利用现代生物养殖技术来孕育、繁殖适应各区域生存环境的动物园微生物。其利用生物间"互利共生"关系，如相互防护、相互促进、互为条件，或利用生物间互容性关系，彼此互不影响，从而增加总产出。这种模式常见的有两类：一类是同一立面空间多种畜禽等分层养殖，如上层养鸽、鹌鹑，中层养兔，下层养猪；另一类是同一立面空间同种畜禽分层养殖，如室内分层养兔、分层笼养鸡等。

② 水体分层或立体养殖模式。水体养殖是目前洞庭湖区农村经济开发的高效益项目。这一模式是指在同一水体中，根据各种水禽、鱼类和各种水生生物的生活习性和取食特点的不同，实行分层养殖。其分层养殖的方式主要有多种鱼种的分层养殖，水禽与鱼分层养殖，鱼与蛙、鳖（或龟）、牛蛙混合养殖等。其中，多种鱼种的分层养殖必须了解各种鱼种的生活习性，运用它们之间在生态关系上的有利方面，在同一水体范围内合理配置不同鱼种的放养比例，层次分明，共生共存，互促互利，以有效地利用水体空间和各种天然饵料，提高放养密度，从而提高单位水面的产量。例如，鳙鱼、鲢鱼多生活在水体上层，喜肥水，以滤食肥水中的浮游生物为主；鲤鱼、鲫鱼则生活在水的底层，主要吃底栖生物；草鱼多生活在水体中下层，喜清水，爱吃食鲜嫩水草以及其他植物性饵料；蛟鱼多生活在水体下层，喜清水，爱吃食螺、蚌等底栖动物。了解这些鱼种的不同习性，

便可分层放养。如，湖南省君山农场三分场女职工刘淑元根据不同水层实行多品种搭配放养，上层养雄鱼和梭鱼，中层养草鱼，下层养鲤鱼和鲫鱼，收到了较好的经济效益。水体立体养殖主要包括鱼鳖混养、鱼蟹混养、鱼虾混养、鱼蚌混养、鱼水禽套养等多种方式，都能获得较好的综合经济效益。

③ 特种动物养殖模式。这是对特种动物进行驯化和人工养殖，通过对其肉类进行加工销售，以满足人们提高生活质量的要求，从而获得明显经济效益的一种高效养殖模式。目前，洞庭湖区对特种动物的养殖种类多达30种，但技术相对成熟的只有10多种。当前在众多特种动物养殖中，为了满足人们的高蛋白营养需要，要突出抓对草食动物的饲养，如肉类犬、七彩山鸡、乌骨鸡、兔、羊、鹅、小香猪等的饲养都是目前市场前景看好的产业。这些特种动物的养殖技术主要包括优选品种、棚舍笼舍建造、饲料调剂、育雏期的饲养管理、中后期的疾病防治与管理等关键环节，农户应在学习和了解这些关键技术的基础上进行驯化和人工养殖，并实行对这些特种动物的养殖、加工、销售一体化经营。

（3）综合型

这类模式是将种、养、加、农、工、贸等诸环节结合起来而设计和实施的高效生态农业模式。

① 立体复合种养模式。这是一种根据各生物群体的生物学、生态学特性和生物之间互利合作关系而合理组合的生态农业系统。该系统能使各生物群体在系统中各得其所，互惠互得，更加充分利用太阳能、水分和矿物质营养元素，建立空间上多层次、时间上多序列的产品结构，从而提高资源的利用率和生产产品的产出率。其具体模式主要有：

第一，鱼菱立体种养模式。这是一种水底养鱼、水面植菱、鱼菱兼顾种养的水域立体高产优化模式。其主要技术如下：一是合理划分鱼菱种养区域。一般应选择放养以鲤、鳊、鲫等鱼种为主，浅水处以植菱为主，深水处养鱼并适当植菱。二是种草喂鱼，适时播菱。一般可利用塘边地角种黑麦草，将草足量投入塘内喂鱼，并于年初1~2月份播下菱种，按行均匀撒播，要坚持对菱整形打叶，施药治虫，保证菱苗正常生长，实现鱼菱相互促进，双获丰收。三是加强管理，包括合理施肥，保持水的肥度，发现

160

鱼类有觅食行为，适当投放细糠、豆腐渣等精饲料，促进鱼菱生长，注意病虫害的防治等。

第二，稻鱼立体种养模式。这是一种根据生物学、生态学和生物防治原理综合设计出来的充分利用稻田的浅水环境，辅之以人工措施，开展种稻养鱼、鱼稻共生、耕养结合、利稻利鱼的一种新型生态农业模式。鱼能吞食稻田中的二化螟、三化螟、纵卷叶虫、稻飞虱和稻叶蝉等主要害虫，又能在田间觅食和翻动，以疏松土壤、加强土壤的通透性和氧在土壤中的循环交流，还能利用鱼类呼出的二氧化碳所提供的碳源，促进和加强水稻植株吸收养分的能力和光合作用，从而提高水稻的抗病能力和产量。稻田养鱼主要有稻鱼兼作和轮作两种。前者即种稻和养鱼同时进行，是较为普遍的一种方式。后者即种一季稻，养一季鱼，因水体空间大，养鱼时间较长，鱼产量比较高。其主要技术环节是：稻田田埂的加固；鱼沟鱼坑的科学设置；鱼种的合理放养，以养草鱼、鲤鱼为主，适当配养雄、鲫、鳊鱼；养鱼稻田的合理施肥，稻田施肥以基肥为主，包括人畜禽粪尿等肥；选择高效低毒的农药，以防治水稻病虫害。

第三，鱼藕水体种养模式。这是一种泥中植藕，水中养鱼，莲藕遮阳，鱼为藕提供肥料，鱼藕同生的高效生态农业模式。除了抓住挖沟做埂；合理放养鱼种，选择鲤、鲫、鳊等低氧层鱼类为主；适时投放粗饲料，早后期以粗饲料为主，中期以粗精饲料搭配为主等基本环节外，其关键环节是莲藕的栽培管理。一般应在清明节前后栽植好莲藕，在藕萌芽阶段保持 3～6 厘米水位，待荷梗出水后，逐渐提高水位，将鱼放入藕田，使鱼种在藕林里摄食，并视田间肥力和荷梗植株长势合理施肥。

② 物质循环和能量综合利用模式。这是按照生态系统内能量流动和物质循环规律而设计的一种高效生态农业模式。这一模式首先利用了有机物多层次利用技术，即参照生态系统中的食物链结构，在生态系统中建立物质的多级利用循环：将一个生产环节的产出（废弃物）投入另一个生产环节，使各环节中的废弃物在生产中多次利用，以获得最大的资源利用效率，并能有效地防止废弃物对农村环境的污染。目前湖区有的农户运用科学的方法提高养料转换率，综合开发养殖生产，取得了高效益。如，利用配合养料先养鸡鸭，又将鸡鸭粪加工饲养猪，猪粪入沼气池，产生沼气、

沼肥。沼气供农户用作生活燃料，菌渣和沼水可用作养鱼或肥料。饲养蛆酮喂鸡、鸡粪加工后喂猪，养蛆喂鸭、鸭粪加工后喂猪等都获得了明显的经济效益。其次，这一模式成功地运用了秸秆利用技术。一是秸秆还田。变废物为肥料，补充植物生长所需的氮、磷、钾等养料，如稻谷收割后的稻禾，通过还田后可达到固氮的作用。二是秸秆加工生产，洞庭湖区沿岸种植的芦苇和意大利杨用于造纸，可以充分提高秸秆的利用率。

③ 种养加一体化复合生态模式。这是目前较为复杂而又较为完善的一种综合模式。这一模式将物质与能量多级循环再生原理、废弃物质源化原理以及价值转化增值原理综合运用于农业的种植业、养殖业和加工业，使之巧妙地组成一个具有高效持续特点的农业生态体系。如，农户在种好大田粮食作物的同时，积极兴建家庭果园，开挖鱼池，扩建猪舍，在发展种养业的基础上兴办农副产品加工业，以增加初级农产品的附加值。其主要形式是兴办小工厂、小作坊；或加工生产面粉或酿酒，生产豆腐、豆芽等豆制品；将作物秸秆、菜饼粉碎，与糠、碎米及适量浓缩料配成饲料养猪喂鸡；利用当地农产品原料加工成具有地方特色和风味的耐贮藏的美味食品；兴办肉类和鸡鸭加工厂，从而使当地的经济、社会和生态效益明显提高。

④ 生态环境综合治理模式。这一模式是指以水土保持、污水自净为核心，为合理利用土地资源、提高区域内生态经济系统的整体效益、改善生态环境而采取的综合治理措施。洞庭湖区由于人为的过度开垦草地、侵吞湖水、砍伐森林，生态环境遭到严重破坏，自然灾害频繁发生，水土沙化、盐化程度提高，严重影响了农业生产。因此，需要通过退耕还湖、植树造林、堤防建设、平烧行洪、水土保持、污水自净等措施对农业生态环境进行综合治理。主要措施有：

第一，水土保持生态工程。主要包括坡面治理、沟道治理和护岸三大工程。坡面治理主要是对分水岭以下至沟缘线的坡面地区采取的梯田改造、坡面蓄水工程等截流防冲工程；沟道治理又包括沟头防护、沟道蓄水和淤地坝头建筑等工程。

第二，污水自净生态工程。这是指通过旱水灌溉、污水塘养鱼和水生植物的种植等措施，利用污水增加农业生产，利用农业生产净化污水，使有害废物变为有效农业资源的一种生态工程。如，目前一些养猪大户在饲养牲猪时，将猪圈的污水通过猪舍两侧的排水沟顺次排到水葫芦地、鱼蚌混养塘、水稻田等，以达到"三段净化，四步利用"的目的。

第三，农耕治理生态工程。这主要包括以改变微地形为主的农耕治理工程，其内容包括等高耕作、等高带状间作、等高沟垄种植等，以增加地面覆盖、青草覆盖、少耕覆盖和免耕等。这些农耕治理工程的实施，对于减少地表径流和土壤冲刷、改善土壤结构、增加地面覆盖、改变坡面地形、增加土壤蓄水保水性能、培肥地力等都是十分重要的。

第四，林草栽培生态工程。这主要包括植树种草，既防止水土流失，同时也可以为社会提供燃料、饲料、木料和肥料，达到既改善生态环境又发展生产的双重目的。在植树造林时，应统筹规划水土保持林和用材林、薪炭林和经济林的合理范围，林种配置坚持乔冠草结合、网带片配套的原则；种草方式应以草林或草果立体种植为主，种草与发展生产和发展草食动物养殖有机结合。这样，植树种草，既能获得较好的生态效益，又能取得较好的经济和社会效益。洞庭湖区地域广阔，水土资源丰富，既有大面积的平原湖区，又有连绵起伏的山丘区，还有一些靠近城市的郊区，应根据本地特点，因地制宜地发展高效生态农业。沿湖的平原区土地肥沃，应以种植型模式为主，大力发展粮食作物、经济作物、饲料作物及绿肥、花卉和地草的生产，并注重对这些农副产品的深度加工，形成"一村一品，一乡一业，一县几品"的主导产业。在湖区水域地带，应以养殖型模式为主。平原区气候温和，交通便利，水塘星罗棋布，沟渠交错纵横，农户一般都拥有较为丰富的水面资源和充足的作物副产品原料，除了传统的养鱼、喂猪、种菜、栽果之外，还应将重点放在诸如发展特优水产、饲养草食性肉皮毛兼用动物、更新水果蔬菜种类和品种、开发物质和能量转化等新项目上。在山丘区，应巧妙地选择立体种植、多层集约养殖、种养加一体化复合生态模式。在靠近城市的郊区，应以绿色食品生产模式和设施种植模式为主，大力发展蔬菜、水果、鱼肉、禽蛋等副食品生产，实施"菜篮子工程"。只有各地区因地制宜地选择和实施适合本地特点的高效生态农业发展模式，在切实保护生态环境的基础上，围绕一两种主导产业，产、加、运、销一齐上，将产品优势发展为产业优势，将产业优势转化为经济优势,才能推动洞庭湖区农业的快速发展和农民收入的稳步提高。

9.2.6　洞庭湖区高效生态农业发展对策建议[1]

生态产品是一项公共产品,因此,生态农业的发展一定是在宏观政府与微观主体的协同配合下共同完成的系统工程。

(1) 对宏观政府方面的建议

① 加大对高效生态农业的宣传力度。公众对生态农产品存在各种疑惑和不解,主要是因为他们还尚未认识到生态农业的意义、基本原理和生产理念。因此,政府首先要做的是逐步让老百姓转变思想观念,要让人们认识到:粗放型经济模式下,GDP 的迅猛增长使老百姓在经济上富裕起来的同时,也带来了巨大的创伤。不可持续的农业发展方式悄无声息地剥夺了人们的生存和发展权利,这个创伤是倾尽过去所创造的物质财富也无法弥补的。要改变这一局面,必须创新农业发展方式,而高效生态农业是一种最有效的方式。其次,政府要通过对环境、健康等方面的媒体宣传,将生态农业的发展意义、生产原理、基本理念渐渐普及到老百姓中去,让人们真正认识到发展生态农业的重要性,为生态农业营造良好的市场氛围。第三,政府要普及有关生态农业生产方式的基本知识,通过实例示范,带动广大从事农业生产的组织、单位及农民逐渐转变思想观念,提高对生态农业生产和发展重要性的认识,真正接受这一新型农业模式。

② 要建立对生态农业的经济补偿制度。发展生态农业起始阶段往往会引起生产成本的提高和产量的部分降低。席运官等[2]研究表明,有机肥的施用和劳动力投入的增加致使有机水稻生产成本较常规生产成本提高 109%,但产量低于常规生产的 10.4%。因此,为了提高有机农业主体的积极性,在发展前期,地方政府要设立专项资金支持有机农业,这是非常必要的。如,鼓励利用畜禽粪便制作有机肥的工厂建设,对农民购买和使用有机肥进行一定数额的经济补偿。至于具体的补助标准,可根据当地实际情况制定。

---

[1]　石旭:"我国高效生态农业发展模式探索",西北农林科技大学 2008 年硕士学位论文。

[2]　席运官:"有机农业与中国传统农业的比较",载《农村生态环境》1997 年第 10 期。

③ 要加大对生态农业的科研、开发和生产技术支持。2012 年中央 1 号文件指出：实现农业持续稳定发展、长期确保农产品有效供给，根本出路在科技。农业科技是确保国家粮食安全的基础支撑，是突破资源环境约束的必然选择，是加快现代农业建设的决定力量，具有显著的公共性、基础性、社会性。有些生态农业模式对各项生产指标都有更加严格的要求，其生产中也引入了生物工程、中医医药学、信息技术等高新技术，因而对生态农业还应当加大科技投入，依靠科技创新研发生态农业生产关键技术，鼓励科研人员开展生态农业关键技术、共性技术及标准化与产业化技术等方面的创新与协同攻关研究，为生态农业的发展提供技术支撑。

④ 要建立完善的生态农业推广体系。完善的生态农业推广体系主要包括培养生态农业推广人才、研发并推广生态农业的生产技术。各农业科研机构和农业高校是生态农业高层次科技人才培养的重要基地，要加大对这些机构的投入力度，为科研人员提供较好的科研条件。同时，要鼓励科研人员下基层，一方面，进一步促进生态农业科技成果的转化，优化当地农技人员的知识结构，为基层的农业推广工作带来活力和生机；另一方面，根据生产实际确定科研方向，使科技与生产融为一体，把生态农业生产纳入以科学为基础的轨道。要结合当地优势，对农民进行专项培训，因为农民是农药、化肥、害虫等农田因素的直接接触者，更是生态农业的直接利害关系人，他们对技术的掌握程度直接关系到基层农业推广工作的顺畅程度。同时，要加快对生态农业专项技术的研究，开展生态农业生产精细的施肥技术、不同类别农作物生产的病虫害防治技术、杂草控制技术、生态农业生产资料、生态农产品的加工和贮藏技术以及林业、畜牧业的生态生产和加工技术创新等研究，不断提高生态农产品品质和科技含量，并逐渐与国际标准接轨，把区域性生态农业的比较优势转化为竞争优势。

⑤ 建立健全生态农业监管体制。在生态农产品如有机农产品的检测和认证方面，要统一标准，严格执行。应当根据有机农业运动国际联盟的基本标准和国家有关有机农业的标准，制定与之协调的相应标准，必要时可以设立专门机构对生态绿色食品的生产、物流、加工、销售和检测进行监管，一方面规范生态绿色农业的市场秩序，维护正常的经营活动，另一方面也为生态农产品市场口碑的树立打下坚实基础。

（2）中微观方面的主要措施建议

① 大力发展绿色食品和无公害粮食、畜牧业、蔬菜和水果、水产等主导产业。

新的食物安全观主要关注食物的品质和生产的生态环境，而不仅仅是量的保障。早在 20 世纪 90 年代中期，当美国人布朗发出"谁来养活中国"的惊呼时，还仅仅是从实物量的保障角度担忧未来中国食物供给的安全性，国内外许多专家学者经过对中国粮食生产能力和国外市场供给能力的综合分析后，普遍认为从量的供应来看，中国人可以养活自己，不会给未来的世界粮食市场造成很大压力。但随着各地农业生态问题的日益突出，食物污染和生态恶化等突发事件不断发生，因食物品质恶化而引起的食物安全问题受到普遍关注。因此，作为重要的商品粮基地，绿色食品和无公害粮食生产是洞庭湖区高效生态农业建设的重点。畜牧业、蔬菜和水果、水产等产业要逐步纳入生态发展的轨道，建立起以资源高效利用和环境保护为基础的生态型技术保障体系，逐步提高该区域农产品的市场竞争力。生态农业发展的重点，一方面是对已经产生的环境问题加以整治，另一方面是对以牺牲资源环境为代价的主导产业加以生态改造，通过建立不同产业之间的物质循环和能量转化利用体系，实现农牧结合、农林结合，形成生态农业"整体、协调、循环、再生"的理想模式。因此，应充分发挥洞庭湖区在种植业和渔业等领域的优势，以"湖"字为特色，把发展重点放在无公害稻米、优质棉花、油菜、麻类、水果、水生蔬菜、有机茶叶以及特种水产养殖、水禽养殖上；要本着集群化路径、品牌化经营、园区式管理的思路，积极打造优质稻米、油料、棉花、麻类和茶叶等农产品综合开发园区，进一步提高农业生产效率。

② 加快农村能源发展。通过政府补贴和手拉手帮建扶贫活动帮助农民解决能源问题是发展生态农业的重点。加强太阳能、风能、沼气等生态能源的推广是发展生态农业的突破口。目前行之有效的是以沼气发酵为纽带，把养殖业和种植业连接起来的生态模式——沼气作为能源，沼液和沼渣作为肥料，使生态系统走上良性循环。

③ 全面推进生态农业产业化经营。要制定政策吸引企业和农民投身于生态农业的产业化开发，鼓励采取"公司＋农户"、"龙头企业＋基地建

设"和"订单农业"等多种经营方式，以及绿色食品基地、无公害食品示范园等形式，大力发展生态农业。主要措施包括支持农产品加工企业、销售企业、科研单位等进入生态农业建设和无公害食品加工销售领域；采取财政、税收、信贷等方面的优惠政策，扶持一批龙头企业加快发展；大力推进无公害农产品生产，使生态农业的生态环境优势转化为现实的经济优势。

④ 实现农业清洁生产。农业加工企业要推行清洁生产，通过资源综合利用、废弃物资净化处理，采用清洁能源，实行清洁生产方法，生产清洁产品。充分利用生物之间的相互关系和自净能力趋利避害，把不同生物种群组合起来，形成多物种共存、多层次配置、多级物质能量循环利用的立体种植、立体养殖或立体种养的农业经营模式。在生态系统内，尽量增加环链，通过多层次利用，生产出更多的农副产品，提高系统的生态效益、经济效益和社会效益。

⑤ 城乡相互合作。城市是农产品的市场，在生态上是有机物质的输入地。农产品经过城市人口的消费转化，会产生很多废弃物，如有机垃圾、生活污水等。这些废弃物要经过微生物处理，作为肥料还原给农业。只有这样做，才能真正解决城市污染问题，实现城市和农村物质能量的良性循环。

9.3 小结

农业绿色发展与高效生态农业有内在统一性。本章首先明确了高效生态农业的内涵、特点、功能和意义，在借鉴国外高效生态农业的成功经验和对洞庭湖区高效农业进行 SWOT 分析的基础上，提出了洞庭湖区发展高效农业的模式和对策建议。

10　研究结论、创新之处与局限性

10.1　研究结论

本书应用 H. T. Odum 的能值理论，选取环洞庭湖区农业生态系统作为研究对象，用能值理论作为研究方法，在进行大量的数据收集、整理、分析与论证基础上，对湖南省环洞庭湖区农业生态系统的投入产出效率、结构与功能特征、资源消耗与环境污染等一系列问题进行研究，并得出如下结论：

（1）湖南省环洞庭湖区农业生态系统的能值产出在湖南省内有明显的比较优势，能值产出率相对较高，农业生产的规模效应和集聚效应逐步体现，具有较为明显的集约型发展特征。2009 年，该区域农业用占全省 13.17% 的能值投入产出了占全省 29.32% 的能值产出。这主要是由于其特殊的能值投入结构所致。这种特殊性表现在：在能值投入中，不可更新的工业辅助能值所占比例大，其中，化肥能值、农药能值、农膜能值、农业机械能值的投入水平大大高于湖南省平均水平；同时，可更新工业辅助能值（主要是指水电）占比却相对较低，利用水利资源大力发展清洁能源的优势没有充分发挥出来。

（2）洞庭湖区农业生态系统资源、环境问题堪忧。该农业生态系统的现状是：资源消耗水平高，资源利用循环率低，环境污染较大，可持续发展水平不高。一方面，不可更新环境资源能值（这里主要是指水土流失）水平偏高，是全省水土流失率的 3 倍多，水土资源流失严重；另一方面，化肥、农药和农膜大量施用，但由于技术的限制，化肥、农药和农膜的吸收率低，资源消耗水平高，也给湖区地下水（主要是富营养化）造成了较

168

为严重的污染。

（3）洞庭湖区农业生态系统中，农产品尤其是种植业产品的市场定价偏低，考虑到农业与其他产业的不同功能——它不仅具有产业功能，而且还具有很强的生态功能，政府可考虑对某些农产品实行保护价格，建立合理的工农产品比价，完善价格体系，这对提高农业生产效率、增加农民收入是非常重要的。研究数据显示：洞庭湖区农业生态系统中农产品的市场价格比其相应的能值—货币价值低28.7%左右。

（4）从能值演变与发展趋势来看，洞庭湖区农业生态系统的生产效率在不断提高，但环境负载率有更大幅度的增长，可持续发展水平在不断下降。研究显示，2000—2009年，净能值产出率由2.05上升至2.43；环境负载率由1.23上升到1.74；系统可持续发展指数呈缓慢下降趋势，由1.67下降到1.40。

（5）能值绿色GDP核算研究表明，该系统绿色GDP占传统GDP的比重小，仅为36.13%。这进一步说明该生态系统的经济增长模式仍是一个建立在资源消耗和环境污染基础上的粗放型经济增长模式。

（6）洞庭湖区农业生态系统的产业优势：种植业和渔业是洞庭湖区的优势产业，其中渔业占有整个湖南将近一半的份额，种植业占全省种植业的1/3有余，这两大产业呈现相对增长态势。在种植业内部，谷物是种植业的主导产业，谷物的能值产量的增长速度明显要快于整个种植业的增长速度，粮食生产的优势在该区域已得到充分显现。研究表明，除谷物以外，油料、棉花、麻类和烟叶也可成为该地区重点培育的产业。

（7）目前洞庭湖区农业生态系统虽然具有较高的生产效率，但是以高能耗、高污染作为代价。要实现洞庭湖区农业生态系统可持续发展的目标，如果仍然走传统的老路显然行不通，必须探索出一条"资源节约、环境友好"的农业发展新路，这条新路就是高效生态农业之路。

10.2　创新之处

（1）将能值理论这一生态经济前沿理论应用于农业生态效率的研究，一方面使得研究具有很强的数理性、逻辑性，另一方面克服了经济学和管理学研究方法在生态效率研究中由于价格体系不完善而带来的缺陷。

（2）运用立体纵横交叉类比的研究方法，使研究内容不仅包括以横截面数据为基础的环洞庭湖区农业生态效率的基本现状分析，而且以时间序列纵向数据为基础分析了其演变过程，可谓知其然又知其所以然，分析框架相对紧凑。

（3）运用能值方法核算了环洞庭湖区农业生态系统的能值绿色GDP，能值绿色GDP的核算克服了传统绿色GDP核算过程中资源、环境等备抵项目计算的局限性，这是对绿色GDP核算的有益探索。

10.3　学术与应用价值

（1）丰富了生态经济理论。随着生态环境问题的日益突出，生态效率研究的紧迫性和必要性也越来越明显，生态效率问题已成为当前可持续发展的前沿课题。本书综合运用经济学、生态经济学和统计学等相关方法，对湖南省环洞庭湖区农业生态系统的投入产出结构、系统功能、系统生态效率、资源与环境等问题进行了研究，从理论上丰富了生态经济学的内涵与研究范式。

（2）为湖南省委省政府提出的"洞庭湖生态经济区"战略提供了政策依据。随着经济总量的不断扩张，环境与发展之间的矛盾日益显露出来，洞庭湖资源短缺和生态环境承载力下降等问题日益突出，生态效率与可持续发展问题已成为湖区社会经济发展的瓶颈。洞庭湖区农业投入结构是否合理？投入产出效率如何？环境负载程度如何？可持续发展水平以及发展趋势如何？这些都是"洞庭湖生态经济区"战略在具体落实过程中不容回避的问题，而本书研究成果对此作出了回答。

10.4　不足与展望

值得说明的是，本书研究过程中的能量转换系数和能值转换率主要参考的是H. T. Odum等学者的相关研究成果，这些研究成果虽然能满足大范围内的分析，但由于各国和各地区生产水平与效益等因素存在一定的区域性差异，在能值核算过程中有可能造成一定程度的误差；另外，在能值绿色 GDP 的核算过程中，由于数据的难获得性，对畜禽粪便等农业生态系统环境污染能值的备抵项目未作更详细的分析而选择了忽略，这有待于更进一步的深入研究。

参考文献

［1］蓝盛芳，钦佩，陆宏芳．生态经济系统能值分析［M］．北京：化学工业出版社，2002．

［2］张耀辉．农业生态系统能值分析方法［J］．中国生态农业学报，2004，12（3）．

［3］H. T. Odum 能量环境与经济—系统分析导引［M］．蒋有绪，等译．北京：东方出版社，1992．

［4］吴佐礼．农业生态系统能流分析中几个问题的探讨［J］．农村生态环境，1994，10（3）．

［5］闻大中．农业生态系统能流的研究方法（一）［J］．农业生态环境，1985，1（4）．

［6］闻大中．农业生态系统能流的研究方法（二）［J］．农业生态环境，1986，2（1）．

［7］闻大中．农业生态系统能流的研究方法（三）［J］．农业生态环境，1986，2（2）．

［8］闻大中．农业生态系统的能量分析，能量生态——理论、方法与实践［M］．长春：吉林科技出版社，1993．

［9］李春霞，吕静霞，王小霞，等．现代农业生态学研究进展及其应用［J］．河南科技大学学报，2004，34（3）．

［10］彭珂珊．国内外农业可持续发展研究进展评述［J］．北方经济，2001（12）．

［11］Douglass, Gordon K. The Meanings of Agricultural Sustainability. Agricultural Sustainability in a Changing World Order. Boulder ［M］. CO：Westview Press, 1984.

［12］Dover, Michael and Lee Talbot. To Feed the Earth：Agro-ecology for Sustainable Development ［R］. World Resources Institute, 1984.

［13］World Commission on Environment and Development. Our Common Future ［R］. Oxford：Oxford University Press, 1987：400.

［14］Liverman D M, Hanson M E, Brown B Jetal. Global sustainability：toward measurement ［J］. Environmental Management, 1988, 12（2）：133－143.

［15］Harwood R. R. A history of sustainable agriculture ［R］. Sustainable Agricultural Systems, 1990：3－19.

［16］ Crews, Timothy, Charles Mohler and Alison Power. Energetics and Ecosystems Integrity: The Defining Principles of Sustainable Agriculture ［J］. American Journal of Alternative Agriculture, 1991, 6 (3): 146 – 149.

［17］ Science Council of Canada. Its Everybody's Business: Submissions to the Science Council's Committee on Sustainable Agriculture ［M］. Ottawa, ON: Science Council of Canada, 1991.

［18］ 黄铁庄. 福建农业可持续发展及其评价研究 ［D］. 福建师范大学, 2002.

［19］ Hansen. J. W. Is agricultural sustainability a useful concept? ［J］ Agricultural systems, 1996 (50): 117 – 143.

［20］ K. Sandell, O. Palm. Sustainable agriculture and nitrogen supply in Sri Lanka ［J］. Farmer' and scientist' perspective, 1989, 18 (8): 442 – 448.

［21］ M. A. Altieri. Agroecological foundation of alternative agriculture in California ［J］. Agriculture ecosystems&environment, 1992, 39 (1/2): 23 – 25.

［22］ F. C. Castro, M. J. Vieira. Tillage method and soil and water conservation in southern Brazil ［J］. Soil&tillage research, 1991, 20 (6): 36 – 45.

［23］ C. A. Francis, J. P. Madden. Designing the future: sustainable agriculture in the US ［J］. Agriculture Ecosystems&Environment, 1993 (46): 1 – 4, 123 – 134.

［24］ D. G. Ely. The role of grazing sheep in sustainable agriculture ［J］. Sheep Research Journal, 1994, Special issue: 37 – 51.

［25］ W. D. Beversdorf, A. F. Krattiger. The importance of biotechnology to sustainable agriculture ［J］. Biosafety for sustainable agriculture: sharing biotechnology regulatory experiences of the Western Hemisphere, 1994: 29 – 32.

［26］ M. J. Kropff, J. W. Jones and Gon van Laar. Advances in systems approaches for agricultural development ［J］. Agricultural Systems, 2001, 70 (2/3): 353 – 354, 369 – 393.

［27］ Stockle, C. O., Papendick, R. I., Saxton, K. E., et al. 1994. A framework for evaluating the sustainability of agricultural production systems ［J］. Ameriean Journal of Alternative Agriculture, 1994 (9): 45 – 50.

［28］ Hansen, J. W. Is agricultural sustainability a useful concept? ［J］ Agricultural systems, 1996 (50): 117 – 143.

［29］ Nambiar, K. K. M., Gu Pta, A. P., Qinglin Fu et al.. Biophysical, chemical and socio – economic indicators for assessing agricultural sustainability in the Chinese coastal zone ［J］. Agriculture, Ecosystems and Environment, 2001 (87): 209 – 214.

［30］David J. Pannell，Nicole A. Glenn. 2001 A framework for the economic evaluation and se-lection of sustainability indicators in agriculture ［J］. Ecological Economics，2000（33）：135 – 149.

［31］T. J. de Koeijer，G. A. A. Wossink，M. K. van Ittersum，P. C. Struik and J. A. Renke-ma. A conceptual model for analysing input – output coefficients in arable farming sys-tems：from diagnosis towards design ［J］. Agricultural Systems，1999，61（1）：33 – 44.

［32］P. K. Thornton and M. Herrero. Integrated crop – livestock simulation models for scenario analysis and impact assessment ［J］. Agricultural Systems，2001，70（2 ~ 3）：581 – 602.

［33］国家环保总局自然生态保护司 ［D］//建设生态示范区，探索可持续发展之路. 生态示范区建设高级研讨会论文集 ［C］. 北京：中国环境科学出版社，1997，1 – 3.

［34］孙尚志，李利锋. 区域持续发展的因素分析与主要对策 ［J］. 经济地理，1997（2）.

［35］秦耀辰. 区域持续发展理论与实践 ［J］. 经济地理，1997（2）.

［36］中国农业持续发展和综合生产力研究组. 中国农业持续发展和综合生产力研究 ［M］. 山东：山东科学技术出版社，1995.

［37］吴传钧. 中国农业与农村可持续发展问题——不同类型地区实证研究 ［M］. 北京：环境科学出版社，2002.

［38］李小静. 河北省农业可持续发展指标体系及其评价方法研究 ［D］. 河北农业大学，2005.

［39］徐祥华，杨贵娟. 可持续农业综合评估指标体系及评估方法 ［J］. 中国农村经济，1999（9）.

［40］陈佑启，陶陶. 论可持续农业的评估指标 ［J］. 农业现代化研究，2000（5）.

［41］褚保金，游小建. 应面向对象分析思想建构农业可持续发展评估指标体系 ［J］. 农业经济问题，1999（11）.

［42］周海林. 农业可持续发展状态评估指标体系框架及其分析 ［J］. 农业生态环境，1999（3）.

［43］罗庆成，何勇. 农业综合生产力的多层次灰关联评估 ［J］. 系统工程理论与实践，1994（4）.

［44］程淑兰，潘宝林. 安徽省岳西县生态示范区评估指标体系和可持续发展度研究 ［J］. 农业生态环境，2000（3）.

［45］张振中. 建立榆林地区生态农业评估指标体系的原则与方法探讨 ［J］. 生态经济，2001（1）.

［46］ 王运材，郭焕成．鲁西平原农业可持续发展的指标体系与评估 ［J］．中国农业资源与区划，2000 (3)．

［47］ 靳光华，孙文生．农业可持续发展的技术系统研究 ［J］．农业技术经济，1997 (6)．

［48］ 陈湘满．湖南丘岗山地生态环境与农业可持续发展 ［J］．邵阳师专学报，1998 (2)．

［49］ 张君，雷鸣．湖南省农业可持续发展中存在的问题和对策 ［J］．湖南大学学报（社会科学版），2000，14 (1)．

［50］ 何忠伟，罗慧敏，龙方．湖南农业可持续发展的目标及对策 ［J］．湖南农业大学学报（社会科学版），2000，1 (1)．

［51］ 杨洪，邓江楼，袁开国．湖南省农业结构调整与农业可持续发展研究 ［J］．湘潭师范学院学报（社会科学版），2001，23 (2)．

［52］ 熊鹰，王克林，吕辉红．湖南省农业生态安全与可持续发展初探 ［J］．长江流域资源与环境，2003，12 (5)．

［53］ 佘国强．湖南农业可持续发展研究 ［J］．中国农业资源与区划，2004，25 (5)．

［54］ 陈同庆，黄金国．湖南省农业生态环境建设与可持续发展 ［J］．国土与自然资源研究，2004 (1)．

［55］ 陈国生．湖南农业可持续发展面临的生态危机及应对措施 ［J］．云南地理环境研究，2005，17 (2)．

［56］ 徐联芳，刘新平，等．湖南省农业可持续发展的生态安全评价 ［J］．资源科学，2006，28 (3)．

［57］ 欧阳涛，向萍．湖南省"两型农业"建设目标及其实现路径 ［J］．湖南农业大学学报（社会科学版），2009，10 (4)．

［58］ H. T. Odum. Models for national, international and global systems policy ［M］.// L. C. Braat, W. F. J. Van Lierop. Economic－Ecological Modeling, New York：Elsevier Science Publishing, 1987.

［59］ H. T. Odum. Ecology and Economy：Emergy Analysis and Public Policy in Texas ［J］. Policy Research Project Report. Austin：Univ of Texas 1987.

［60］ H. T. Odum. Environmental Accounting：Emergy and Environmental Decision Making ［M］. New York：John Wiley, 1996：1－41.

［61］ H. T. Odum. Energy analysis evaluation of coastal alternatives ［J］. Water Science Technology (Rotterdam, Netherlands) 1984 (16)：717－734.

［62］ H. T. Odum. Energy analysis evaluation of Santa Fe Swamp ［R］. Report to Georgia Pacific Corporation. Center for Wetlands, Univ. of Florida, Gainesville, 1984.

［63］ 蓝盛芳，钦佩．生态系统的能值分析 ［J］．应用生态学报，2001，12 (1)．

[64] H. T. Odum. "Biomass and Florida's future." In A Hearing Before the Subcommittee on Energy Development and Applications of the Committee on Science and Technology of the U. S. House of Representatives, Ninety – six Congress. Washington DC: Government Printing Office, 1980: 58 – 67.

[65] H. T. Odum. "Role of Wetland Ecosystems in the Landscape of Florida." In Proceedings of the International Scientific Workshop of Freshwater Ecosystems Dynamics in Wetlands and Shallow Water Bodies. United Nations Environment Programme held in Moscow. Moscow: Scientific Commission on Problems with Environment, 1982: 33 – 72.

[66] H. T. Odum. Energy Analysis Evaluation of Santa Fe Swamp (Bradford Country, Florida) [R]. A Report Submitted to Georgia Pacific Corporation. Gainesville. FL: Center for Wetlands, Univ. of FL., 1984: 1 – 30.

[67] H. T. Odum. A Systems Overview of the University in Society. In Papers in Comparitive Studies, 1989 (6): 75 – 91.

[68] Ulgiati, S., H. T. Odum, Bastianoni, S. Emergy analysis, environmental loading and sustainability: an emergy analysis of Italy. Ecological Modelling, 1994 (73): 215 – 268.

[69] H. T. Odum, Arding, J. E. Emergy Analysis of Shrimp Mariculture in Ecuador, Report to Coastal Studies Institute, University of Rhode Islan Narragansett, Center for Wetlands, University of Florida, Gainesville, 1991: 1 – 87.

[70] Brown, M. T., P. Green, A. Gonzalez, et al. Emergy Analysis Perspectives, Public Policy Options, and Development Guidelines for the Coastal Zone of Nayarit, Mexico. Volume 1: Coastal Zone Management Plan and Development Guidelines. Center for Wetlands, University of Florida, Gainesville, FL., 1992: 1 – 188.

[71] Woithe, Robert W.. Evaluation of the U. S. Civil PhD Dissertation [J]. Gainesville, FL: Univ. of FL, . 1994: 1 – 6.

[72] Lee, S. M., H. T. Odum. Emergy analysis overview of Korea [J]. J. of the Korean Env. Sci. Soc. 1994, 3 (2): 165 – 175.

[73] 蓝盛芳, H. T. Odum, 刘新茂. 中国农业生态系统的能量流动和能值分析 [J]. 生态科学, 1998, 17 (1): 32 – 39.

[74] H. T. Odum.. Energy Hierarchy and Transformity in the Universe. Chapter in Emergy Synthesis: Theory and Applications of the Emergy Methodology. Proceedings of the Sept. 2001 Second Biennial Emergy Analysis Research Conference, Gainesville, FL, ed. by M. T. Brown. Center for Environmental Policy, Univ. of Florida, Gainesville,

2002：69 – 83.

[75] Campbell, D. E. , M. Meisch, Demoss T. , et al... Keeping the books for environmental systems：An Emergy Analysis of West Virginia ［J］. Environmental Monitoring and Assessment, 2004 (94)：217 – 230.

[76] Lomas P. L. , Sergio Alvarezl, Marta R. , et al... Environmental accounting as a management tool in the Mediterranean context：The Spanish economy during the last 20 years ［J］. Journal of Environmental Management, 2008 (88)：326 – 347.

[77] La Rosa A. D. , Siracusa G. , Cavallaro R. Emergy evaluation of Sicilian red orange production. A comparison between organic and conventional farming ［J］. Journal of Cleaner Production, 2008 (16)：1907 – 1914.

[78] 杨丙山. 能值分析理论与应用 ［D］. 东北师范大学, 2006.

[79] 蓝盛芳. 当代生态学博论 ［M］. 北京：中国科技出版社, 1992.

[80] 严茂超, H. T. Odum. 西藏生态经济系统的能值分析与可持续发展研究 ［J］. 自然资源学报, 1998, 13 (2).

[81] 严茂超, 李海涛, 程鸿, 等. 中国农林牧渔业主要产品的能值分析与评估 ［J］. 北京林业大学学报, 2001, 23 (6).

[82] 张耀辉, 蓝盛芳, 陈飞鹏. 海南省农业能值分析 ［J］. 农村生态环境, 1999, 15 (1).

[83] 苏国麟, 李谋召, 蓝盛芳, 等. 广东三水市种植业系统的能值分析及其可持续发展 ［J］. 农业现代化研究, 1999, 20 (6).

[84] 刘新茂, 蓝盛芳, 陈飞鹏. 广东省种植业系统能值分析 ［J］. 华南农业大学学报, 1999, 20 (4).

[85] 黄书礼. 都市生态经济与能量 ［M］. 台北：詹氏书局, 2004.

[86] 陆宏芳, 蓝盛芳, 李雷, 等. 评价系统可持续发展能力的能值指标 ［J］. 中国环境科学, 2002, 22 (4).

[87] 陆宏芳, 蓝盛芳, 等. 农业生态系统能量分析 ［J］. 应用生态学报, 2004, 15 (1).

[88] 陆宏芳, 陈烈, 林永标, 等. 基于能值的顺德市农业系统生态经济动态 ［J］. 农业工程学报, 2005 (21).

[89] 李双成, 傅小峰, 郑度. 中国经济持续发展水平的能值分析 ［J］. 自然资源学报, 2001, 16 (4).

[90] 李加林, 张忍顺. 宁波市生态经济系统的能值分析研究 ［J］. 地理与地理信息科学, 2003, 13 (2).

[91] 李加林, 龚虹波, 许继琴, 等. 浙江环境——经济系统发展水平的能值分析

[J]．地域研究开发，2003，22（5）．

[92] 李加林，张正龙，曾昭鹏．江苏环境经济系统的能值分析与可持续发展对策研究
[J]．中国人口·资源与环境，2003，13（2）．

[93] 董孝斌，高旺盛，严茂超．黄土高原典型流域农业生态系统生产力的能值分
析——以安塞县纸坊沟流域为例 [J]．地理学报，2004，59（2）．

[94] 董孝斌，严茂超，高旺盛．内蒙古赤峰市企业—人工草地—肉羊系统生产范式的
能值分析 [J]．农业工程学报，2007，23（9）．

[95] 刘自强，李静，马欣．基于能值理论的乌鲁木齐市农业现状与发展策略 [J]．国
土与自然资源研究，2005（2）．

[96] 陈敏刚，金佩华．中国蚕桑生态系统能值分析 [J]．应用生态学报，2006，17（2）．

[97] Jiang M. M., Chenb B., Zhoua J. B., et al. Emergy account for biomass resourcer
Ploitation by agriculturein China [J]．Energy Policy，2007（35）：4704－4719．

[98] 陆宏芳，沈善瑞，陈洁，等．生态经济系统的一种整合评价方法：能值理论与分
析方法 [J]．生态环境，2005，14（1）．

[99] 张耀辉．农业生态系统能值分析方法 [J]．中国生态农业学报，2004，12（3）．

[100] 陆宏芳，蓝盛芳，李谋召，等．农业生态系统能值分析方法研究 [J]．韶关大
学学报，2000，21（4）．

[101] 邹金铃，康文星．基于农业生态系统能值分析的绿色 GDP 核算——以怀化市为
实例 [J]．中南林业科技大学学报，2009，29（2）．

[102] 康文星，王东，等，基于能值分析法核算的怀化市绿色 GDP [J]．生态学报，
2010，30（8）．

[103] 周建，齐安国，袁德义．湖南省生态经济系统能值分析 [J]．中国生态农业学
报 [J]．2008，16（2）．

[104] 姬瑞华，康文星．南方丘陵区县域农业生态经济系统的能值分析 [J]．中南林
学院学报，2006，26（6）．

[105] 许振宇，贺建林．湖南生态经济系统能值分析与可持续性评估 [J]．世界科技
研究与发展，2007，29（3）．

[106] 姚作芳．基于能值理论的生态县可持续发展研究 [D]．湖南农业大学，2008．

[107] 骆世明，陈幸华，严斧．农业生态学 [M]．长沙：湖南科技出版社，1987．

[108] 骆世明，彭少麟．农业生态系统分析 [M]．广州：广东科技出版社，1996．

[109] 牛若峰，刘天福．农业技术经济手册（修订本）[M]．北京：农业出版
社，1984．

[110] 农业技术经济手册编委会．农业技术经济手册 [M]．北京：农业出版

社，1983.

[111] Brown, M. T. and Bardi, E. Handbook of Emergy Evaluation Folio 3: Emergy of Ecosystems. Center for Environmental Policy, University of Florida, Gainesville, 2001: 1 – 90.

[112] Brandt – Williams, S. Handbook of Emergy Evaluation Folio 4: Emergy of Florida Agriculture Center for Environmental Policy, University of Florida, Gainesville, 2002: 1 – 40.

[113] Campbell, D. E. , M. Meisch, Demosst. , et al. Keeping the books for environmentalsystems: An Emergy Analysis of West Virginia. Environmental Monitoring and Assessment, 2004 (94): 217 – 230,

[114] H. T. Odum. Energy Hierarchy and Transformity in the Universe. Chapter in Emergy Synthesis: Theory and Applications of the Emergy Methodology. Proceedings of the Sept. 2001 Second Biennial Emergy Analysis Research Conference, Gainesville, FL, ed. by M. T. Brown. Center for Environmental Policy, Univ. of Florida, Gainesville, 2002: 69 – 83.

[115] 张希彪. 陇东黄土旱源农业生态系统能流特征研究 [J]. 中国农学通报, 2002. 18 (1).

[116] 王润平. 基于能值的山西省农业生态系统动态分析 [D]. 湖南农业大学, 2009.

[117] 姬瑞华. 南方丘陵县域农业生态经济系统的能值分析 [D]. 中南林业科技大学, 2007.

[118] 熊鹰, 王克林, 吕辉红. 湖南省农业生态安全与可持续发展初探 [J]. 长江流域资源与环境, 2003, 12 (5).

[119] 陈湘满. 湖南省丘岗山地生态环境与农业可持续发展 [J]. 邵阳师专学报, 1998 (2).

[120] 颜日初, 徐唐先. 国民经济统计学 [M]. 北京: 中国财政出版社, 1999.

[121] 郭啸远, 聂飞. 对现行 GDP 与绿色 GDP 的比较分析 [J]. 当代经济, 2010 (6).

[122] 骆世明. 农业生态学教程 [M]. 长沙: 湖南科学技术出版社, 1987.

[123] H. T. Odum. Environmental Accounting: Emergy and Environmental Decision making [M]. New York: John Wiley, 1996.

[124] 湖南省农村社会经济调查队. 湖南省农村统计年鉴2009 (内部资料) [S].

[125] 湖南省统计局. 湖南统计年鉴2000 [M]. 北京: 中国统计出版社, 2000.

[126] 湖南省统计局. 湖南统计年鉴2001 [M]. 北京: 中国统计出版社, 2001.

[127] 湖南省统计局. 湖南统计年鉴2002 [M]. 北京: 中国统计出版社, 2002.

[128] 湖南省统计局. 湖南统计年鉴2003 [M]. 北京: 中国统计出版社, 2003.

［128］湖南省统计局. 湖南统计年鉴 2004 ［M］. 北京：中国统计出版社，2004.

［130］湖南省统计局. 湖南统计年鉴 2005 ［M］. 北京：中国统计出版社，2005.

［131］湖南省统计局. 湖南统计年鉴 2006 ［M］. 北京：中国统计出版社，2006.

［132］湖南省统计局. 湖南统计年鉴 2007 ［M］. 北京：中国统计出版社，2007.

［133］湖南省统计局. 湖南统计年鉴 2008 ［M］. 北京：中国统计出版社，2008.

［134］湖南省统计局. 湖南统计年鉴 2009 ［M］. 北京：中国统计出版社，2009.

［135］国家统计局. 中国统计年鉴 2009 ［M］. 北京：中国统计出版社，2009.

［136］杜栋，庞庆华，吴炎. 现代综合评价方法与案例精选 ［M］. 北京：清华大学出版社，2008.

［137］Farrell, M. J. The Measurement of Production Efficiency ［J］. Journal of Royal Statistical Society, Series A, General, 1957.

［138］Leibenstein H. Allocative efficiency vs. "X – efficiency" ［J］. American Economic Review (56), 1966：392 – 415.

［139］孙艳玲，黎明. 基于数据包络分析的四川农业可持续发展研究 ［J］. 科技进步与对策，2009，26（2）.

［140］张希彪. 庆阳主导产业开发与研究 ［M］. 甘肃人民出版社，2003.

［141］张希彪. 陇东黄土高原农业生态环境恢复与重建策略 ［J］. 农业环境与发展 2003（3）.

［142］陈同庆，黄金国. 湖南省农业生态环境建设与可持续发展 ［J］. 国土与自然环境研究，2004（1）.

［143］李庆. 潜山区县域农业可持续发展研究——以黑龙江省尚志市为例 ［D］. 东北林业大学，2007.

［144］应风其. 农业发展可持续性的评估指标体系及其应用研究 ［D］. 浙江大学，2002.

［145］杨松，孙凡，刘伯云，等. 重庆农业生态系统能值分析 ［J］. 西南大学学报，2007，29（8）.

［146］付晓，吴钢，尚文燕. 辽宁省朝阳市农业生态经济系统能值分析 ［J］. 生态学杂志，2005，24（8）.

［147］张希彪. 基于能值分析的甘肃农业生态经济系统发展态势及可持续发展对策 ［J］. 干旱地区农业研究，2007，25（5）.

［148］许联芳. 湖南省农业生态安全地域差异研究 ［D］. 湖南师范大学，2004.

［149］余德鸿，余德贵，等. "六位一体"高效生态农业产业发展模式与实施途径研究 ［J］. 江西农业学报，2009，21（12）.

［150］李国莲，齐美富．我国农业问题与生态农业［J］．安徽农业科学，2003，31（3）.

［151］王静慧．县域生态农业产业化理论与典型模式研究［D］．中国农业大学，2003.

［152］杨新荣，柳维元．洞庭湖区优质高效生态农业发展探析［J］．岳阳职工高等专科学校学报，2003（3）.

［153］杨新荣．洞庭湖区农业综合治理与高效生态农业发展研究［J］．科技信息，2006（1）.

［154］黄国勤．鄱阳湖生态经济区高效生态农业的发展［J］．中国农学通报，2010，26（22）.

［155］顾益康，黄冲平．浙江发展高效生态农业的战略与思路［J］．浙江农业科学，2008（2）.

［156］周小萍，陈百明，卢燕霞，等．中国儿种生态农业产业化模式及其实施途径探讨［J］．农业工程学报，2004，20（3）.

［157］钱秀丽．京郊农村生态农业产业化发展战略研究［J］．中国农业大学，2005.

［158］丁毓良．生态农业产业化模式及效益研究［D］．大连理工大学，2007.

［159］郭守前．产业生态化创新的理论与实践［J］．前沿论坛，2002（4）.

［160］李国莲，齐美富．我国农业问题与生态农业［J］．安徽农业科学，2003，31（3）.

［161］方创琳，冯仁国，黄金川．三峡库区不同类型地区高效生态农业发展模式与效益分析［J］．自然资源学报，2003，3（18）.

［162］陈德敏，王文献．循环农业——中国未来农业的发展模式［J］．经济学，2002（11）.

［163］李文华．生态农业——中国可持续农业的理论与实践［M］．北京：化学工业出版社，2003.

［164］国家发展改革委．鄱阳湖生态经济区规划［N］．江西日报，2010-02-22（A1）.

［165］《鄱阳湖研究》编委会．鄱阳湖研究［M］．上海：上海科学技术出版社，1988.

［166］黄国勤．江西农业［M］．北京：新华出版社，2000.

［167］黄国勤．发展中的江西生态经济［M］．北京：中国环境科学出版社，2009.

［168］楚永生，初丽霞．论循环经济理论对农业发展的适用性及制度构建［J］．农业现代化研究，2005，26（3）.

［169］戴备军．循环经济实用案例［M］．北京：中国环境科学出版社，2006.

［170］邓启明．基于循环经济的农村能源与生物质能开发战略研究［J］．农业工程学报，2006，22（5）.

［171］邓启明，黄祖辉．循环经济及其在农业上的发展应用研究综述［J］．浙江工商

大学学报，2006（6）.

［172］邓启明，黄祖辉，刘荣章，等. 中国农业循环经济发展现状及两岸协同发展之探讨［J］. 农业经济导刊，2006（10）.

［173］戴丽. 云南农业循环经济发展模式研究［J］. 云南民族大学学报，2006（1）.

附录A：环洞庭湖区农业生态系统能值投入产出表原始数据表（2000—2009）

表A-1 2000年环洞庭湖区农业生态系统能值投入-产出原始数据表

项目			岳阳市	平江县	常德市	石门县	益阳市	桃江县	安化县
可更新环境资源投入	1	太阳光能/J	1.50E+04	4.13E+03	1.82E+04	3.98E+03	1.21E+04	2.06E+03	4.95E+03
	2	风能/J	1.50E+04	4.13E+03	1.82E+04	3.98E+03	1.21E+04	2.06E+03	4.95E+03
	3	雨水化学能/J	1.23E+03	3.38E+02	1.33E+03	2.91E+02	1.37E+03	2.32E+02	5.58E+02
	4	雨水势能/J	1.50E+04	4.13E+03	1.82E+04	3.98E+03	1.21E+04	2.06E+03	4.95E+03
	5	地球旋转能/J	1.50E+04	4.13E+03	1.82E+04	3.98E+03	1.21E+04	2.06E+03	4.95E+03
不可更新环境资源投入	6	净表土损失能/J	2.92E+02	1.14E+02	2.25E+02	8.09E+01	2.33E+02	7.21E+01	1.45E+02
可更新工业辅助能投入	7	水电/万千瓦时	4.33E+03	3.61E+03	3.74E+03	8.22E+02	6.09E+03	1.87E+03	1.91E+03
不可更新工业辅助能投入	8	火电/万千瓦时	2.37E+04	3.06E+02	5.50E+04	2.68E+03	2.63E+04	4.54E+03	0.00E+00
	9	化肥/吨	7.40E+05	1.04E+05	1.07E+06	1.12E+05	6.11E+05	6.30E+04	4.96E+04
	10	农药/吨	6.08E+03	6.23E+02	7.72E+03	7.45E+02	8.37E+03	4.50E+02	4.99E+02
	11	农膜/吨	4.31E+03	2.23E+02	3.12E+03	2.95E+02	3.21E+03	2.00E+02	3.46E+02
	12	农用柴油/吨	2.56E+04	3.22E+03	6.17E+04	3.70E+03	2.85E+04	1.10E+03	1.19E+04
	13	农用机械/千瓦	2.80E+06	2.86E+05	2.31E+06	2.11E+05	2.30E+06	4.72E+05	2.42E+05

续表

项目		岳阳市	平江县	常德市	石门县	益阳市	桃江县	安化县
有机能投入	14 劳动力/万人	1.40E+02	3.11E+01	1.89E+02	2.20E+01	1.45E+02	2.13E+01	3.38E+01
	15 畜力/头	1.78E+05	4.67E+04	2.34E+05	5.90E+04	2.20E+05	2.79E+04	1.58E+05
	16 有机肥/J							
	17 种子/J							
种植业产出	18 谷物/吨	2.36E+06	4.18E+05	2.67E+06	2.30E+05	1.78E+06	3.25E+05	2.33E+05
	19 豆类/吨	5.16E+04	7.58E+03	5.14E+04	6.92E+03	2.46E+04	2.26E+03	1.29E+04
	20 薯类/吨	9.54E+04	1.99E+04	1.05E+05	4.70E+04	1.08E+05	2.02E+04	5.02E+04
	21 油料/吨	1.28E+05	1.00E+04	4.02E+05	3.91E+04	9.73E+04	3.63E+03	2.34E+04
	22 棉花/吨	3.51E+04	5.14E+02	7.37E+04	3.74E+03	3.01E+04	2.16E+02	1.49E+02
	23 麻类/吨	7.33E+03	5.00E+01	1.50E+04	1.53E+02	3.67E+04	3.00E+01	3.50E+01
	24 甘蔗/吨	2.41E+05	0.00E+00	2.25E+05	2.55E+03	2.88E+05	5.60E+03	3.06E+03
	25 烟叶/吨	5.50E+02	1.06E+02	2.69E+03	1.64E+03	2.04E+04	4.40E+01	1.98E+03
	26 蔬菜/吨	2.15E+06	2.42E+05	1.44E+06	1.23E+05	8.62E+05	1.30E+05	1.34E+05
	27 茶叶/吨	1.26E+04	1.99E+03	6.79E+03	2.16E+03	1.13E+04	3.60E+03	5.00E+03
	28 水果/吨	6.05E+04	6.97E+03	2.41E+05	8.74E+04	1.01E+05	5.05E+03	9.30E+03
	29 瓜果/吨	3.77E+05	9.17E+04	2.65E+05	1.35E+04	6.32E+05	2.58E+03	8.46E+03
林业产出	30 木材/万立方米	9.56E+00	3.22E+00	8.88E+00	4.60E-01	2.87E+01	3.60E+00	1.65E+01
	31 竹材/万根	1.21E+03	5.92E+02	8.36E+02	3.50E+01	2.55E+02	6.00E+02	3.51E+02
	32 油桐籽/吨	5.62E+02	3.90E+02	1.77E+03	7.77E+02	5.86E+02	2.00E+02	3.65E+02

续表

项目		岳阳市	平江县	常德市	石门县	益阳市	桃江县	安化县
畜牧业产出	33 油茶籽/吨	8.04E+03	6.34E+03	2.48E+04	1.33E+03	7.56E+03	1.75E+03	2.80E+03
	34 板栗/吨	7.09E+02	2.17E+02	1.18E+03	6.16E+02	4.44E+02	1.55E+02	2.78E+02
	35 核桃/吨	0.00E+00	0.00E+00	4.80E+01	4.80E+01	5.00E+00	0.00E+00	0.00E+00
	36 竹笋干/吨	2.13E+02	1.51E+02	1.98E+02	0.00E+00	5.52E+02	2.14E+02	3.20E+02
	37 猪肉/吨	4.11E+05	6.40E+04	3.00E+05	3.66E+04	1.92E+05	2.76E+04	3.31E+04
	38 牛肉/吨	2.87E+03	1.46E+02	1.88E+04	3.49E+03	1.03E+04	4.95E+02	7.96E+03
	39 羊肉/吨	3.19E+03	2.50E+03	2.46E+04	6.46E+03	3.20E+03	2.80E+02	2.66E+03
	40 禽肉/吨	4.90E+04	1.44E+03	1.34E+05	2.05E+04	2.02E+04	2.77E+03	4.14E+03
	41 兔肉/吨	4.00E+00	1.00E+00	1.52E+02	0.00E+00	7.50E+01	8.00E+00	4.50E+01
	42 牛奶/吨	2.20E+02	0.00E+00	2.62E+02	0.00E+00	3.00E+00	3.00E+01	0.00E+00
	43 蜂蜜/吨	1.75E+04	9.16E+03	4.59E+04	3.68E+03	2.51E+04	2.52E+03	1.07E+04
	44 蛋/吨	1.65E+03	9.77E+01	4.52E+03	3.92E+02	1.44E+03	2.71E+02	2.00E+02
渔业产出	45 水产品/吨	2.60E+05	4.12E+05	2.26E+05	5.56E+03	1.49E+05	3.40E+03	9.72E+03

表 A－2 2001 年环洞庭湖区农业生态系统能值投入—产出原始数据表

项目		岳阳市	平江县	常德市	石门县	益阳市	桃江县	安化县
可更新环境资源投入	1 太阳光能/J	1.50E+04	4.13E+03	1.82E+04	3.98E+03	1.21E+04	2.06E+03	4.95E+03
	2 风能/J	1.50E+04	4.13E+03	1.82E+04	3.98E+03	1.21E+04	2.06E+03	4.95E+03
	3 雨水化学能/J	1.23E+03	3.38E+02	1.33E+03	2.91E+03	1.37E+03	2.32E+02	5.58E+02

续表

项目			岳阳市	平江县	常德市	石门县	益阳市	桃江县	安化县
不可更新环境资源投入	4	雨水势能/J	1.50E+04	4.13E+03	1.82E+04	3.98E+03	1.21E+04	2.06E+03	4.95E+03
	5	地球旋转能/J	1.50E+04	4.13E+03	1.82E+04	3.98E+03	1.21E+04	2.06E+03	4.95E+03
	6	净表土损失能/J	2.96E+02	1.14E+02	2.25E+02	8.09E+01	2.33E+02	7.21E+01	1.45E+02
可更新工业辅助能投入	7	水电/万千瓦时	4.49E+03	3.79E+03	2.98E+03	8.06E+02	4.20E+03	5.90E+02	2.22E+03
不可更新工业辅助能投入	8	火电/万千瓦时	2.67E+04	2.25E+03	5.69E+04	3.12E+03	2.76E+04	6.01E+03	0.00E+00
	9	化肥/吨	7.22E+04	9.73E+04	1.07E+06	1.15E+05	6.15E+05	6.00E+04	5.37E+04
	10	农药/吨	6.06E+03	6.16E+02	7.74E+03	7.45E+02	8.43E+03	4.60E+02	5.12E+02
	11	农膜/吨	4.82E+03	2.65E+02	3.63E+02	3.25E+02	3.35E+03	2.30E+02	3.74E+02
	12	农用柴油/吨	2.75E+04	3.76E+03	7.01E+04	3.58E+03	2.87E+04	1.30E+03	1.30E+04
	13	农用机械/千瓦	2.99E+06	3.01E+05	2.38E+06	2.30E+05	2.43E+06	4.71E+05	2.72E+05
	14	劳动力/万人	1.39E+02	3.09E+01	1.88E+02	2.17E+01	1.44E+02	2.10E+01	3.34E+01
有机能投入	15	畜力/头	1.80E+05	4.62E+04	2.46E+05	5.81E+04	2.15E+05	2.69E+04	1.58E+05
	16	有机肥/J							
	17	种子/J							
种植业产出	18	谷物/吨	2.10E+06	3.96E+05	2.36E+06	1.83E+05	1.62E+06	2.84E+05	2.22E+05
	19	豆类/吨	4.65E+04	7.33E+03	4.77E+04	6.96E+03	2.33E+04	1.83E+03	1.01E+04
	20	薯类/吨	1.02E+05	1.93E+04	8.70E+04	3.62E+04	8.68E+04	1.67E+04	3.24E+04

附录 A：环洞庭湖区农业生态系统能值投入产出表原始数据表（2000—2009）

续表

项目			岳阳市	平江县	常德市	石门县	益阳市	桃江县	安化县
种植业产出	21	油料/吨	1.17E+05	9.91E+03	3.89E+05	3.65E+04	1.06E+05	1.90E+03	3.18E+04
	22	棉花/吨	4.74E+04	9.20E+02	9.08E+04	3.53E+03	3.13E+04	1.40E+02	3.24E+02
	23	麻类/吨	8.93E+03	6.30E+01	2.43E+04	3.00E+02	5.21E+04	3.00E+01	2.28E+02
	24	甘蔗/吨	3.67E+05	0.00E+00	3.43E+05	2.53E+03	4.68E+05	6.39E+03	4.38E+03
	25	烟叶/吨	7.11E+02	8.10E+01	4.41E+03	1.53E+03	3.43E+03	3.00E+01	3.29E+03
	26	蔬菜/吨	9.90E+01	9.94E+00	6.99E+01	6.02E+00	4.03E+01	7.35E+00	5.65E+00
	27	茶叶/吨	1.24E+04	2.08E+03	7.12E+03	2.53E+03	1.13E+04	3.60E+03	5.30E+03
	28	水果/吨	6.79E+05	2.23E+04	7.25E+05	1.18E+05	2.07E+05	8.43E+03	2.30E+04
	29	瓜果/吨	6.25E+05	1.41E+04	4.06E+05	1.30E+04	8.24E+04	2.46E+03	1.11E+04
	30	木材/万立方米	1.03E+01	3.23E+00	7.55E+00	4.90E-01	3.04E+01	6.89E+00	1.45E+01
林业产出	31	竹材/万根	1.40E+03	6.50E+02	1.08E+03	1.95E+01	3.15E+03	6.23E+02	7.24E+02
	32	油桐籽/吨	5.61E+02	3.52E+02	1.69E+03	5.54E+02	5.43E+02	1.50E+02	3.62E+02
	33	油茶籽/吨	8.18E+03	6.40E+03	2.12E+04	1.10E+03	7.95E+03	2.10E+03	2.83E+03
	34	板栗/吨	1.52E+03	7.68E+02	1.44E+03	5.73E+02	6.24E+02	2.10E+02	3.74E+02
	35	核桃/吨	0.00E+00	0.00E+00	6.50E+01	4.10E+01	1.00E+01	0.00E+00	0.00E+00
	36	竹笋干/吨	2.93E+02	2.33E+02	3.30E+01	0.00E+00	5.28E+02	2.00E+02	3.09E+02
畜牧业产出	37	猪肉/吨	4.33E+05	6.74E+04	3.18E+05	4.19E+04	2.01E+05	3.07E+04	3.42E+04
	38	牛肉/吨	3.52E+03	7.24E+02	1.92E+04	3.01E+03	1.04E+04	5.52E+02	7.74E+03
	39	羊肉/吨	3.52E+03	2.74E+03	2.89E+04	8.70E+03	3.94E+03	3.33E+02	3.18E+03

187

续表

项目		岳阳市	平江县	常德市	石门县	益阳市	桃江县	安化县
畜牧业产出	40 禽肉/吨	5.35E+04	1.73E+03	1.47E+05	2.30E+04	2.20E+04	2.97E+03	4.88E+03
	41 兔肉/吨	2.00E+01	0.00E+00	9.90E+01	1.00E+00	8.20E+01	9.00E+00	5.30E+01
	42 牛奶/吨	1.06E+02	0.00E+00	5.34E+02	7.00E+00	8.60E+01	3.10E+01	0.00E+00
	43 蜂蜜/吨	2.18E+04	9.92E+03	8.67E+04	8.53E+03	2.54E+04	2.52E+03	1.11E+04
	44 蛋/吨	1.58E+03	1.24E+02	4.83E+03	4.29E+02	1.40E+03	2.74E+02	2.36E+02
渔业产出	45 水产品/吨	2.74E+05	4.32E+03	2.43E+05	6.28E+03	1.57E+05	3.65E+03	1.04E+04

表 A－3 2002 年环洞庭湖区农业生态系统能值投入—产出原始数据表

项目		岳阳市	平江县	常德市	石门县	益阳市	桃江县	安化县
可更新环境资源投入	1 太阳光能/J	1.50E+04	4.13E+03	1.82E+04	3.98E+03	1.21E+04	2.06E+03	4.95E+03
	2 风能/J	1.50E+04	4.13E+03	1.82E+04	3.98E+03	1.21E+04	2.06E+03	4.95E+03
	3 雨水化学能/J	1.23E+03	3.38E+02	1.33E+03	2.91E+02	1.37E+03	2.32E+02	5.58E+02
	4 雨水势能/J	1.50E+04	4.13E+03	1.82E+04	3.98E+03	1.21E+04	2.06E+03	4.95E+03
	5 地球旋转能/J	1.50E+04	4.13E+03	1.82E+04	3.98E+03	1.21E+04	2.06E+03	4.95E+03
不可更新环境投入	6 净表土损失能/J	2.96E+02	1.14E+02	2.25E+02	8.09E+01	2.33E+02	7.21E+01	1.45E+02
可更新工业辅助能投入	7 水电/万千瓦时	3.79E+03	3.05E+03	3.14E+03	8.10E+02	4.12E+03	1.05E+03	2.33E+03

附录 A：环洞庭湖区农业生态系统能值投入产出表原始数据表（2000—2009）

续表

	项目	岳阳市	平江县	常德市	石门县	益阳市	桃江县	安化县
不可更新工业辅助能投入	8 火电/万千瓦时	2.93E+04	4.11E+03	5.88E+04	3.32E+03	3.01E+04	5.29E+03	0.00E+00
	9 化肥/吨	6.99E+05	9.44E+04	1.07E+06	1.15E+05	6.29E+05	5.99E+04	5.27E+04
	10 农药/吨	6.90E+03	8.17E+02	7.54E+03	7.16E+02	8.03E+03	4.50E+02	5.04E+02
	11 农膜/吨	7.16E+03	2.86E+02	3.71E+03	3.18E+02	3.50E+03	2.20E+02	3.85E+02
	12 农用柴油/吨	2.79E+04	4.46E+03	7.01E+04	3.98E+03	2.95E+04	1.28E+03	1.27E+04
	13 农用机械/千瓦	3.12E+06	3.21E+05	2.47E+06	2.38E+05	2.48E+06	4.79E+05	2.81E+05
	14 劳动力/万人	1.33E+02	3.10E+01	1.82E+02	2.26E+01	1.38E+02	2.11E+01	3.29E+01
	15 畜力/万头	1.69E+05	3.30E+04	2.53E+05	5.80E+04	2.09E+05	2.96E+04	1.46E+05
有机能投入	16 有机肥/吨							
	17 种子/万							
种植业产出	18 谷物/吨	2.09E+06	3.95E+05	2.21E+06	2.00E+05	1.50E+06	2.35E+05	2.13E+05
	19 豆类/吨	5.04E+04	9.11E+03	4.79E+04	7.50E+03	2.49E+04	1.66E+03	1.14E+04
	20 薯类/吨	1.10E+05	2.01E+04	1.08E+05	4.58E+04	9.53E+04	2.46E+04	3.52E+04
	21 油料/吨	9.55E+04	9.09E+03	3.07E+05	2.52E+04	7.17E+04	2.81E+03	2.36E+04
	22 棉花/吨	3.63E+04	7.88E+02	8.24E+04	2.34E+03	1.90E+04	1.34E+02	3.64E+02
	23 麻类/吨	2.34E+04	6.50E+01	2.69E+04	1.50E+02	7.26E+04	3.00E+01	3.56E+02
	24 甘蔗/吨	3.47E+05	0.00E+00	3.46E+05	3.34E+03	5.91E+05	8.53E+03	4.78E+03
	25 烟叶/吨	9.02E+02	1.46E+02	4.98E+03	2.24E+03	3.65E+03	2.40E+01	3.52E+03
	26 蔬菜/吨	2.98E+06	2.82E+05	1.55E+06	1.22E+05	1.04E+06	2.28E+05	1.16E+05

189

项目			岳阳市	平江县	常德市	石门县	益阳市	桃江县	安化县
种植业产出	27	茶叶/吨	1.38E+04	2.17E+03	7.63E+03	2.45E+03	1.14E+04	3.51E+03	5.37E+03
	28	水果/吨	6.16E+05	3.64E+04	6.05E+05	1.09E+05	1.80E+05	8.06E+03	2.30E+04
	29	瓜果/吨	5.11E+05	2.32E+04	3.39E+05	9.42E+03	7.82E+04	2.21E+03	1.04E+04
林业产出	30	木材/万立方米	1.13E+01	3.24E+00	1.06E+01	8.70E-01	2.25E+01	5.68E+00	8.93E+00
	31	竹材/万根	1.81E+03	8.68E+02	1.10E+03	4.27E+01	3.41E+03	7.72E+02	8.35E+02
	32	油桐籽/吨	7.64E+02	5.51E+02	1.42E+03	2.89E+02	5.83E+02	1.60E+02	3.91E+02
	33	油茶籽/吨	7.89E+03	6.08E+03	2.30E+04	7.85E+02	8.40E+03	2.50E+03	2.95E+03
	34	板栗/吨	1.52E+03	7.68E+02	1.44E+03	5.73E+02	6.24E+02	2.10E+02	3.74E+02
	35	核桃/吨	0.00E+00	0.00E+00	5.70E+01	3.60E+01	8.00E+00	0.00E+00	0.00E+00
	36	竹笋干/吨	1.70E+02	9.90E+01	3.23E+02	0.00E+00	5.91E+02	2.30E+02	3.34E+02
畜牧业产出	37	猪肉/吨	4.79E+05	7.00E+04	3.33E+05	4.50E+04	2.15E+05	3.47E+04	3.57E+04
	38	牛肉/吨	8.06E+03	1.28E+03	2.13E+04	3.20E+03	1.10E+04	6.60E+02	8.03E+03
	39	羊肉/吨	4.07E+03	2.86E+03	3.43E+04	1.19E+04	5.33E+03	4.18E+02	4.13E+03
	40	禽肉/吨	6.34E+04	2.31E+03	1.58E+05	2.41E+04	2.48E+04	3.27E+03	5.44E+03
	41	兔肉/吨	1.90E+01	0.00E+00	1.35E+02	4.40E+01	7.60E+01	1.00E+01	4.50E+01
	42	牛奶/吨	2.94E+02	0.00E+00	3.95E+03	2.74E+02	1.32E+02	3.20E+01	1.20E+01
	43	蜂蜜/吨	3.09E+04	1.33E+04	5.28E+04	4.65E+03	3.39E+04	2.73E+03	1.26E+04
	44	蛋/吨	1.63E+03	9.32E+01	4.72E+03	4.17E+02	1.60E+02	2.78E+02	2.52E+02
渔业产出	45	水产品/吨	2.89E+05	5.80E+03	2.60E+05	6.96E+03	1.72E+05	4.23E+03	1.18E+04

表 A－4 2003 年环洞庭湖区农业生态系统能值投入—产出表原始数据表

	项目		岳阳市	平江县	常德市	石门县	益阳市	桃江县	安化县
可更新环境资源投入	1	太阳光能/J	1.50E+04	4.13E+03	1.82E+04	3.98E+03	1.21E+04	2.06E+03	4.95E+03
	2	风能/J	1.50E+04	4.13E+03	1.82E+04	3.98E+03	1.21E+04	2.06E+03	4.95E+03
	3	雨水化学能/J	1.23E+03	3.38E+02	1.33E+03	2.91E+02	1.37E+03	2.32E+02	5.58E+02
	4	雨水势能/J	1.50E+04	4.13E+03	1.82E+04	3.98E+03	1.21E+04	2.06E+03	4.95E+03
	5	地球旋转能/J	1.50E+04	4.13E+03	1.82E+04	3.98E+03	1.21E+04	2.06E+03	4.95E+03
不可更新环境资源投入	6	净表土损失能/J	2.96E+02	1.14E+02	2.26E+02	8.09E+01	2.33E+02	7.21E+01	1.45E+02
可更新工业辅助能投入	7	水电/万千瓦时	3.75E+03	3.01E+03	2.74E+03	5.28E+02	3.83E+03	9.90E+02	2.23E+03
不可更新工业辅助能投入	8	火电/万千瓦时	3.47E+04	4.16E+03	6.18E+04	4.13E+03	3.39E+04	6.60E+03	0.00E+00
	9	化肥/吨	7.06E+05	9.32E+04	1.10E+06	1.19E+05	6.23E+05	5.95E+04	5.16E+04
	10	农药/吨	9.97E+03	8.70E+02	7.82E+03	7.81E+02	8.62E+03	4.48E+02	4.97E+02
	11	农膜/吨	8.58E+03	3.00E+02	3.98E+03	3.30E+02	3.49E+03	2.27E+02	4.02E+02
	12	农用柴油/吨	2.86E+04	3.00E+03	7.10E+04	4.00E+03	3.23E+04	1.34E+03	1.40E+04
	13	农用机械/千瓦	3.33E+06	3.44E+05	2.54E+06	2.54E+05	2.58E+06	4.95E+05	2.99E+05
有机能投入	14	劳动力/万人	1.36E+02	3.10E+01	1.79E+02	2.22E+01	1.34E+02	2.10E+01	3.22E+01
	15	畜力/头	1.47E+05	2.59E+04	2.59E+05	6.43E+04	2.07E+05	3.19E+04	1.42E+05
	16	有机肥/J							
	17	种子/J							

续表

	项目	岳阳市	平江县	常德市	石门县	益阳市	桃江县	安化县
种植业产出	18 谷物/吨	2.13E+06	3.97E+05	2.29E+06	2.33E+05	1.44E+06	2.08E+05	2.09E+05
	19 豆类/吨	4.94E+04	8.52E+03	5.39E+04	8.33E+03	2.75E+04	1.90E+03	1.11E+04
	20 薯类/吨	9.64E+04	1.91E+04	1.07E+05	4.69E+04	9.78E+04	2.60E+04	3.58E+04
	21 油料/吨	1.08E+05	1.13E+04	3.37E+05	3.43E+04	9.79E+04	2.87E+04	2.72E+04
	22 棉花/吨	4.63E+04	8.23E+02	8.81E+04	1.62E+03	3.09E+04	1.06E+02	3.31E+02
	23 麻类/吨	1.87E+04	3.00E+01	3.02E+04	3.20E+02	7.33E+04	2.00E+01	3.46E+02
	24 甘蔗/吨	1.99E+05	0.00E+00	2.79E+05	3.97E+03	3.66E+05	9.24E+03	4.87E+03
	25 烟叶/吨	7.76E+02	2.43E+02	5.95E+03	2.97E+03	3.78E+03	3.20E+02	3.62E+03
	26 蔬菜/吨	2.92E+06	2.71E+05	1.63E+06	1.35E+05	1.14E+06	2.48E+05	1.15E+05
	27 茶叶/吨	1.30E+04	2.17E+03	7.78E+03	2.62E+03	1.13E+04	3.60E+03	5.25E+03
	28 水果/吨	6.26E+05	3.75E+04	7.17E+05	1.49E+05	1.94E+05	8.35E+03	2.52E+04
	29 瓜果/吨	5.26E+05	2.42E+04	3.68E+05	1.02E+04	6.84E+04	1.82E+03	9.07E+03
林业产出	30 木材/万立方米	2.04E+01	8.74E+00	1.70E+01	6.00E-02	2.72E+01	3.88E+00	1.43E+01
	31 竹材/万根	6.35E+02	1.77E+02	4.47E+02	0.00E+00	1.22E+03	7.50E+02	4.01E+02
	32 油桐籽/吨	6.29E+02	5.00E+02	2.02E+03	4.21E+02	5.59E+02	1.50E+02	3.82E+02
	33 油茶籽/吨	6.43E+03	6.10E+03	2.41E+04	9.40E+02	7.34E+03	2.10E+03	3.00E+03
	34 板栗/吨	1.15E+03	7.68E+02	1.47E+03	5.33E+02	6.15E+02	2.00E+02	3.85E+02
	35 核桃/吨	0.00E+00	0.00E+00	4.10E+01	3.90E+01	3.00E+00	0.00E+00	0.00E+00
	36 竹笋干/吨	2.45E+02	1.80E+02	1.12E+02	0.00E+00	3.83E+02	3.00E+01	3.51E+02

续表

项目		岳阳市	平江县	常德市	石门县	益阳市	桃江县	安化县
畜牧业产出	37 猪肉/吨	4.81E+05	6.43E+04	3.43E+05	4.70E+04	2.24E+05	3.65E+04	3.66E+04
	38 牛肉/吨	8.67E+03	1.70E+03	1.92E+04	3.41E+03	1.14E+04	8.47E+02	8.06E+03
	39 羊肉/吨	4.18E+03	2.88E+03	3.88E+04	1.45E+04	6.03E+03	5.34E+02	4.79E+03
	40 禽肉/吨	6.29E+04	2.70E+03	1.67E+05	2.65E+04	2.68E+04	3.60E+03	5.87E+03
	41 兔肉/吨	7.40E+01	5.00E+01	2.05E+02	0.00E+00	8.40E+01	1.30E+01	4.60E+01
	42 牛奶/吨	4.45E+02	0.00E+00	7.21E+03	7.70E+01	1.19E+02	0.00E+00	2.60E+01
	43 蜂蜜/吨	4.08E+04	1.30E+04	6.49E+04	4.44E+03	3.97E+04	2.79E+03	1.31E+04
	44 蛋/吨	1.88E+03	1.16E+02	4.81E+03	4.55E+02	1.73E+03	2.87E+02	3.00E+02
渔业产出	45 水产品/吨	3.04E+05	5.68E+03	2.73E+05	7.59E+03	1.86E+05	4.90E+03	1.25E+04

表 A–5 2004 年环洞庭湖区农业生态系统能值投入—产出原始数据表

项目		岳阳市	平江县	常德市	石门县	益阳市	桃江县	安化县
可更新环境资源投入	1 太阳光能/J	1.50E+04	4.13E+03	1.82E+04	3.98E+03	1.21E+04	2.06E+03	4.95E+03
	2 风能/J	1.50E+04	4.13E+03	1.82E+04	3.98E+03	1.21E+04	2.06E+03	4.95E+03
	3 雨水化学能/J	1.23E+03	3.38E+02	1.33E+03	2.91E+02	1.37E+03	2.32E+02	5.58E+02
	4 雨水势能/J	1.50E+04	4.13E+03	1.82E+04	3.98E+03	1.21E+04	2.06E+03	4.95E+03
	5 地球旋转能/J	1.50E+04	4.13E+03	1.82E+04	3.98E+03	1.21E+04	2.06E+03	4.95E+03
不可更新环境资源投入	6 净表土损失能/J	2.96E+02	1.14E+02	2.25E+02	8.09E+01	2.33E+02	7.21E+01	1.45E+02

193

续表

项目			岳阳市	平江县	常德市	石门县	益阳市	桃江县	安化县
可更新工业辅助能投入	7	水电/万千瓦时	4.13E+03	3.38E+03	2.34E+03	0.00E+00	3.66E+03	8.06E+02	2.29E+03
不可更新工业辅助能投入	8	火电/万千瓦时	3.59E+04	3.85E+03	6.61E+04	4.76E+03	3.52E+04	5.71E+03	0.00E+00
	9	化肥/吨	7.76E+05	9.31E+04	1.14E+06	1.27E+05	7.30E+05	7.14E+04	5.25E+04
	10	农药/吨	1.83E+04	6.39E+03	8.47E+03	9.89E+02	1.00E+04	5.30E+02	4.90E+02
	11	农膜/吨	1.45E+04	5.70E+03	3.58E+03	3.52E+02	4.45E+03	2.70E+02	4.10E+02
	12	农用柴油/吨	2.97E+04	3.05E+03	7.82E+04	4.86E+03	3.52E+04	1.60E+03	1.45E+04
	13	农用机械/千瓦	3.45E+06	3.69E+05	2.93E+06	2.73E+05	2.85E+06	6.33E+05	3.17E+05
有机能投入	14	劳动力/万人	1.34E+02	2.87E+01	1.76E+02	2.14E+01	1.32E+02	2.06E+01	3.17E+01
	15	畜力/万头	1.50E+05	2.65E+04	2.50E+05	6.59E+04	2.21E+05	4.41E+04	1.43E+05
	16	有机肥/J							
	17	种子/J							
种植业产出	18	谷物/吨	2.76E+06	4.61E+05	2.87E+06	2.49E+05	1.79E+06	2.68E+05	2.14E+05
	19	豆类/吨	4.73E+04	8.74E+03	5.02E+04	9.05E+03	3.08E+04	2.05E+03	1.09E+04
	20	薯类/吨	9.86E+04	1.93E+04	1.18E+05	4.83E+04	8.13E+04	1.62E+04	3.53E+04
	21	油料/吨	1.26E+05	1.17E+04	4.07E+04	4.82E+04	1.10E+05	3.12E+03	2.84E+04
	22	棉花/吨	5.24E+04	8.00E+02	9.21E+04	2.06E+03	3.18E+04	6.80E+01	3.26E+02
	23	麻类/吨	9.90E+03	2.00E+01	2.06E+04	3.23E+02	8.08E+04	2.00E+01	3.40E+02
	24	甘蔗/吨	1.50E+05	4.21E+02	1.79E+05	4.00E+03	2.31E+05	9.23E+03	4.97E+03

续表

	项目		岳阳市	平江县	常德市	石门县	益阳市	桃江县	安化县
种植业产出	25	烟叶/吨	9.09E+02	1.09E+02	5.15E+03	3.05E+03	4.04E+03	3.20E+01	3.90E+02
	26	蔬菜/吨	2.43E+06	2.61E+05	1.61E+06	1.35E+05	1.08E+06	2.43E+05	1.22E+05
	27	茶叶/吨	1.45E+04	2.25E+03	8.70E+03	3.19E+03	1.21E+04	3.60E+03	5.55E+03
	28	水果/吨	5.82E+05	4.70E+04	5.91E+05	1.68E+05	1.83E+05	8.01E+03	2.67E+04
	29	瓜果/吨	4.48E+05	2.71E+04	2.13E+05	1.01E+04	5.34E+04	1.60E+03	9.18E+03
林业产出	30	木材/万立方米	2.32E+01	7.95E+00	1.95E+01	6.00E-02	4.13E+01	1.90E+01	1.12E+01
	31	竹材/万根	7.05E+02	1.88E+02	5.95E+02	1.60E+01	1.63E+03	8.00E+02	7.47E+02
	32	油桐籽/吨	8.45E+02	5.50E+02	2.11E+03	5.67E+02	5.63E+02	1.50E+02	3.89E+02
	33	油茶籽/吨	7.23E+03	6.50E+03	1.75E+04	1.06E+03	7.93E+03	2.60E+03	3.05E+03
	34	板栗/吨	1.79E+03	1.00E+03	2.12E+03	7.69E+02	6.48E+02	2.00E+02	3.98E+02
	35	核桃/吨	5.00E+00	0.00E+00	3.90E+01	2.20E+01	2.00E+00	0.00E+00	0.00E+00
	36	竹笋干/吨	3.05E+02	2.00E+02	3.70E+01	1.10E+01	4.00E+02	3.00E+01	3.68E+02
畜牧业产出	37	猪肉/吨	5.05E+05	5.86E+04	3.60E+05	4.96E+04	2.38E+05	4.20E+04	3.95E+04
	38	牛肉/吨	1.59E+04	6.68E+03	1.42E+04	3.32E+03	1.27E+04	1.31E+03	8.46E+03
	39	羊肉/吨	4.63E+03	2.90E+03	3.94E+04	1.45E+04	6.67E+03	7.17E+02	5.24E+03
	40	禽肉/吨	5.60E+04	4.22E+03	1.65E+05	2.61E+04	2.75E+04	3.46E+03	6.21E+03
	41	兔肉/吨	3.00E+01	5.00E+00	4.09E+02	9.00E+00	9.20E+01	1.60E+01	4.80E+01
	42	牛奶/吨	5.55E+02	0.00E+00	8.19E+03	7.70E+01	1.12E+02	0.00E+00	2.60E+01
	43	蜂蜜/吨	4.36E+04	1.46E+04	6.68E+04	4.50E+02	4.14E+04	2.97E+03	1.33E+04
	44	蛋/吨	2.06E+03	1.36E+02	4.82E+03	4.86E+02	1.77E+03	3.03E+02	3.14E+02
渔业产出	45	水产品/吨	3.22E+05	5.75E+03	2.94E+05	8.10E+03	2.01E+05	4.90E+03	1.32E+04

表A-6 2005年环洞庭湖区农业生态系统能值投入—产出原始数据表

	项目	岳阳市	平江县	常德市	石门县	益阳市	桃江县	安化县
可更新环境资源投入	1 太阳光能/J	1.50E+04	4.13E+03	1.82E+04	3.98E+03	1.21E+04	2.06E+03	4.95E+03
	2 风能/J	1.50E+04	4.13E+03	1.82E+04	3.98E+03	1.21E+04	2.06E+03	4.95E+03
	3 雨水化学能/J	1.23E+03	3.38E+02	1.33E+03	2.91E+02	1.37E+03	2.32E+02	5.58E+02
	4 雨水势能/J	1.50E+04	4.13E+03	1.82E+04	3.98E+03	1.21E+04	2.06E+03	4.95E+03
	5 地球旋转能/J	1.50E+04	4.13E+03	1.82E+04	3.98E+03	1.21E+04	2.06E+03	4.95E+03
不可更新环境资源投入	6 净表土损失能/J	2.96E+02	1.14E+02	2.25E+02	8.09E+01	2.33E+02	7.21E+01	1.45E+02
可更新工业辅助能投入	7 水电/万千瓦时	4.28E+03	3.53E+03	2.43E+03	0.00E+00	3.64E+03	6.69E+02	2.37E+03
不可更新工业辅助能投入	8 火电/万千瓦时	3.87E+04	3.71E+03	6.61E+04	5.01E+03	3.85E+04	7.74E+03	0.00E+00
	9 化肥/吨	8.08E+05	9.42E+04	1.15E+06	1.31E+05	7.47E+05	7.35E+04	5.29E+04
	10 农药/吨	1.80E+04	5.85E+03	8.58E+03	9.99E+02	1.06E+04	5.50E+02	4.92E+02
	11 农膜/吨	1.46E+04	5.92E+03	3.58E+03	3.44E+02	4.56E+03	2.78E+02	4.15E+02
	12 农用柴油/吨	2.95E+04	2.76E+03	9.40E+04	4.64E+03	3.73E+04	1.82E+03	1.46E+04
	13 农用机械/千瓦	3.66E+06	3.98E+05	3.18E+06	2.94E+05	3.11E+06	6.85E+05	3.39E+05
	14 劳动力/万人	1.31E+02	2.55E+01	1.74E+02	2.08E+01	1.31E+02	2.00E+01	3.21E+01
	15 畜力/头	2.07E+05	5.98E+04	2.53E+05	6.85E+04	2.40E+05	4.77E+04	1.50E+05
	16 有机肥/J							
	17 种子/J							

196

续表

	项目	岳阳市	平江县	常德市	石门县	益阳市	桃江县	安化县
种植业产出	18 谷物/吨	2.83E+06	4.48E+05	3.07E+06	2.60E+05	1.93E+06	2.77E+05	2.08E+05
	19 豆类/吨	4.77E+04	8.80E+03	5.09E+04	9.23E+03	2.75E+04	2.15E+03	1.15E+04
	20 薯类/吨	9.09E+04	1.94E+04	1.04E+05	5.11E+04	8.88E+04	1.71E+04	3.73E+04
	21 油料/吨	1.28E+05	1.19E+04	3.95E+05	4.70E+04	1.13E+05	3.92E+03	2.89E+04
	22 棉花/吨	4.59E+04	1.28E+03	9.16E+04	2.41E+03	2.14E+04	6.00E+01	3.04E+02
	23 麻类/吨	8.30E+03	2.00E+01	2.85E+04	5.60E+02	9.01E+04	2.00E+01	3.52E+02
	24 甘蔗/吨	1.06E+05	9.40E+02	1.44E+05	4.11E+03	2.10E+05	9.55E+03	5.45E+03
	25 烟叶/吨	8.58E+02	2.25E+02	6.16E+03	3.49E+03	4.28E+03	3.20E+01	4.17E+03
	26 蔬菜/吨	2.50E+06	3.15E+05	1.69E+06	1.49E+05	1.09E+06	2.48E+05	1.25E+05
	27 茶叶/吨	1.45E+04	2.25E+03	9.55E+03	3.75E+03	1.23E+04	3.60E+03	5.75E+03
	28 水果/吨	5.83E+05	4.83E+04	6.09E+05	1.76E+05	1.82E+05	8.21E+03	2.87E+04
	29 瓜果/吨	4.59E+05	2.40E+04	2.00E+05	1.11E+04	5.47E+04	1.76E+03	9.81E+03
林业产出	30 木材/万立方米	2.49E+01	9.77E+00	2.37E+01	9.50E+00	5.26E+01	3.00E+01	1.55E+01
	31 竹材/万根	1.02E+03	2.62E+02	6.08E+02	6.60E-01	4.47E+03	2.74E+03	1.30E+03
	32 油桐籽/吨	5.94E+02	3.61E+02	8.45E+02	0.00E+00	5.89E+02	2.00E+02	3.67E+02
	33 油茶籽/吨	7.42E+03	6.70E+03	1.56E+04	0.00E+00	8.01E+03	3.10E+03	2.85E+03
	34 板栗/吨	8.25E+02	0.00E+00	2.13E+03	9.30E+02	5.50E+02	5.00E+02	4.80E+01
	35 核桃/吨	0.00E+00	0.00E+00	8.60E+01	5.80E+01	2.00E+00	0.00E+00	0.00E+00
	36 竹笋干/吨	1.10E+03	1.00E+03	1.21E+02	0.00E+00	4.89E+03	3.00E+01	4.86E+03

续表

项目		岳阳市	平江县	常德市	石门县	益阳市	桃江县	安化县
畜牧业产出	37 猪肉/吨	5.42E+05	6.28E+04	3.82E+05	5.25E+04	2.62E+05	4.75E+04	4.29E+04
	38 牛肉/吨	1.75E+04	6.85E+03	1.51E+04	3.52E+03	1.45E+04	1.46E+03	9.00E+03
	39 羊肉/吨	5.22E+03	3.13E+03	4.17E+04	1.50E+04	7.61E+03	8.22E+02	5.81E+03
	40 禽肉/吨	5.82E+04	4.28E+03	1.69E+05	2.69E+04	2.95E+04	3.97E+03	6.74E+03
	41 兔肉/吨	3.20E+01	1.00E+00	4.63E+02	6.00E+00	9.50E+01	1.60E+01	5.00E+01
	42 牛奶/吨	1.85E+03	0.00E+00	8.54E+03	0.00E+00	1.04E+02	0.00E+00	2.90E+01
	43 蜂蜜/吨	4.75E+04	1.67E+04	6.12E+04	2.89E+03	3.93E+04	2.91E+03	1.36E+04
	44 蛋/吨	2.09E+03	1.49E+02	4.90E+03	7.79E+02	1.76E+03	3.03E+02	3.32E+02
渔业产出	45 水产品/吨	3.46E+05	6.23E+03	3.25E+05	8.65E+03	2.18E+05	5.06E+03	1.41E+04

表 A-7 2006 年环洞庭湖区农业生态系统值能投入—产出原始数据表

项目		岳阳市	平江县	常德市	石门县	益阳市	桃江县	安化县
可更新环境资源投入	1 太阳光能/J	1.50E+04	4.13E+03	1.82E+04	3.98E+03	1.21E+04	2.06E+03	4.95E+03
	2 风能/J	1.50E+04	4.13E+03	1.82E+04	3.98E+03	1.21E+04	2.06E+03	4.95E+03
	3 雨水化学能/J	1.23E+03	3.38E+02	1.33E+03	2.91E+02	1.37E+03	2.32E+02	5.58E+02
	4 雨水势能/J	1.50E+04	4.13E+03	1.82E+04	3.98E+03	1.21E+04	2.06E+03	4.95E+03
	5 地球旋转能/J	1.50E+04	4.13E+03	1.82E+04	3.98E+03	1.21E+04	2.06E+03	4.95E+03
不可更新环境资源投入	6 净表土损失能/J							

附录 A：环洞庭湖区农业生态系统能值投入产出表原始数据表（2000—2009）

续表

项目		项目	岳阳市	平江县	常德市	石门县	益阳市	桃江县	安化县
可更新工业辅助能投入	7	水电/万千瓦时	2.96E+02	1.14E+02	2.25E+02	8.09E+01	2.33E+02	7.21E+01	1.45E+02
不可更新工业辅助能投入	8	火电/万千瓦时	4.35E+03	3.71E+03	2.52E+03	0.00E+00	9.92E+02	9.92E+02	1.60E+02
	9	化肥/吨	4.21E+04	3.52E+03	6.64E+04	5.27E+03	4.51E+04	9.84E+03	2.30E+03
	10	农药/吨	2.03E+05	2.79E+04	3.09E+05	3.96E+04	2.04E+05	1.87E+04	1.43E+04
	11	农膜/吨	1.81E+04	5.90E+03	8.55E+03	9.53E+02	1.12E+04	5.60E+02	5.01E+02
	12	农用柴油/吨	1.13E+04	4.92E+03	3.21E+03	2.79E+02	3.23E+03	2.78E+02	4.20E+02
	13	农用机械/千瓦							
有机能投入	14	劳动力/万人	3.71E+06	4.29E+05	3.34E+06	2.95E+05	2.96E+06	6.17E+05	3.61E+05
	15	畜力/头	1.30E+02	2.67E+01	1.71E+02	1.99E+01	1.29E+02	1.97E+01	3.22E+01
	16	有机肥/J	2.17E+05	6.79E+04	2.68E+05	7.34E+04	2.39E+05	4.68E+04	1.56E+05
	17	种子/J							
种植业产出	18	谷物/吨							
	19	豆类/吨	2.90E+06	4.36E+05	3.28E+06	2.59E+05	2.04E+06	3.09E+05	2.14E+05
	20	薯类/吨	5.08E+04	1.09E+04	4.84E+04	9.69E+03	2.81E+04	2.07E+03	1.23E+04
	21	油料/吨	9.45E+04	2.13E+04	1.12E+05	5.62E+04	9.76E+04	1.39E+04	4.01E+04
	22	棉花/吨	1.44E+05	1.54E+04	4.11E+05	4.89E+04	1.36E+05	4.02E+03	3.29E+04
	23	麻类/吨	4.83E+04	1.47E+03	1.02E+05	2.74E+03	2.90E+04	7.00E+01	3.16E+02
	24	甘蔗/吨	7.51E+03	2.00E+01	3.48E+04	7.20E+02	9.17E+04	1.50E+01	3.66E+02

续表

项目			岳阳市	平江县	常德市	石门县	益阳市	桃江县	安化县
种植业产出	25	烟叶/吨	9.99E+04	1.88E+03	1.55E+05	4.19E+03	2.48E+05	8.82E+03	5.64E+03
	26	蔬菜/吨	9.94E+02	2.81E+02	6.71E+03	3.72E+03	4.52E+03	3.10E+01	4.41E+03
	27	茶叶/吨	1.43E+04	2.30E+03	1.02E+04	4.24E+03	1.31E+04	3.86E+03	6.23E+03
	28	水果/吨	6.02E+05	5.03E+04	6.96E+05	2.04E+05	2.59E+05	9.00E+03	3.10E+04
	29	瓜果/吨	4.89E+05	2.60E+04	2.08E+05	1.19E+04	8.24E+04	1.81E+03	1.04E+04
林业产出	30	木材/万立方米	2.49E+01	1.07E+01	2.85E+01	7.78E+00	3.27E+01	3.57E+00	1.45E+01
	31	竹材/万根	8.70E+02	2.21E+02	9.50E+02	6.50E-01	1.38E+03	1.17E+03	5.82E+01
	32	油桐籽/吨	5.23E+02	4.00E+02	1.12E+03	3.71E+02	6.74E+02	2.00E+02	4.47E+02
	33	油茶籽/吨	7.19E+03	6.70E+03	2.97E+04	7.96E+02	9.51E+03	3.10E+03	3.77E+03
	34	板栗/吨	1.57E+03	1.10E+03	2.23E+03	7.12E+02	1.09E+03	5.00E+02	4.70E+02
	35	核桃/吨	2.00E+01	0.00E+00	1.52E+02	1.47E+02	0.00E+00	0.00E+00	0.00E+00
	36	竹笋干/吨	3.35E+02	2.00E+02	2.11E+02	7.00E+00	3.11E+02	3.00E+01	2.66E+02
畜牧业产出	37	猪肉/吨	5.50E+05	6.30E+04	3.85E+05	5.42E+04	2.71E+05	5.11E+04	4.49E+04
	38	牛肉/吨	2.14E+04	8.25E+03	1.62E+04	3.70E+03	1.52E+04	1.46E+04	9.50E+03
	39	羊肉/吨	5.43E+03	3.18E+03	4.24E+04	1.51E+04	7.78E+03	7.84E+02	6.00E+03
	40	禽肉/吨	5.79E+04	4.86E+03	1.72E+05	2.77E+04	3.13E+04	4.56E+03	7.10E+03
	41	兔肉/吨	1.13E+02	7.60E+01	4.93E+02	6.00E+00	1.00E+02	1.40E+01	5.20E+01
	42	牛奶/吨	2.11E+03	0.00E+00	8.46E+03	0.00E+00	1.06E+02	0.00E+00	3.10E+01
	43	蜂蜜/吨	5.06E+04	1.78E+04	5.66E+04	1.87E+03	3.58E+04	2.88E+03	1.41E+04
	44	蛋/吨	2.23E+03	1.51E+02	4.93E+03	7.91E+02	1.75E+04	3.02E+02	3.52E+02
渔业产出	45	水产品/吨	3.78E+05	6.50E+03	3.46E+05	8.98E+03	2.30E+05	5.52E+03	1.63E+04

表 A－8　2007 年环洞庭湖区农业生态系统能值投入产出原始数据表

	项目		岳阳市	平江县	常德市	石门县	益阳市	桃江县	安化县
可更新环境资源投入	1	太阳光能/J	1.50E+04	4.13E+03	1.82E+04	3.98E+03	1.21E+04	2.06E+03	4.95E+03
	2	风能/J	1.50E+04	4.13E+03	1.82E+04	3.98E+03	1.21E+04	2.06E+03	4.95E+03
	3	雨水化学能/J	1.23E+03	3.38E+02	1.33E+03	2.91E+02	1.37E+03	2.32E+02	5.58E+02
	4	雨水势能/J	1.50E+04	4.13E+03	1.82E+04	3.98E+03	1.21E+04	2.06E+03	4.95E+03
	5	地球旋转能/J	1.50E+04	4.13E+03	1.82E+04	3.98E+03	1.21E+04	2.06E+03	4.95E+03
不可更新环境资源投入	6	净表土损失能/J	1.49E+02	7.05E+01	1.83E+02	7.82E+01	1.47E+02	3.44E+01	1.06E+02
可更新工业辅助能投入	7	水电/万千瓦时	5.15E+03	4.34E+03	1.57E+03	0.00E+00	7.45E+02	6.69E+02	4.40E+01
不可更新工业辅助能投入	8	火电/万千瓦时	4.20E+04	2.90E+03	7.58E+04	5.62E+03	4.87E+04	9.48E+03	3.40E+03
	9	化肥/吨	8.54E+05	1.00E+05	1.18E+06	1.32E+05	7.87E+05	7.75E+04	5.88E+04
	10	农药/吨	1.22E+04	2.15E+03	8.79E+03	9.05E+02	1.15E+04	5.90E+02	5.46E+02
	11	农膜/吨	2.05E+04	5.99E+03	4.14E+03	3.42E+02	4.90E+03	3.15E+02	4.59E+02
	12	农用柴油/吨	3.40E+04	3.87E+03	8.35E+04	4.60E+03	4.12E+04	1.87E+03	1.62E+04
	13	农用机械/千瓦	3.95E+06	4.63E+05	3.58E+06	3.11E+05	3.20E+06	7.07E+05	4.07E+05
	14	劳动力/万人	1.29E+02	2.73E+01	1.68E+02	1.97E+01	1.28E+02	1.94E+01	3.22E+01
有机能投入	15	畜力/头	2.32E+05	6.97E+04	2.66E+05	7.10E+04	2.39E+05	4.71E+04	1.58E+05
	16	有机肥/J							
	17	种子/J							

续表

	项目		岳阳市	平江县	常德市	石门县	益阳市	桃江县	安化县
种植业产出	18	谷物/吨	2.94E+06	4.50E+05	3.40E+06	2.66E+05	2.11E+06	3.16E+05	2.19E+05
	19	豆类/吨	5.57E+04	1.13E+04	5.10E+04	1.02E+04	2.75E+04	2.11E+03	1.23E+04
	20	薯类/吨	1.06E+05	2.93E+04	1.17E+05	5.68E+04	1.06E+05	1.40E+04	4.25E+04
	21	油料/吨	1.48E+05	1.61E+04	4.31E+05	4.99E+04	1.35E+05	4.02E+03	3.47E+04
	22	棉花/吨	5.11E+04	8.05E+02	1.27E+05	3.25E+03	3.58E+04	7.40E+01	0.00E+00
	23	麻类/吨	7.80E+03	2.00E+01	3.72E+04	9.79E+02	8.68E+04	1.50E+01	3.67E+02
	24	甘蔗/吨	1.31E+05	1.88E+03	1.61E+05	4.12E+03	2.68E+05	8.09E+03	5.81E+03
	25	烟叶/吨	1.09E+03	3.42E+02	6.07E+03	3.76E+03	4.46E+03	3.10E+01	4.35E+03
	26	蔬菜/吨	2.51E+06	3.36E+05	1.87E+06	1.76E+05	1.47E+06	2.75E+05	2.73E+05
	27	茶叶/吨	1.46E+04	2.67E+03	1.09E+04	4.90E+03	1.80E+04	4.20E+03	1.05E+04
	28	水果/吨	5.93E+05	5.28E+04	7.61E+05	2.30E+05	3.11E+05	9.80E+03	3.07E+04
	29	瓜果/吨	4.64E+05	2.62E+04	2.30E+05	1.34E+04	1.55E+05	1.84E+04	1.05E+04
	30	木材/万立方米	2.39E+01	1.43E+01	3.53E+01	7.49E+00	3.78E+01	6.21E+00	1.73E+01
林业产出	31	竹材/万根	7.13E+02	2.56E+02	7.44E+02	5.50E+00	4.12E+02	8.00E-02	3.00E+02
	32	油桐籽/吨	6.71E+02	4.52E+02	1.04E+03	3.71E+02	6.40E+02	5.00E+01	5.80E+02
	33	油茶籽/吨	7.69E+03	7.21E+03	2.84E+04	7.96E+02	1.04E+04	3.45E+03	4.50E+03
	34	板栗/吨	1.26E+03	9.56E+02	1.92E+03	7.10E+02	6.10E+03	5.60E+03	4.80E+02
	35	核桃/吨	0.00E+00	0.00E+00	1.47E+02	1.47E+02	0.00E+00	0.00E+00	0.00E+00
	36	竹笋干/吨	2.76E+02	2.10E+02	7.70E+01	2.00E+02	1.61E+03	1.10E+03	3.00E+02

续表

	项目	岳阳市	平江县	常德市	石门县	益阳市	桃江县	安化县
畜牧业产出	37 猪肉/吨	5.78E+05	6.82E+04	3.98E+05	5.61E+04	2.82E+05	5.42E+04	4.59E+04
	38 牛肉/吨	2.12E+04	8.01E+03	1.67E+04	3.86E+03	1.61E+04	1.55E+03	9.99E+03
	39 羊肉/吨	5.86E+03	3.12E+03	4.30E+04	1.54E+04	8.35E+03	8.09E+02	6.39E+03
	40 禽肉/吨	6.97E+04	5.24E+03	1.79E+05	2.88E+04	3.44E+04	5.04E+03	7.29E+03
	41 兔肉/吨	1.24E+02	8.50E+01	9.32E+02	0.00E+00	1.22E+02	3.00E+01	5.40E+01
	42 牛奶/吨	2.05E+03	0.00E+00	8.71E+03	0.00E+00	1.09E+02	0.00E+00	3.30E+01
	43 蜂蜜/吨	5.24E+04	1.97E+04	5.78E+04	1.90E+03	3.96E+04	2.91E+03	1.54E+04
	44 蛋/吨	2.51E+03	2.77E+02	5.02E+03	8.11E+02	1.94E+03	3.50E+02	3.67E+02
渔业产出	45 水产品/吨	3.86E+05	6.80E+03	3.70E+05	9.95E+03	2.55E+05	6.50E+03	1.76E+04

表 A－9 2008 年环洞庭湖区农业生态系统能值投入—产出原始数据表

	项目	岳阳市	平江县	常德市	石门县	益阳市	桃江县	安化县
可更新环境资源投入	1 太阳光能/J	1.50E+04	4.13E+03	1.82E+04	3.98E+03	1.21E+04	2.06E+03	4.95E+03
	2 风能/J	1.50E+04	4.13E+03	1.82E+04	3.98E+03	1.21E+04	2.06E+03	4.95E+03
	3 雨水化学能/J	1.23E+03	3.38E+02	1.33E+03	2.91E+02	1.37E+03	2.32E+02	5.58E+02
	4 雨水势能/J	1.50E+04	4.13E+03	1.82E+04	3.98E+03	1.21E+04	2.06E+03	4.95E+03
	5 地球旋转能/J	1.50E+04	4.13E+03	1.82E+04	3.98E+03	1.21E+04	2.06E+03	4.95E+03
不可更新环境资源投入	6 净表土损失能/J	1.52E+02	7.05E+01	1.86E+02	7.85E+01	1.47E+02	3.44E+01	1.06E+02

续表

类别	项目		岳阳市	平江县	常德市	石门县	益阳市	桃江县	安化县
可更新工业辅助能投入	7	水电/万千瓦时	5.11E+03	4.27E+03	1.59E+03	0.00E+00	7.69E+02	6.92E+02	4.60E+01
不可更新工业辅助能投入	8	火电/万千瓦时	5.67E+04	1.54E+04	8.08E+04	7.26E+03	5.33E+04	1.15E+04	3.47E+03
	9	化肥/吨	8.56E+05	8.87E+04	1.22E+06	1.34E+05	8.00E+05	8.13E+04	5.91E+04
	10	农药/吨	1.50E+04	2.33E+03	8.88E+03	8.87E+02	1.18E+04	6.20E+02	5.47E+02
	11	农膜/吨	2.08E+04	6.05E+03	4.03E+03	3.68E+02	4.93E+03	3.76E+02	4.40E+02
	12	农用柴油/吨	3.91E+04	4.21E+03	8.56E+04	4.67E+03	4.25E+04	2.35E+03	1.64E+04
	13	农用机械/千瓦	4.05E+06	4.95E+05	4.18E+06	4.93E+05	3.49E+06	5.82E+05	5.74E+05
有机能投入	14	劳动力/万人	1.29E+02	2.74E+01	1.65E+02	1.94E+01	1.27E+02	1.95E+01	3.26E+01
	15	畜力/头	2.06E+05	3.56E+04	2.87E+05	5.47E+04	2.10E+05	3.44E+04	1.47E+05
	16	有机肥/J							
	17	种子/J							
种植业产出	18	谷物/吨	2.87E+06	4.29E+05	3.40E+06	6.53E+05	2.12E+06	3.21E+05	2.12E+05
	19	豆类/吨	2.53E+04	5.16E+03	3.82E+04	5.86E+03	1.48E+04	2.17E+03	4.47E+03
	20	薯类/吨	3.63E+04	6.72E+03	7.13E+04	2.42E+04	4.39E+04	3.98E+03	1.23E+04
	21	油料/吨	1.34E+05	1.51E+04	4.41E+05	3.58E+04	1.27E+05	4.11E+03	2.47E+04
	22	棉花/吨	4.52E+04	1.07E+03	1.33E+05	4.24E+03	4.28E+04	4.70E+01	0.00E+00
	23	麻类/吨	7.83E+03	2.00E+01	3.30E+04	9.21E+02	5.69E+04	1.60E+01	3.56E+02
	24	甘蔗/吨	2.77E+04	1.88E+03	1.18E+05	2.34E+03	1.09E+05	4.55E+03	3.60E+03

续表

	项目		岳阳市	平江县	常德市	石门县	益阳市	桃江县	安化县
种植业产出	25	烟叶/吨	1.08E+03	3.42E+02	4.84E+03	1.79E+03	3.75E+02	7.10E+01	7.00E+01
	26	蔬菜/吨	2.24E+06	2.65E+05	1.81E+06	1.81E+05	1.60E+06	2.88E+05	2.97E+05
	27	茶叶/吨	1.45E+04	2.40E+03	1.10E+04	4.90E+03	1.89E+04	4.50E+03	1.10E+04
	28	水果/吨	5.84E+05	5.03E+04	7.67E+05	2.48E+05	3.16E+05	1.02E+04	3.31E+04
	29	瓜果/吨	3.95E+05	2.75E+04	1.79E+05	1.87E+03	1.46E+05	2.03E+03	1.07E+04
林业产出	30	木材/万立方米	3.13E+01	1.85E+01	2.51E+01	5.43E+00	3.63E+01	6.23E+00	1.07E+01
	31	竹材/万根	6.67E+02	2.05E+02	5.85E+02	5.20E+00	3.96E+02	8.00E-02	1.84E+02
	32	油桐籽/吨	5.57E+02	4.65E+02	1.19E+03	5.20E+02	6.70E+02	0.00E+00	6.60E+02
	33	油茶籽/吨	8.47E+03	7.21E+03	3.95E+04	8.70E+02	1.00E+04	2.35E+02	1.25E+03
	34	板栗/吨	2.75E+03	9.70E+02	5.09E+03	3.82E+03	6.52E+02	4.00E+01	5.80E+02
	35	核桃/吨	0.00E+00	0.00E+00	0.00E+00	0.00E+00	0.00E+00	0.00E+00	0.00E+00
	36	竹笋干/吨	1.26E+03	2.36E+02	6.50E+01	0.00E+00	5.57E+03	5.00E+03	3.60E+02
畜牧业产出	37	猪肉/吨	4.77E+05	7.11E+04	3.92E+05	5.58E+04	2.99E+05	5.68E+04	5.47E+04
	38	牛肉/吨	1.23E+04	4.17E+03	1.31E+04	2.41E+03	1.28E+04	1.35E+03	7.77E+03
	39	羊肉/吨	4.92E+03	3.01E+03	2.82E+04	4.88E+03	7.55E+03	8.54E+02	5.51E+03
	40	禽肉/吨	3.82E+04	5.10E+03	1.49E+05	2.41E+04	3.30E+04	5.19E+03	6.42E+03
	41	兔肉/吨	1.74E+02	1.27E+02	5.32E+02	0.00E+00	1.07E+02	1.90E+01	4.90E+01
	42	牛奶/吨	1.74E+03	0.00E+00	8.33E+03	0.00E+00	5.30E+01	0.00E+00	2.30E+01
	43	蜂蜜/吨	4.59E+04	1.87E+04	2.00E+04	1.97E+03	5.11E+04	3.15E+03	1.58E+04
	44	蛋/吨	2.07E+03	3.10E+02	4.54E+03	8.49E+02	2.15E+03	3.95E+02	3.50E+02
渔业产出	45	水产品/吨	3.45E+05	5.99E+03	3.05E+05	7.38E+03	2.43E+05	5.87E+03	1.55E+04

表 A－10　2009 年环洞庭湖区农业生态系统能值投入—产出原始数据表

		项目	岳阳市	平江县	常德市	石门县	益阳市	桃江县	安化县
可更新环境资源投入	1	太阳光能/J	1.50E+04	4.13E+03	1.82E+04	3.98E+03	1.21E+04	2.06E+03	4.95E+03
	2	风能/J	1.50E+04	4.13E+03	1.82E+04	3.98E+03	1.21E+04	2.06E+03	4.95E+03
	3	雨水化学能/J	1.23E+03	3.38E+02	1.33E+03	2.91E+02	1.37E+03	2.32E+02	5.58E+02
	4	雨水势能/J	1.50E+04	4.13E+03	1.82E+04	3.98E+03	1.21E+04	2.06E+03	4.95E+03
	5	地球旋转能/J	1.50E+04	4.13E+03	1.82E+04	3.98E+03	1.21E+04	2.06E+03	4.95E+03
不可更新环境资源投入	6	净表土损失能/J	1.52E+02	7.05E+01	1.86E+02	7.85E+01	1.47E+02	3.44E+01	1.06E+02
可更新工业辅助能投入	7	水电/万千瓦时	6.17E+03	4.87E+03	1.41E+03	0.00E+00	4.31E+03	7.15E+02	3.56E+03
不可更新工业辅助能投入	8	火电/万千瓦时	6.29E+04	1.84E+04	8.55E+04	9.27E+03	5.32E+04	1.38E+04	5.68E+01
	9	化肥/吨	8.76E+05	9.24E+04	1.24E+06	1.38E+05	8.32E+05	9.15E+04	5.93E+04
	10	农药/吨	1.61E+04	2.45E+03	9.03E+03	8.82E+02	1.16E+04	7.12E+02	5.48E+02
	11	农膜/吨	2.08E+04	6.23E+03	3.85E+03	3.60E+02	5.14E+03	4.12E+02	4.46E+02
	12	农用柴油/吨	4.51E+04	4.49E+03	9.00E+04	4.81E+03	4.50E+04	3.15E+03	1.65E+04
	13	农用机械/千瓦	4.39E+06	5.59E+05	4.51E+06	5.45E+05	3.77E+06	5.94E+05	5.37E+05
有机能投入	14	劳动力/万人	1.27E+02	2.80E+01	1.64E+02	1.95E+01	1.24E+02	1.92E+01	3.28E+01
	15	畜力/头	2.12E+05	3.70E+04	2.89E+05	5.57E+04	2.02E+05	3.65E+04	1.38E+05
	16	有机肥/J							
	17	种子/J							

206

续表

	项目	岳阳市	平江县	常德市	石门县	益阳市	桃江县	安化县
种植业产出	18 谷物/吨	3.04E+06	4.42E+05	3.65E+06	2.70E+05	2.31E+06	5.56E+05	3.46E+05
	19 豆类/吨	4.26E+04	6.96E+03	4.83E+04	6.43E+03	1.88E+04	2.91E+03	4.14E+03
	20 薯类/吨	7.44E+04	1.32E+04	8.62E+04	2.68E+04	6.24E+04	1.66E+04	1.16E+04
	21 油料/吨	1.78E+05	2.09E+04	5.28E+05	4.37E+04	1.90E+05	2.26E+04	3.58E+04
	22 棉花/吨	4.76E+04	1.04E+03	1.20E+05	4.32E+03	4.76E+04	8.80E+01	0.00E+00
	23 麻类/吨	3.86E+03	2.00E+01	2.23E+04	9.37E+02	4.16E+04	1.50E+01	2.37E+02
	24 甘蔗/吨	4.11E+04	1.88E+03	1.26E+05	2.70E+03	8.87E+04	4.95E+03	3.30E+03
	25 烟叶/吨	1.43E+03	3.42E+02	8.55E+03	4.81E+03	3.50E+02	8.60E+01	2.10E+02
	26 蔬菜/吨	2.40E+06	2.72E+05	1.90E+06	1.97E+05	1.75E+06	2.79E+05	3.03E+05
	27 茶叶/吨	1.49E+04	2.50E+03	1.18E+04	5.45E+03	2.13E+04	4.60E+03	1.32E+04
	28 水果/吨	5.77E+05	5.30E+04	8.24E+05	2.76E+05	3.09E+05	1.33E+04	3.21E+04
	29 瓜果/吨	4.45E+05	2.84E+04	1.94E+05	2.29E+03	1.42E+05	4.98E+03	9.16E+03
林业产出	30 木材/万立方米	2.20E+01	1.45E+01	1.94E+01	5.47E+00	2.73E+01	6.50E+00	7.50E+00
	31 竹材/万根	4.75E+02	7.94E+01	6.48E+02	5.50E+00	1.30E+03	1.00E+03	2.64E+02
	32 油桐籽/吨	9.50E+01	0.00E+00	5.84E+02	4.12E+02	6.87E+02	0.00E+00	6.75E+02
	33 油茶籽/吨	9.15E+03	8.00E+03	3.38E+04	9.65E+02	4.89E+03	1.66E+02	1.88E+03
	34 板栗/吨	2.80E+03	1.04E+03	1.08E+04	3.00E+03	8.63E+02	4.50E+01	7.80E+02
	35 核桃/吨	0.00E+00	0.00E+00	8.33E+02	8.00E+02	0.00E+00	0.00E+00	0.00E+00
	36 竹笋干/吨	1.27E+03	2.45E+02	2.54E+02	6.00E+02	1.06E+04	1.00E+04	3.80E+02

续表

	项目		岳阳市	平江县	常德市	石门县	益阳市	桃江县	安化县
畜牧业产出	37	猪肉/吨	4.91E+05	7.07E+04	4.07E+05	5.67E+04	3.18E+05	6.05E+04	5.57E+04
	38	牛肉/吨	1.38E+04	4.78E+03	1.40E+04	2.52E+03	1.32E+04	1.62E+03	7.65E+03
	39	羊肉/吨	5.18E+03	3.11E+03	2.80E+04	5.12E+03	5.82E+03	2.80E+01	4.52E+03
	40	禽肉/吨	4.35E+04	5.37E+03	1.54E+05	2.50E+04	3.51E+04	5.70E+03	6.32E+03
	41	兔肉/吨	1.72E+02	1.30E+02	5.70E+02	0.00E+00	1.13E+02	2.00E+01	4.80E+01
	42	牛奶/吨	1.65E+03	1.10E+01	8.37E+03	0.00E+00	5.90E+01	5.90E+01	0.00E+00
	43	蜂蜜/吨	4.25E+04	1.97E+04	2.04E+04	2.08E+03	5.20E+04	3.06E+03	1.58E+04
	44	蛋/吨	2.20E+03	3.24E+02	5.09E+03	8.86E+02	2.45E+03	4.21E+02	3.85E+02
渔业产出	45	水产品/吨	3.62E+05	6.18E+03	3.29E+05	1.07E+04	2.55E+05	6.18E+03	1.59E+04

附录 B：环洞庭湖区农业生态系统有机肥能值投入核算原始数据表（2000—2009）

表 B-1 2000 年环洞庭湖区农业生态系统有机肥投入核算原始数据表

	项目		岳阳市	平江县	常德市	石门县	益阳市	桃江县	安化县
2000 年有机肥投入核算	农业从业人员/万人		1.40E+02	3.11E+01	1.89E+02	2.20E+01	1.45E+02	2.13E+01	3.38E+01
	猪/万头	当年出栏	6.27E+02	9.20E+01	4.35E+02	5.26E+01	2.80E+02	4.35E+01	4.87E+01
		年末存栏	3.45E+02	5.04E+01	2.52E+02	3.65E+01	1.89E+02	3.68E+01	4.02E+01
	牛/万头	当年出栏	3.35E+00	1.80E-01	1.56E+01	2.91E+00	1.14E+01	5.50E-01	8.84E+00
		年末存栏	2.19E+01	5.46E+00	3.25E+01	8.27E+00	2.90E+01	3.52E+00	2.10E+01
	羊/万只	当年出栏	3.12E+01	2.50E+01	1.44E+02	3.80E+01	2.17E+01	2.25E+00	1.78E+01
		年末存栏	2.47E+01	1.62E+01	8.85E+01	3.49E+01	2.67E+01	4.92E+00	1.93E+01
	兔/万只	当年出栏	5.90E-01	7.00E-02	1.06E+01	0.00E+00	5.10E+00	6.30E-01	3.01E+00
		年末存栏	5.20E-01	0.00E+00	4.57E+00	1.50E-01	3.86E+00	5.10E-01	2.49E+00
	家禽/万羽	当年出栏	3.41E+03	9.58E+01	8.94E+03	1.37E+03	1.34E+03	2.31E+02	2.76E+02
		年末存栏	1.65E+03	9.77E+01	4.52E+03	3.92E+02	1.44E+03	2.71E+02	2.00E+02

表 B-2　2001 年环洞庭湖区农业生态系统有机肥投入核算原始数据表

项目		岳阳市	平江县	常德市	石门县	益阳市	桃江县	安化县
农业从业人员/万人		1.39E+02	3.09E+01	1.88E+02	2.17E+01	1.44E+02	2.10E+01	3.34E+01
猪/万头	当年出栏	6.59E+02	9.68E+01	4.61E+02	6.03E+01	2.98E+02	4.88E+01	5.10E+01
	年末存栏	3.59E+02	5.12E+01	2.60E+02	3.80E+01	1.92E+02	3.95E+01	3.82E+01
牛/万头	当年出栏	4.21E+00	9.00E-01	1.60E+01	2.51E+00	1.16E+01	6.20E-01	8.60E+00
	年末存栏	2.19E+01	5.48E+00	3.42E+01	8.46E+01	3.00E+01	3.84E+00	2.19E+01
羊/万只	当年出栏	3.45E+01	2.74E+01	1.70E+02	5.12E+01	2.64E+01	2.43E+00	2.12E+01
	年末存栏	2.46E+01	1.64E+01	9.89E+01	4.08E+01	3.04E+01	5.07E+00	2.09E+01
兔/万只	当年出栏	1.87E+00	0.00E+00	6.82E+00	4.00E-02	5.58E+00	6.80E-01	3.60E+00
	年末存栏	1.05E+00	2.00E-02	1.30E+00	7.00E-02	4.27E+00	5.30E-01	2.54E+00
家禽/万羽	当年出栏	3.65E+03	1.15E+02	9.78E+03	1.53E+03	1.47E+03	2.48E+02	3.25E+02
	年末存栏	1.58E+03	1.24E+02	4.83E+03	4.29E+02	1.40E+03	2.74E+02	2.36E+02

2001 年有机肥投入核算

表 B-3　2002 年环洞庭湖区农业生态系统有机肥投入核算原始数据表

项目		岳阳市	平江县	常德市	石门县	益阳市	桃江县	安化县
农业从业人员/万人		1.33E+02	3.10E+01	1.82E+02	2.26E+01	1.38E+02	2.11E+01	3.29E+01
猪/万头	当年出栏	7.00E+02	1.01E+02	4.89E+02	6.52E+01	3.19E+02	5.55E+01	5.32E+01
	年末存栏	3.49E+02	5.00E+01	2.81E+02	4.15E+01	2.01E+02	4.03E+01	4.14E+01
牛/万头	当年出栏	7.15E+01	1.20E+01	1.77E+01	2.67E+00	1.22E+01	7.40E-01	8.90E+00
	年末存栏	2.35E+01	5.55E+00	3.61E+01	8.49E+01	2.90E+01	4.15E+00	2.03E+01
羊/万只	当年出栏	3.68E+01	2.86E+01	2.02E+02	7.03E+01	3.56E+01	3.05E+00	2.75E+01
	年末存栏	2.82E+01	1.85E+01	1.42E+02	5.04E+01	4.00E+01	5.45E+00	2.72E+01
兔/万只	当年出栏	2.15E+00	0.00E+00	9.35E+00	3.06E+00	5.23E+00	7.40E-01	3.05E+00
	年末存栏	1.81E+00	0.00E+00	1.26E+01	8.60E-01	5.31E+01	6.00E-01	3.71E+00
家禽/万羽	当年出栏	4.18E+03	1.54E+02	1.06E+04	1.61E+03	1.65E+03	2.72E+02	3.63E+02
	年末存栏	1.63E+03	9.32E+01	4.72E+03	4.17E+02	1.60E+03	2.78E+02	2.52E+02

2002 年有机肥投入核算

表 B－4　2003 年环洞庭湖区农业生态系统有机肥投入核算原始数据表

	项目		岳阳市	平江县	常德市	石门县	益阳市	桃江县	安化县
2003 年有机肥投入核算	农业从业人员/万人		1.36E+02	3.10E+01	1.79E+02	2.22E+01	1.34E+02	2.10E+01	3.22E+01
	猪/万头	当年出栏	7.23E+02	1.01E+02	5.13E+02	6.91E+01	3.33E+02	5.86E+01	5.50E+01
		年末存栏	3.45E+02	4.70E+01	2.89E+02	4.17E+01	2.04E+02	4.08E+01	4.20E+01
	牛/万头	当年出栏	8.65E+00	1.78E+00	1.60E+01	2.84E+00	1.27E+01	9.50E-01	8.96E+00
		年末存栏	2.10E+01	4.82E+00	3.72E+01	8.89E+00	2.86E+01	4.58E+00	1.94E+01
	羊/万只	当年出栏	3.98E+01	2.88E+01	2.28E+02	8.52E+01	4.02E+01	3.90E+01	3.19E+01
		年末存栏	1.72E+01	8.50E+01	1.50E+02	5.40E+01	4.41E+01	6.10E+00	3.10E+01
	兔/万只	当年出栏	6.02E+00	3.40E+00	1.39E+01	0.00E+00	5.95E+00	9.70E-01	3.08E+00
		年末存栏	2.42E+00	5.00E-01	1.25E+01	0.00E+00	5.91E+00	7.30E-01	3.75E+00
	家禽/万羽	当年出栏	4.34E+03	1.80E+02	1.11E+04	1.76E+03	1.79E+03	3.00E+02	3.92E+02
		年末存栏	1.88E+03	1.16E+02	4.81E+03	4.55E+02	1.73E+03	2.87E+02	3.00E+02

表 B－5　2004 年环洞庭湖区农业生态系统有机肥投入核算原始数据表

	项目		岳阳市	平江县	常德市	石门县	益阳市	桃江县	安化县
2004 年有机肥投入核算	农业从业人员/万人		1.34E+02	2.87E+01	1.76E+02	2.14E+01	1.32E+02	2.06E+01	3.17E+01
	猪/万头	当年出栏	7.59E+02	9.73E+01	5.36E+02	7.29E+01	3.53E+02	6.65E+01	5.90E+01
		年末存栏	4.01E+02	7.21E+01	3.02E+02	4.34E+01	2.12E+02	4.35E+01	4.40E+01
	牛/万头	当年出栏	1.36E+01	4.45E+00	1.38E+01	3.20E+01	1.42E+01	1.46E+00	9.40E+00
		年末存栏	3.57E+01	1.03E+01	4.04E+01	9.04E+01	3.01E+01	5.60E+00	1.96E+01
	羊/万只	当年出栏	4.37E+01	2.90E+01	2.46E+02	9.03E+01	4.47E+01	5.23E+00	3.49E+01
		年末存栏	3.41E+01	1.92E+01	1.61E+02	5.62E+01	5.06E+01	9.12E+00	3.37E+01
	兔/万只	当年出栏	5.44E+00	3.20E-01	2.73E+01	6.00E-01	6.62E+00	1.18E+00	3.21E+00
		年末存栏	1.99E+00	1.60E-01	4.14E+00	1.50E-01	6.28E+00	7.90E-01	3.87E+00
	家禽/万羽	当年出栏	4.27E+03	2.81E+02	1.18E+04	1.86E+03	1.83E+03	2.89E+02	4.14E+02
		年末存栏	2.06E+03	1.36E+02	4.82E+03	4.86E+02	1.77E+03	3.03E+02	3.14E+02

表 B－6　2005 年环洞庭湖区农业生态系统有机肥投入核算原始数据表

项目		岳阳市	平江县	常德市	石门县	益阳市	桃江县	安化县
农业从业人员/万人		1.31E+02	2.55E+01	1.74E+02	2.08E+01	1.31E+02	2.00E+01	3.21E+01
猪/万头	当年出栏	8.15E+02	9.95E+01	5.69E+02	7.72E+01	3.94E+02	7.55E+01	6.40E+01
	年末存栏	4.05E+02	7.31E+01	3.10E+02	5.03E+01	2.29E+02	5.30E+01	4.74E+01
牛/万头	当年出栏	1.60E+01	5.48E+00	1.46E+01	3.38E+00	1.62E+01	1.62E+00	1.00E+01
	年末存栏	3.69E+01	1.20E+01	4.07E+01	9.24E+00	3.30E+01	6.20E+00	2.05E+01
羊/万只	当年出栏	4.72E+01	2.95E+01	2.61E+02	9.36E+01	5.08E+01	6.00E+00	3.87E+01
	年末存栏	3.79E+01	2.19E+01	1.72E+02	6.32E+01	5.56E+01	9.85E+00	3.65E+01
兔/万只	当年出栏	9.70E+00	5.00E+00	3.10E+01	5.00E-01	7.24E+00	1.18E+00	3.31E+00
	年末存栏	1.79E+00	1.40E+00	3.14E+00	5.00E-02	6.33E+00	7.90E-01	3.91E+00
家禽/万羽	当年出栏	4.17E+03	2.85E+02	1.21E+04	1.92E+03	1.98E+03	3.31E+02	4.49E+02
	年末存栏	2.09E+03	1.49E+02	4.90E+03	7.79E+02	1.76E+03	3.03E+02	3.32E+02

（2005 年有机肥投入核算）

表 B－7　2006 年环洞庭湖区农业生态系统有机肥投入核算原始数据表

项目		岳阳市	平江县	常德市	石门县	益阳市	桃江县	安化县
农业从业人员/万人		1.30E+02	2.67E+01	1.71E+02	1.99E+01	1.29E+02	1.97E+01	3.22E+01
猪/万头	当年出栏	8.28E+02	9.99E+01	5.72E+02	7.98E+01	4.03E+02	7.69E+01	6.70E+01
	年末存栏	3.90E+02	7.50E+01	2.87E+02	4.94E+01	2.15E+02	4.62E+01	4.77E+01
牛/万头	当年出栏	1.91E+01	6.60E+00	1.55E+01	3.56E+00	1.67E+01	1.62E+00	1.06E+01
	年末存栏	3.96E+01	1.40E+01	4.11E+01	9.51E+00	3.42E+01	6.10E+01	2.16E+01
羊/万只	当年出栏	4.86E+01	3.00E+01	2.65E+02	9.46E+01	5.19E+01	5.72E+01	4.00E+01
	年末存栏	4.36E+01	2.50E+01	1.67E+02	6.18E+01	5.13E+01	7.20E+01	3.51E+01
兔/万只	当年出栏	9.34E+00	5.40E+00	3.29E+01	4.00E-01	7.69E+00	1.00E+00	3.47E+00
	年末存栏	1.72E+00	1.50E-01	2.30E+01	4.00E-02	6.79E+00	6.30E-01	4.10E+00
家禽/万羽	当年出栏	4.05E+03	3.24E+02	1.23E+04	1.98E+03	2.10E+03	3.80E+02	4.73E+02
	年末存栏	2.23E+03	1.51E+02	4.93E+03	7.91E+02	1.75E+03	3.02E+02	3.52E+02

（2006 年有机肥投入核算）

表 B-8　2007 年环洞庭湖区农业生态系统机肥投入核算原始数据表

项目			岳阳市	平江县	常德市	石门县	益阳市	桃江县	安化县
农业从业人员/万人			1.29E+02	2.73E+01	1.68E+02	1.97E+01	1.28E+02	1.94E+01	3.22E+01
2007 年有机肥投入核算	猪/万头	当年出栏	8.72E+02	1.07E+02	5.95E+02	8.26E+01	4.22E+02	8.21E+01	6.85E+01
		年末存栏	4.72E+02	7.60E+01	2.99E+02	4.99E+01	2.38E+02	5.78E+01	4.95E+01
	牛/万头	当年出栏	1.85E+01	6.41E+00	1.60E+01	3.71E+00	1.78E+01	1.72E+00	1.11E+01
		年末存栏	4.25E+01	1.40E+01	4.24E+01	9.59E+00	3.34E+01	6.12E+00	2.20E+01
	羊/万只	当年出栏	5.02E+01	2.94E+01	2.69E+02	9.65E+01	5.48E+01	5.78E+00	4.26E+01
		年末存栏	4.65E+01	2.60E+01	1.64E+02	6.05E+01	5.25E+01	7.22E+00	3.65E+01
	兔/万只	当年出栏	1.02E+01	5.80E+00	6.22E+01	0.00E+00	9.22E+00	2.20E+00	3.60E+00
		年末存栏	2.25E+00	2.20E-01	2.86E+01	1.00E-01	7.40E+00	7.10E-01	4.20E+00
	家禽/万羽	当年出栏	4.76E+03	3.50E+02	1.28E+04	2.06E+03	2.30E+03	4.20E+02	4.86E+02
		年末存栏	2.51E+03	2.77E+02	5.02E+03	8.11E+02	1.94E+03	3.50E+02	3.67E+02

表 B-9　2008 年环洞庭湖区农业生态系统有机肥投入核算原始数据表

项目			岳阳市	平江县	常德市	石门县	益阳市	桃江县	安化县
农业从业人员/万人			1.29E+02	2.73E+01	1.68E+02	1.97E+01	1.28E+02	1.94E+01	3.22E+01
2008 年有机肥投入核算	猪/万头	当年出栏	8.72E+02	1.07E+02	5.95E+02	8.26E+01	4.22E+02	8.21E+01	6.85E+01
		年末存栏	4.72E+02	7.60E+01	2.99E+02	4.99E+01	2.38E+02	5.78E+01	4.95E+01
	牛/万头	当年出栏	1.85E+01	6.41E+00	1.60E+01	3.71E+00	1.78E+01	1.72E+00	1.11E+01
		年末存栏	4.25E+01	1.40E+01	4.24E+01	9.59E+00	3.34E+01	6.12E+00	2.20E+01
	羊/万只	当年出栏	5.02E+01	2.94E+01	2.69E+02	9.65E+01	5.48E+01	5.78E+00	4.26E+01
		年末存栏	4.65E+01	2.60E+01	1.64E+02	6.05E+01	5.25E+01	7.22E+00	3.65E+01
	兔/万只	当年出栏	1.02E+01	5.80E+00	6.22E+01	0.00E+00	9.22E+00	2.20E+00	3.60E+00
		年末存栏	2.25E+00	2.20E-01	2.86E+01	1.00E-01	7.40E+00	7.10E-01	4.20E+00
	家禽/万羽	当年出栏	4.76E+03	3.50E+02	1.28E+04	2.06E+03	2.30E+03	4.20E+02	4.86E+02
		年末存栏	2.51E+03	2.77E+02	5.02E+03	8.11E+02	1.94E+03	3.50E+02	3.67E+02

表 B-10　2009 年环洞庭湖区农业生态系统有机肥投入核算原始数据表

项目		岳阳市	平江县	常德市	石门县	益阳市	桃江县	安化县
农业从业人员/万人		1.27E+02	2.80E+01	1.64E+02	1.95E+01	1.24E+02	1.92E+01	3.28E+01
猪/万头	当年出栏	7.29E+02	1.11E+02	6.03E+02	8.35E+01	4.57E+02	8.90E+01	8.30E+01
	年末存栏	4.16E+02	7.30E+01	3.24E+02	4.45E+01	2.91E+02	6.07E+01	5.80E+01
牛/万头	当年出栏	1.17E+01	3.82E+00	1.35E+01	2.42E+00	1.49E+01	1.80E+00	8.70E+00
	年末存栏	3.69E+01	1.29E+01	4.31E+01	8.45E+00	2.99E+01	5.37E+00	1.97E+01
羊/万只	当年出栏	4.07E+01	2.59E+01	1.75E+02	3.20E+01	3.69E+01	2.00E-01	3.01E+01
	年末存栏	3.49E+01	1.96E+01	1.31E+02	5.53E+01	3.31E+01	8.20E-01	2.31E+01
兔/万只	当年出栏	1.17E+01	8.70E+00	3.80E+01	0.00E+00	9.79E+00	1.31E+00	3.50E+00
	年末存栏	3.29E+00	1.38E+00	7.04E+00	0.00E+00	8.40E+00	1.00E+00	4.10E+00
家禽/万羽	当年出栏	2.59E+03	3.58E+02	1.10E+04	1.78E+03	2.38E+03	4.69E+02	4.31E+02
	年末存栏	2.20E+03	3.24E+02	5.09E+03	8.86E+02	2.45E+03	4.21E+02	3.85E+02

2009 年有机肥投入核算

214

附录 C：环洞庭湖区农业生态系统种子能值投入核算原始数据表（2000—2009）

表 C-1 2000 年环洞庭湖区农业生态系统种子投入核算原始数据表

项目			岳阳市	平江县	常德市	石门县	益阳市	桃江县	安化县
2000 年湖南环洞庭湖区各种农作物种植面积/千公顷	谷物	早中晚稻	$3.44E+02$	$6.45E+01$	$4.59E+02$	$3.26E+01$	$2.94E+02$	$5.88E+01$	$3.55E+01$
		小麦	$1.60E+00$	$1.00E+00$	$6.91E+00$	$4.43E+00$	$2.81E+00$	$4.00E-01$	$2.01E+00$
		玉米	$2.46E+01$	$1.23E+00$	$1.98E+01$	$9.99E+00$	$8.14E+00$	$6.60E-01$	$6.07E+00$
		高粱	$5.70E-01$	$4.00E-01$	$7.70E-01$	$0.00E+00$	$2.00E-01$	$2.00E-02$	$3.00E-02$
		其他谷物	$3.70E-01$	$0.00E+00$	$7.50E-01$	$1.60E-01$	$1.88E+00$	$1.30E-01$	$1.55E+00$
	豆类	大豆	$1.60E+01$	$2.74E+00$	$1.92E+01$	$3.58E+00$	$8.45E+00$	$7.50E-01$	$6.65E+00$
		蚕豌豆	$6.36E+00$	$7.60E-01$	$5.98E+00$	$9.10E-01$	$5.27E+00$	$3.50E-01$	$1.16E+00$
	油料	花生	$6.67E+00$	$1.05E+00$	$1.42E+01$	$2.79E+00$	$6.62E+00$	$8.60E-01$	$5.05E+00$
		油菜籽	$8.07E+01$	$7.34E+00$	$2.42E+02$	$2.41E+01$	$6.28E+01$	$2.00E+00$	$1.07E+01$
	棉花		$2.92E+01$	$6.70E-01$	$6.46E+01$	$2.75E+00$	$2.53E+01$	$2.40E-01$	$1.90E-01$
	麻类——苎麻		$2.66E+00$	$4.00E-02$	$8.80E+00$	$7.00E-02$	$1.64E+01$	$2.00E-02$	$3.00E-02$
	烟叶		$2.90E-01$	$4.00E-02$	$1.67E+00$	$1.06E+01$	$1.39E+00$	$6.00E-02$	$1.32E+00$

表 C - 2 2001 年环洞庭湖区农业生态系统种子投入核算原始数据表

项目		岳阳市	平江县	常德市	石门县	益阳市	桃江县	安化县
谷物	早中晚稻	2.99E+02	5.94E+01	4.22E+02	3.09E+01	2.59E+02	4.91E+01	3.20E+01
	小麦	1.70E+00	9.50E-01	5.12E+00	3.17E+00	3.72E+00	1.30E-01	3.01E+00
	玉米	2.19E+01	1.34E+00	1.74E+01	9.83E+00	1.18E+01	1.56E+00	7.38E+00
	高粱	5.70E-01	4.70E-01	4.90E-01	2.00E-02	1.70E-01	3.00E-02	2.00E-02
	其他谷物	1.20E-01	0.00E+00	6.70E-01	5.00E-02	1.94E+00	3.80E-01	1.56E+00
豆类	大豆	1.68E+01	3.05E+01	1.83E+01	3.66E+00	7.45E+01	5.20E-01	5.68E+00
	蚕豌豆	4.12E+00	7.70E-01	6.00E+00	1.22E+00	6.26E+00	2.80E-01	1.52E+00
油料	花生	7.32E+00	1.57E+00	1.38E+01	2.67E-01	6.51E+00	6.50E-01	5.10E+00
	油菜籽	7.30E+01	6.33E+00	2.34E+02	2.27E+01	6.80E+01	7.60E-01	1.61E+01
棉花		3.25E+01	1.19E+00	6.79E+01	2.48E+01	2.20E+01	1.40E-01	4.30E-01
麻类——苎麻		3.17E+00	5.00E-02	1.44E+01	1.30E-01	2.32E+01	3.00E-02	2.00E-01
烟叶		3.40E-01	3.00E-01	2.40E+00	1.14E+00	2.24E+00	4.00E-01	2.16E+00

2001 年湖南环洞庭湖区各种农作物种植面积/千公顷

表 C - 3 2002 年环洞庭湖区农业生态系统种子投入核算原始数据表

项目		岳阳市	平江县	常德市	石门县	益阳市	桃江县	安化县
谷物	早中晚稻	3.04E+02	5.92E+01	3.82E+02	2.52E+01	2.50E+02	4.39E+01	2.89E+01
	小麦	1.69E+00	8.10E-01	4.82E+00	2.46E+00	1.47E+00	2.00E-01	1.00E+00
	玉米	2.05E+01	1.78E+00	2.09E+01	1.13E+01	1.16E+01	2.03E+00	7.98E+00
	高粱	5.90E-01	5.10E-01	2.90E-01	3.00E-02	1.50E-01	2.00E-02	2.00E-02
	其他谷物	1.30E-01	0.00E+00	9.10E-01	1.00E-01	3.88E+00	1.30E-01	3.50E-01
豆类	大豆	1.71E+01	3.74E+01	1.80E+01	3.69E+00	8.24E+01	4.30E-01	6.54E+00
	蚕豌豆	6.12E+00	8.60E-01	6.71E+00	1.23E+00	6.78E+00	4.40E-01	1.67E+00
油料	花生	7.73E+00	1.58E+00	1.38E+01	2.56E+00	8.42E+00	6.30E-01	6.93E+00
	油菜籽	6.75E+01	5.69E+00	2.29E+02	2.50E+01	6.63E+01	1.98E+00	1.53E+01
棉花		2.51E+01	9.00E-01	5.83E+01	1.37E+01	1.36E+01	1.40E+00	4.80E-01
麻类——苎麻		7.10E+00	5.00E-01	1.49E+01	7.00E-02	2.62E+01	3.00E-02	3.00E-01
烟叶		4.70E-01	3.00E-02	3.02E+00	1.34E+00	2.31E+00	3.00E-02	2.24E+00

2002 年湖南环洞庭湖区各种农作物种植面积/千公顷

表 C-4　2003 年环洞庭湖区农业生态系统种子投入核算原始数据表

2003 年湖南环洞庭湖区各种农作物种植面积/千公顷

项目		岳阳市	平江县	常德市	石门县	益阳市	桃江县	安化县
谷物	早中晚稻	3.12E+02	5.89E+01	3.84E+02	2.55E+01	2.30E+02	3.70E+01	2.81E+01
	小麦	1.73E+00	8.50E-01	3.57E+00	1.74E+00	1.36E+00	1.50E-01	8.50E-01
	玉米	2.05E+01	2.12E+00	2.83E+01	1.38E+01	1.17E+01	2.25E+00	7.38E+00
	高粱	6.50E-01	5.70E-01	3.40E-01	3.00E-02	6.00E-02	2.00E-02	2.00E-02
	其他谷物	3.00E-02	0.00E+00	7.80E-01	7.00E-02	3.31E+00	1.30E-01	3.18E+00
豆类	大豆	1.60E+01	3.85E+00	1.93E+01	3.52E+00	8.01E+00	5.00E-01	6.00E+00
	蚕豌豆	7.48E+00	8.60E-01	7.48E+00	1.12E+00	6.78E+00	4.40E-01	1.63E+00
油料	花生	7.95E+00	1.86E+00	1.32E+01	2.74E+00	8.21E+00	6.80E-01	6.88E+00
	油菜籽	6.62E+01	6.00E+00	2.17E+02	2.39E+01	6.69E+01	1.59E+00	1.60E+01
棉类	棉花	3.17E+01	7.80E-01	6.31E+01	1.45E+00	2.29E+01	1.10E-01	4.60E-01
麻类	芝麻	4.84E+00	2.00E-02	1.43E+01	1.30E-01	2.93E+01	2.00E-02	3.20E-01
烟叶	烟叶	3.30E-01	5.00E-02	3.64E+00	1.86E+00	2.47E+00	4.00E-02	2.38E+00

表 C-5　2004 年环洞庭湖区农业生态系统种子投入核算原始数据表

2004 年湖南环洞庭湖区各种农作物种植面积/千公顷

项目		岳阳市	平江县	常德市	石门县	益阳市	桃江县	安化县
谷物	早中晚稻	4.11E+02	6.75E+01	4.64E+02	2.74E+01	2.95E+02	5.01E+01	2.86E+01
	小麦	1.81E+00	8.40E-01	3.46E+00	1.58E+00	1.00E+00	4.00E-02	8.20E-01
	玉米	1.89E+01	2.05E+00	2.51E+01	1.32E+01	1.10E+01	1.85E+00	7.75E+00
	高粱	5.30E-01	5.30E-01	3.20E-01	4.00E-02	7.00E-02	2.00E-02	2.00E-02
	其他谷物	0.00E+00	0.00E+00	5.50E-01	6.00E-02	3.28E+00	1.70E-01	3.10E+00
豆类	大豆	1.53E+01	3.83E+00	1.71E+01	3.65E+00	7.93E+00	5.10E-01	5.60E+00
	蚕豌豆	6.85E+00	8.60E-01	6.97E+00	1.16E+00	6.00E+00	5.30E-01	1.53E+00
油料	花生	8.11E+00	1.87E+00	1.05E+01	2.82E+00	7.80E+00	7.00E+00	6.71E+00
	油菜籽	7.34E+01	5.80E+00	2.28E+02	2.62E+01	6.72E+01	1.67E+01	1.66E+01
棉类	棉花	3.48E+01	1.08E+01	6.24E+01	1.45E+00	2.33E+01	7.00E-02	4.50E-01
麻类	芝麻	2.82E+00	1.00E-02	1.04E+01	1.30E-01	3.05E+01	2.00E-02	3.00E-01
烟叶	烟叶	3.80E-01	4.00E-02	3.00E+00	1.77E+00	2.57E+00	4.00E-02	2.47E+00

表 C-6　2005 年环洞庭湖区农业生态系系统种子投入核算原始数据表

项目		岳阳市	平江县	常德市	石门县	益阳市	桃江县	安化县
谷物	早中晚稻	4.42E+02	6.73E+01	4.91E+02	2.86E+01	3.17E+02	5.02E+01	2.43E+01
	小麦	2.83E+00	8.40E-01	3.08E+00	1.65E+00	9.20E-01	1.00E-02	7.50E-01
	玉米	1.63E+01	2.05E+00	2.59E+01	1.33E+01	1.24E+01	1.88E+00	8.91E+00
	高粱	5.00E-01	5.00E-01	3.20E-01	4.00E-02	6.00E-02	2.00E-02	2.00E-02
	其他谷物	0.00E+00	0.00E+00	5.00E-01	7.00E-02	3.32E+00	2.00E-01	3.11E+00
豆类	大豆	1.51E+01	3.90E+00	1.69E+01	3.49E+00	7.73E+00	5.00E-01	5.65E+00
	蚕豌豆	6.99E+00	8.60E-01	6.84E+00	1.23E+00	5.76E+00	5.50E-01	1.50E+00
油料	花生	7.27E+00	1.82E+00	1.06E+01	2.78E+00	7.00E+00	6.90E-01	5.65E+00
	油菜籽	7.46E+01	6.00E+00	2.31E+02	2.59E+01	6.95E+01	2.30E+01	1.67E+01
麻类	棉花	3.29E+01	1.08E+00	6.12E+01	1.54E+00	1.81E+01	7.00E+00	4.40E-01
	苎麻	2.67E+00	1.00E-02	1.12E+01	2.30E-01	3.15E+00	2.00E+00	3.00E-01
烟叶		3.40E-01	4.00E-02	3.42E+00	1.92E+00	2.56E+00	4.00E-02	2.48E+00

2005 年湖南环洞庭湖区各种农作物种植面积/千公顷

表 C-7　2006 年环洞庭湖区农业生态系系统种子投入核算原始数据表

项目		岳阳市	平江县	常德市	石门县	益阳市	桃江县	安化县
谷物	早中晚稻	4.45E+02	6.36E+01	5.12E+02	2.72E+01	3.19E+02	5.03E+01	2.49E+01
	小麦	2.79E+00	8.40E-01	3.42E+00	1.56E+00	9.80E-01	1.00E-02	7.70E-01
	玉米	1.71E+01	2.05E+00	2.34E+01	1.36E+01	1.28E+01	1.80E+00	9.28E+00
	高粱	9.30E-01	9.30E-01	3.50E-01	4.00E-02	1.10E-01	6.00E-02	2.00E-02
	其他谷物	0.00E+00	0.00E+00	6.70E-01	8.00E-02	3.47E+00	2.20E-01	3.24E+00
豆类	大豆	1.43E+01	4.00E+00	1.56E+01	3.63E+00	7.99E+00	5.30E-01	5.87E+00
	蚕豌豆	7.51E+00	8.60E-01	6.40E+00	1.27E+00	6.25E+00	5.90E-01	1.52E+00
油料	花生	8.26E+00	2.28E+00	1.09E+01	2.93E+00	7.32E+00	6.80E-01	5.99E+00
	油菜籽	7.67E+01	6.00E+00	2.28E+02	2.60E+01	8.04E+01	2.37E+01	1.87E+01
麻类	棉花	3.24E+01	1.08E+00	6.16E+01	1.60E+00	2.05E+01	7.00E+00	4.30E-01
	苎麻	2.87E+00	1.00E-02	1.18E+01	3.00E-01	3.44E+01	2.00E+00	3.10E-01
烟叶		3.80E-01	5.00E-02	3.58E+00	1.98E+00	2.57E+00	3.00E-01	2.50E+00

2006 年湖南环洞庭湖区各种农作物种植面积/千公顷

表 C-8 2007 年环洞庭湖区农业生态系统种子投入核算原始数据表

项目			岳阳市	平江县	常德市	石门县	益阳市	桃江县	安化县
2007年湖南环洞庭湖区各种农作物种植面积/千公顷	谷物	早中晚稻	4.46E+02	6.66E+01	5.17E+02	2.71E+01	3.23E+02	5.10E+01	2.58E+01
		小麦	2.88E+00	7.50E-01	3.86E+00	1.62E+00	1.53E+00	1.00E-02	7.00E-01
		玉米	1.72E+01	2.12E+00	2.36E+01	1.36E+01	1.32E+01	1.82E+00	9.70E+00
		高粱	5.80E-01	5.70E-01	3.50E-01	4.00E-02	7.00E-02	6.00E-02	0.00E+00
		其他谷物	0.00E+00	0.00E+00	7.90E-01	8.00E-02	3.48E+00	2.20E-01	3.25E+00
	豆类	大豆	1.51E+01	4.01E+00	1.54E+01	3.66E+00	7.92E+00	5.40E-01	6.09E+00
		蚕豌豆	8.14E+00	8.60E-01	7.10E+00	1.30E+00	6.00E+00	5.80E-01	1.30E+00
	油料	花生	8.28E+00	2.32E+00	1.08E+01	2.93E+00	7.53E+00	6.90E-01	6.25E+00
		油菜籽	8.08E+01	7.95E+00	2.28E+02	2.59E+01	7.51E+01	2.32E+00	1.73E+01
	棉花		3.31E+01	6.70E-01	7.49E+01	1.81E+00	2.57E+01	7.00E-02	0.00E+00
	麻类	苎麻	2.91E+00	1.00E-02	1.21E+01	3.80E-01	3.38E+01	2.00E-02	3.10E-01
	烟叶		3.90E-01	6.00E-02	3.17E+00	1.93E+00	2.58E+00	3.00E-02	2.51E+00

表 C-9 2008 年环洞庭湖区农业生态系统种子投入核算原始数据表

项目			岳阳市	平江县	常德市	石门县	益阳市	桃江县	安化县
2008年湖南环洞庭湖区各种农作物种植面积/千公顷	谷物	早中晚稻	4.45E+02	6.55E+01	5.34E+02	2.67E+01	3.34E+02	5.28E+01	2.67E+01
		小麦	1.57E+00	4.10E-01	4.16E+00	1.39E+00	2.50E-01	0.00E+00	1.00E-01
		玉米	9.49E+00	9.50E-01	2.27E+01	1.35E+01	9.14E+00	1.84E+00	6.42E+00
		高粱	2.00E-01	2.00E-01	3.50E-01	4.00E-02	6.00E-02	6.00E-02	0.00E+00
		其他谷物	0.00E+00	0.00E+00	1.13E+00	9.00E-01	3.25E+00	2.50E-01	3.00E+00
	豆类	大豆	6.49E+00	1.50E+00	9.81E+00	1.23E+00	3.59E+00	5.40E-01	1.84E+00
		蚕豌豆	3.74E+00	8.00E-01	6.95E+00	1.31E+00	4.09E+00	6.20E-01	1.20E+00
	油料	花生	5.95E+00	1.50E+01	7.22E+00	8.20E-01	4.78E+01	7.00E-01	3.58E+01
		油菜籽	1.02E+02	1.06E+01	2.60E+02	2.03E+01	9.25E+01	2.38E+00	1.74E+01
	棉花		3.46E+01	8.20E-01	8.85E+01	2.36E+00	3.11E+01	6.00E-02	0.00E+00
	麻类	苎麻	2.81E+00	1.00E-02	1.18E+01	3.70E-01	2.21E+01	2.00E-02	3.00E-01
	烟叶		2.80E-01	6.00E-02	2.73E+00	1.16E+00	3.20E-01	3.00E-02	2.50E-01

表C-10　2009年环洞庭湖区农业生态系统种子投入核算原始数据表

项目		岳阳市	平江县	常德市	石门县	益阳市	桃江县	安化县
2009年湖南环洞庭湖区各种农作物种植面积/千公顷	谷物 早中晚稻	4.69E+02	6.78E+01	5.79E+02	2.79E+01	3.62E+02	5.64E+01	2.89E+01
	小麦	5.00E+00	2.30E-01	1.23E+01	1.39E+00	5.90E-01	3.80E-01	1.00E-01
	玉米	2.60E+01	3.53E+00	2.86E+01	1.44E+01	1.41E+01	2.50E+00	1.05E+01
	高粱	2.20E-01	2.00E-01	2.80E-01	4.00E-02	7.00E-02	6.00E-02	0.00E+00
	其他谷物	1.72E+00	0.00E+00	1.08E+00	1.70E-01	3.28E+00	6.80E-01	2.60E+00
	豆类 大豆	1.06E+01	1.81E+00	1.17E+01	1.31E+00	4.09E+00	8.70E-01	1.80E+00
	蚕豌豆	8.25E+00	1.60E+00	8.08E+00	1.33E+00	5.85E+00	4.20E-01	1.36E+00
	油料 花生	6.51E+00	2.00E+00	7.65E+00	8.80E-01	5.04E+00	1.10E+00	3.51E+00
	油菜籽	1.07E+02	1.10E+01	2.87E+02	2.38E+01	1.11E+02	1.42E+01	2.00E+01
	麻类 棉花	3.24E+01	8.00E-01	7.86E+01	2.32E+01	2.98E+01	9.00E-01	0.00E+00
	苎麻	1.42E+00	1.00E-02	9.08E+00	3.70E-01	1.62E+01	2.00E-02	2.00E-02
	烟叶	3.30E-01	6.00E-02	4.52E+00	2.58E+00	3.00E-01	7.00E-02	2.00E-01

220

附录 D：2000—2009 年环洞庭湖区农业生态系统投入产出能量数据汇总表

2000—2009 年环洞庭湖区农业生态系统投入—产出能量数据

		项目	2000	2001	2002	2003	2004	2005	2006	2007	2008	2009
可更新环境资源投入	1	太阳光能/J	1.39E+20	1.39E+20	1.39E+20	1.39E+20	1.39E+20	1.39E+20	1.39E+20	1.39E+20	1.39E+20	1.39E+20
	2	风能/J	1.98E+12	1.98E+12	1.98E+12	1.98E+12	1.98E+12	1.98E+12	1.98E+12	1.98E+12	1.98E+12	1.98E+12
	3	雨水化学能/J	2.16E+17	2.03E+17	3.53E+17	2.36E+17	2.32E+17	2.19E+17	1.96E+17	1.73E+17	2.17E+17	1.97E+17
	4	雨水势能/J	1.93E+17	1.81E+17	3.14E+17	2.11E+17	2.06E+17	1.96E+17	1.75E+17	1.54E+17	1.93E+17	1.76E+17
	5	地球旋转能/J	4.39E+16	4.39E+16	4.39E+16	4.39E+16	4.39E+16	4.39E+16	4.39E+16	4.39E+16	4.39E+16	4.39E+16
不可更新环境资源投入	6	净表土损失能/J	5.04E+15	6.14E+15	6.13E+15	6.10E+15	6.02E+15	5.98E+15	5.98E+15	5.94E+15	5.94E+15	5.94E+15
可更新工业辅助能投入	7	水电/J	2.14E+14	1.54E+14	1.37E+14	1.28E+14	1.31E+14	1.36E+14	1.08E+14	8.65E+13	8.88E+13	1.54E+14
不可更新工业辅助能投入	8	火电/J	3.51E+15	3.59E+15	3.80E+15	4.16E+15	4.43E+15	4.57E+15	4.78E+15	5.22E+15	5.51E+15	5.76E+15
	9	化肥/吨	2.09E+06	2.09E+06	2.08E+06	2.10E+06	2.30E+06	2.36E+06	2.41E+06	2.46E+06	2.51E+06	2.56E+06
	10	农药/吨	1.99E+04	1.99E+04	2.00E+04	2.38E+04	2.84E+04	2.93E+04	2.99E+04	2.83E+04	3.13E+04	3.22E+04
	11	农膜/吨	4.97E+08	5.50E+08	6.83E+08	7.67E+08	8.22E+08	8.21E+08	9.50E+08	1.16E+09	1.17E+09	1.16E+09
	12	农用柴油/J	4.51E+15	4.93E+15	4.95E+15	5.16E+15	5.60E+15	6.45E+15	6.41E+15	6.22E+15	6.58E+15	7.12E+15
	13	农用机械/J	2.23E+13	2.35E+13	2.43E+13	2.54E+13	2.75E+13	2.96E+13	2.99E+13	3.18E+13	3.45E+13	3.76E+13

续表

	项目	2000	2001	2002	2003	2004	2005	2006	2007	2008	2009
有机能投入	14 劳动力/J	1.38E+16	1.37E+16	1.30E+16	1.30E+16	1.29E+16	1.27E+16	1.25E+16	1.23E+16	1.22E+16	1.19E+16
	15 畜力/J	6.43E+14	6.66E+14	6.87E+14	6.60E+14	6.45E+14	7.07E+14	7.20E+14	7.40E+14	8.15E+14	8.24E+14
	16 有机肥/J	2.06E+16	2.11E+16	2.19E+16	2.22E+16	2.40E+16	2.41E+16	2.34E+16	2.57E+16	2.43E+16	2.57E+16
	17 种子/J	2.16E+12	1.95E+12	1.88E+12	1.89E+12	2.33E+12	2.49E+12	2.56E+12	2.60E+12	2.64E+12	2.86E+12
种植业产出	18 谷物/J	9.09E+16	8.09E+16	7.70E+16	7.79E+16	1.01E+17	1.07E+17	1.13E+17	1.16E+17	1.10E+17	1.20E+17
	19 豆类/J	1.81E+15	1.69E+15	1.73E+15	1.87E+15	1.81E+15	1.75E+15	1.71E+15	1.82E+15	1.12E+15	1.65E+15
	20 薯类/J	2.23E+15	2.22E+15	2.43E+15	2.26E+15	2.32E+15	2.07E+15	2.24E+15	2.42E+15	1.36E+15	2.01E+15
	21 油料/J	2.13E+16	2.05E+16	1.60E+16	1.80E+16	2.13E+16	2.10E+16	2.27E+16	2.35E+16	2.40E+16	2.98E+16
	22 棉花/J	2.53E+15	3.09E+15	2.52E+15	3.05E+15	3.25E+15	2.91E+15	3.28E+15	3.95E+15	4.05E+15	3.95E+15
	23 麻类/J	9.80E+14	1.42E+15	2.04E+15	2.03E+15	1.85E+15	2.10E+15	2.22E+15	2.18E+15	1.61E+15	1.11E+15
	24 甘蔗/J	1.99E+15	3.12E+15	3.40E+15	3.21E+15	1.45E+15	1.18E+15	1.29E+15	1.45E+15	6.49E+14	6.52E+14
	25 烟叶/J	2.16E+12	5.19E+12	5.16E+12	5.21E+12	4.30E+12	4.83E+12	5.41E+12	4.48E+12	5.74E+12	7.00E+12
	26 蔬菜/J	9.39E+15	8.44E+15	1.19E+16	1.21E+16	1.07E+16	1.09E+16	1.13E+16	1.18E+16	1.13E+16	1.23E+16
	27 茶叶/J	2.56E+14	2.47E+14	2.76E+14	2.64E+14	2.96E+14	3.00E+14	2.99E+14	3.04E+14	3.09E+14	3.19E+14
	28 水果/J	7.77E+14	3.81E+15	3.25E+15	3.49E+15	2.93E+15	2.95E+15	3.34E+15	3.55E+15	3.51E+15	3.54E+15
	29 瓜果/J	1.45E+15	1.64E+15	2.17E+15	2.26E+15	1.64E+15	1.64E+15	1.80E+15	1.96E+15	1.67E+15	1.81E+15

附录 D：2000—2009 年环洞庭湖区农业生态系统投入产出能量数据汇总表 ●

续表

分类	项目	2000	2001	2002	2003	2004	2005	2006	2007	2008	2009
林业产出	30 木材/J	2.75E+15	2.71E+15	3.03E+15	4.43E+15	5.40E+15	4.30E+15	5.82E+15	6.09E+15	6.10E+15	4.09E+15
	31 竹材/J	1.04E+15	1.24E+15	1.31E+15	3.36E+15	4.08E+14	6.20E+14	6.05E+14	4.52E+14	4.33E+14	3.72E+14
	32 油桐籽/J	4.56E+13	5.30E+13	5.30E+13	6.79E+13	7.18E+13	4.25E+13	3.47E+13	3.45E+13	2.97E+13	1.08E+13
	33 油茶籽/J	1.09E+15	9.63E+14	1.04E+15	9.95E+14	7.52E+14	7.08E+14	1.24E+15	1.18E+15	1.87E+15	1.42E+15
	34 板栗/J	1.03E+13	0.00E+00	1.61E+13	1.31E+13	2.12E+13	1.96E+13	2.03E+13	1.48E+13	2.98E+13	9.26E+13
	35 核桃/J	5.90E+10	4.01E+11	3.42E+11	5.90E+10	2.83E+11	3.54E+11	2.95E+11	0.00E+00	0.00E+00	3.89E+11
	36 竹笋干/J	3.25E+12	1.31E+12	4.93E+12	2.09E+12	1.56E+12	2.59E+12	4.14E+12	4.15E+12	1.52E+13	1.75E+13
畜牧业产出	37 猪肉/J	3.41E+15	3.58E+15	3.87E+15	3.97E+15	4.20E+15	4.51E+15	4.56E+15	4.75E+15	4.28E+15	4.47E+15
	38 牛肉/J	9.10E+13	9.72E+13	1.25E+14	1.16E+14	1.06E+14	1.21E+14	1.37E+14	1.41E+14	1.04E+14	1.12E+14
	39 羊肉/J	8.76E+13	9.86E+13	1.12E+14	1.21E+14	1.26E+14	1.37E+14	1.40E+14	1.45E+14	1.22E+14	1.21E+14
	40 禽肉/J	8.02E+14	8.72E+14	9.72E+14	1.00E+15	9.60E+14	9.88E+14	9.98E+14	1.09E+15	8.27E+14	8.75E+14
	41 兔肉/J	8.14E+11	6.35E+11	6.02E+11	1.17E+12	2.08E+12	2.38E+12	2.57E+12	4.64E+12	2.84E+12	3.02E+12
	42 牛奶/J	2.22E+12	3.16E+12	1.87E+13	3.53E+13	4.03E+13	4.81E+13	4.89E+13	4.99E+13	4.64E+13	4.60E+13
	43 蜂蜜/J	9.72E+11	1.59E+12	1.31E+12	1.75E+12	1.81E+12	1.74E+12	1.66E+12	1.71E+12	1.21E+12	1.16E+12
	44 蛋/J	1.82E+14	1.85E+14	1.90E+14	1.99E+14	2.04E+14	1.97E+14	2.01E+14	2.11E+14	1.88E+14	2.12E+14
渔业产出	45 水产品/J	7.40E+14	7.86E+14	8.36E+14	8.86E+14	9.51E+14	1.03E+15	1.11E+15	1.17E+15	1.04E+15	1.10E+15

223

附录 E：2010—2011 年环洞庭湖区农业生态系统投入产出原始数据、能量数据、能值数据核算过程

2010 年环洞庭湖区农业生态系统投入—产出原始数据表

项目			岳阳市	平江县	常德市	石门县	益阳市	桃江县	安化县
可更新环境资源投入	1	太阳光能/J	6.85E+19	1.88E+19	8.38E+19	1.83E+19	5.59E+19	9.49E+18	2.28E+19
	2	风能/J	9.86E+11	2.71E+11	1.19E+12	2.61E+11	7.97E+11	1.35E+11	3.25E+11
	3	雨水化学能/J	1.03E+17	2.82E+16	1.42E+17	3.09E+16	8.14E+16	1.38E+16	3.32E+16
	4	雨水势能/J	8.84E+16	2.43E+16	1.22E+17	2.66E+16	7.01E+16	1.19E+16	2.86E+16
	5	地球旋转能/J	2.16E+16	5.93E+15	2.64E+16	5.76E+15	1.76E+16	2.99E+15	7.17E+15
不可更新环境资源投入	6	净表土损失能/J	5.02E+14	8.43E+13	7.25E+14	6.90E+13	4.29E+14	6.76E+13	6.38E+13
可更新工业辅助能投入	7	水电/万千瓦时	5.98E+03	4.56E+03	1.36E+03	0.00E+00	6.31E+02	5.30E+02	6.50E+01
	8	火电/万千瓦时	5.94E+04	1.03E+04	8.70E+04	9.68E+03	6.33E+04	1.56E+04	4.89E+03
不可更新工业辅助能投入	9	化肥/吨	9.00E+05	1.04E+05	1.25E+06	1.39E+05	8.71E+05	1.09E+05	6.08E+04
	10	农药/吨	1.60E+04	2.25E+03	9.21E+03	8.64E+02	1.20E+04	7.06E+02	5.62E+02
	11	农膜/吨	2.07E+04	6.01E+03	3.53E+03	3.59E+02	5.36E+03	4.31E+02	4.56E+02
	12	农用柴油/吨	4.39E+04	5.24E+03	9.22E+04	5.17E+03	4.63E+04	3.32E+03	1.68E+04
	13	农用机械/千瓦	4.68E+06	5.90E+05	4.81E+06	5.63E+05	3.98E+06	6.45E+05	6.00E+05
有机能投入	14	劳动力/万人	1.25E+02	2.57E+01	1.64E+02	1.92E+01	1.25E+02	1.91E+01	3.44E+01
	15	畜力/头	2.50E+05	3.83E+04	2.96E+05	5.49E+04	2.10E+05	3.96E+04	1.38E+05
	16	有机肥/J	1.33E+16	2.75E+15	1.35E+16	2.20E+14	9.96E+15	1.91E+15	2.98E+15
	17	种子/J	2.46E+15	3.47E+14	3.22E+15	2.49E+14	1.91E+15	2.92E+14	2.42E+14

续表

项目			岳阳市	平江县	常德市	石门县	益阳市	桃江县	安化县
种植业产出	18	谷物/吨	3.05E+06	4.39E+05	3.66E+06	2.82E+05	2.31E+06	3.52E+05	2.34E+05
	19	豆类/吨	4.06E+04	5.07E+03	4.67E+04	6.79E+03	1.91E+04	3.06E+03	4.00E+03
	20	薯类/吨	6.89E+04	9.70E+03	8.81E+04	2.89E+04	6.44E+04	1.66E+04	1.24E+04
	21	油料/吨	1.91E+05	2.38E+04	5.52E+05	4.43E+04	2.02E+05	2.76E+04	2.82E+04
	22	棉花/吨	5.07E+04	1.14E+03	1.34E+05	4.73E+03	5.80E+04	3.08E+02	0.00E+00
	23	麻类/吨	2.97E+03	2.00E+01	2.23E+04	9.26E+02	3.00E+04	1.50E+01	1.20E+02
	24	甘蔗/吨	5.43E+04	1.88E+03	1.36E+05	2.80E+03	4.18E+04	5.14E+03	3.30E+03
	25	烟叶/吨	1.42E+03	3.42E+02	7.76E+03	3.87E+03	3.42E+02	1.76E+02	1.12E+02
	26	蔬菜/吨	2.45E+06	2.73E+05	1.92E+06	2.05E+05	2.03E+06	2.98E+05	3.08E+05
	27	茶叶/吨	1.55E+04	2.92E+03	1.28E+04	6.36E+03	2.77E+04	4.80E+03	1.90E+04
	28	水果/吨	5.97E+05	5.65E+04	8.50E+05	2.71E+05	3.57E+05	1.53E+04	3.34E+04
	29	瓜果/吨	4.60E+05	2.87E+04	1.89E+05	2.58E+03	1.86E+05	6.00E+03	6.00E+03
林业产出	30	木材/万立方米	2.77E+01	1.24E+01	2.17E+01	5.67E+00	4.60E+01	1.37E+01	9.00E+00
	31	竹材/万根	7.68E+02	8.77E+01	5.99E+02	5.80E+00	1.46E+03	9.38E+02	4.00E+02
	32	油桐籽/吨	2.90E+02	0.00E+00	5.22E+02	4.10E+02	7.00E+02	0.00E+00	7.00E+02
	33	油茶籽/吨	9.64E+03	8.00E+03	3.43E+04	9.80E+02	1.86E+03	9.60E+01	1.88E+03
	34	板栗/吨	2.98E+03	1.04E+03	6.49E+03	6.00E+03	2.28E+03	4.60E+01	9.70E+02
	35	核桃/吨	0.00E+00	0.00E+00	1.87E+03	1.83E+03	0.00E+00	0.00E+00	0.00E+00
	36	竹笋干/吨	1.39E+03	2.45E+02	2.66E+02	6.00E+00	5.61E+03	5.00E+03	3.90E+02

续表

项目		岳阳市	平江县	常德市	石门县	益阳市	桃江县	安化县
畜牧业产出	37 猪肉/吨	5.04E+05	7.00E+04	4.16E+05	5.73E+04	3.27E+05	6.26E+04	5.78E+04
	38 牛肉/吨	1.77E+04	4.79E+03	1.57E+04	2.64E+03	1.46E+04	1.89E+03	8.10E+03
	39 羊肉/吨	6.14E+03	3.75E+03	2.86E+04	5.36E+03	6.08E+03	3.20E+01	4.68E+03
	40 禽肉/吨	4.67E+04	5.55E+03	1.60E+05	2.62E+04	3.85E+04	6.30E+03	6.83E+03
	41 兔肉/吨	4.95E+02	1.31E+02	5.98E+02	0.00E+00	1.37E+02	2.00E+01	4.90E+01
	42 牛奶/吨	1.75E+03	1.20E+01	8.80E+03	0.00E+00	1.60E+01	1.60E+01	0.00E+00
	43 蜂蜜/吨	1.18E+03	5.10E+02	5.69E+02	6.15E+01	1.40E+01	7.91E+01	4.06E+02
	44 蛋/吨	6.56E+04	9.29E+03	1.41E+05	2.55E+04	7.49E+04	1.26E+04	1.19E+04
渔业产出	45 水产品/吨	3.79E+05	6.32E+03	3.52E+05	1.12E+04	2.71E+05	6.49E+03	1.72E+04

2011 年环洞庭湖区农业生态系统投入—产出原始数据表

项目		岳阳市	平江县	常德市	石门县	益阳市	桃江县	安化县
可更新环境资源投入	1 太阳光能/J	6.85E+19	1.88E+19	8.38E+19	1.83E+19	5.59E+19	9.49E+18	2.28E+19
	2 风能/J	9.86E+11	2.71E+11	1.19E+12	2.61E+11	7.97E+11	1.35E+11	3.25E+11
	3 雨水化学能/J	6.80E+16	1.87E+16	9.38E+16	2.05E+16	5.39E+16	9.16E+15	2.20E+16
	4 雨水势能/J	5.86E+16	1.61E+16	8.08E+16	1.76E+16	4.65E+16	7.89E+15	1.89E+16
	5 地球旋转能/J	2.16E+16	5.93E+16	2.64E+16	5.76E+15	1.76E+16	2.99E+15	7.17E+15

续表

项目			岳阳市	平江县	常德市	石门县	益阳市	桃江县	安化县
不可更新环境资源投入	6	净表土损失能/J	5.02E+14	8.43E+13	7.25E+14	6.90E+13	4.29E+14	6.77E+13	6.38E+13
可更新工业辅助能投入	7	水电/万千瓦时	7.09E+03	5.45E+03	1.29E+03	0.00E+00	6.30E+02	5.30E+02	6.50E+01
	8	火电/万千瓦时	6.05E+04	9.55E+03	9.22E+04	1.11E+04	7.16E+04	1.96E+04	5.16E+03
	9	化肥/吨	9.03E+05	9.82E+04	1.27E+06	1.40E+05	8.86E+05	1.11E+05	6.06E+04
不可更新工业辅助能投入	10	农药/吨	1.66E+04	1.72E+03	9.30E+03	8.47E+02	1.20E+04	6.88E+02	5.60E+02
	11	农膜/吨	2.08E+04	6.03E+03	3.78E+03	3.55E+02	5.46E+03	4.30E+02	4.52E+02
	12	农用柴油/吨	4.85E+04	5.83E+03	9.46E+04	6.01E+03	4.92E+04	3.90E+03	1.68E+04
	13	农用机械/千瓦	4.98E+06	6.37E+05	5.05E+06	5.72E+05	4.25E+06	6.82E+05	6.34E+05
有机能投入	14	劳动力/万人	1.21E+02	2.71E+01	8.70E+01	8.89E+00	1.25E+02	1.90E+01	3.39E+01
	15	畜力/头	2.73E+05	5.83E+04	2.85E+05	5.57E+04	2.10E+05	3.71E+04	1.39E+05
	16	有机肥/J	1.36E+16	2.79E+15	1.35E+16	2.21E+15	1.04E+16	1.97E+15	3.08E+15
	17	种子/J	2.28E+15	3.09E+14	2.97E+15	1.69E+14	1.78E+15	2.64E+14	1.76E+14
种植业产出	18	谷物/吨	2.99E+06	4.08E+05	3.59E+06	2.36E+05	2.26E+06	3.40E+05	2.23E+05
	19	豆类/吨	3.49E+04	4.66E+03	3.57E+04	5.97E+03	1.85E+04	3.00E+03	3.91E+03
	20	薯类/吨	4.74E+04	3.04E+03	5.44E+04	1.31E+04	6.20E+04	1.60E+04	1.17E+04
	21	油料/吨	1.97E+05	2.50E+04	5.61E+05	4.50E+04	2.14E+05	3.01E+04	3.03E+04
	22	棉花/吨	5.93E+04	1.19E+03	1.43E+05	4.86E+03	6.61E+04	3.22E+02	0.00E+00
	23	麻类/吨	3.13E+03	2.00E+01	1.52E+04	5.49E+02	1.51E+04	1.50E+01	1.12E+02

续表

项目		序号		岳阳市	平江县	常德市	石门县	益阳市	桃江县	安化县
种植业产出		24	甘蔗/吨	4.35E+04	1.88E+03	1.29E+05	3.20E+03	4.39E+04	5.54E+03	3.60E+03
		25	烟叶/吨	1.28E+03	3.50E+02	7.81E+03	3.65E+03	3.45E+02	1.76E+02	1.15E+02
		26	蔬菜/吨	2.59E+06	2.88E+05	1.97E+06	2.33E+05	2.44E+06	3.64E+05	3.56E+05
		27	茶叶/吨	3.67E+03	3.67E+03	1.32E+04	6.56E+03	4.06E+04	4.94E+03	3.16E+04
		28	水果/吨	6.17E+05	5.63E+04	8.53E+05	2.65E+05	4.02E+05	1.63E+04	3.49E+04
		29	瓜果/吨	4.68E+05	2.96E+04	1.70E+05	3.10E+03	2.24E+05	6.24E+03	9.69E+03
林业产出		30	木材/万立方米	6.53E+01	1.41E+01	2.05E+01	4.80E+00	7.03E+01	3.19E+01	9.40E+00
		31	竹材/万根	6.80E+02	2.39E+02	7.09E+02	5.70E+00	1.52E+03	1.00E+03	4.00E+02
		32	油桐籽/吨	6.37E+02	5.32E+02	6.05E+02	4.00E+02	7.00E+02	0.00E+00	7.00E+02
		33	油茶籽/吨	1.08E+04	9.00E+03	5.19E+04	1.20E+03	1.25E+04	2.50E+02	1.12E+04
		34	板栗/吨	4.23E+03	1.04E+03	7.62E+03	7.20E+02	2.32E+03	4.80E+01	1.01E+03
		35	核桃/吨	0.00E+00	0.00E+00	9.70E+03	2.05E+03	0.00E+00	0.00E+00	0.00E+00
		36	竹笋干/吨	1.50E+03	2.45E+02	3.37E+02	7.00E+00	3.68E+03	2.80E+03	4.10E+02
畜牧业产出		37	猪肉/吨	4.87E+05	6.77E+04	4.00E+05	5.49E+04	3.26E+05	6.51E+04	5.59E+04
		38	牛肉/吨	1.73E+04	4.69E+03	1.53E+04	2.59E+03	1.49E+04	1.98E+03	8.10E+03
		39	羊肉/吨	5.95E+03	3.64E+03	2.72E+04	5.10E+03	5.91E+03	4.40E+01	4.56E+03
		40	禽肉/吨	4.75E+04	5.65E+03	1.61E+05	2.64E+04	4.06E+04	6.46E+03	7.20E+03
		41	兔肉/吨	2.15E+02	1.27E+02	6.45E+02	0.00E+00	1.44E+02	2.00E+01	4.90E+01
		42	牛奶/吨	1.72E+03	1.23E+02	8.92E+02	0.00E+00	0.00E+00	0.00E+00	0.00E+00
		43	蜂蜜/吨	1.10E+03	4.92E+02	5.89E+02	6.35E+01	1.44E+03	7.86E+01	4.06E+02
		44	蛋/吨	6.72E+04	9.31E+03	1.44E+05	2.62E+04	7.72E+04	1.31E+04	1.24E+04
渔业产出		45	水产品/吨	3.81E+05	6.52E+03	3.53E+05	1.12E+04	2.73E+05	6.54E+03	1.74E+04

2010 年环洞庭湖区农业生态系统投入产出能量数据表

项目			岳阳市	平江县	常德市	石门县	益阳市	桃江县	安化县
可更新环境资源投入	1	太阳光能/J	6.85E+19	1.88E+19	8.38E+19	1.83E+19	5.59E+19	9.49E+18	2.28E+19
	2	风能/J	9.86E+11	2.71E+11	1.19E+12	2.61E+11	7.97E+11	1.35E+11	3.25E+11
	3	雨水化学能/J	1.03E+17	2.82E+16	1.42E+17	3.09E+16	8.14E+16	1.38E+16	3.32E+16
	4	雨水势能/J	8.84E+16	2.43E+16	1.22E+17	2.66E+16	7.01E+16	1.19E+16	2.86E+16
	5	地球旋转能/J	2.16E+16	5.93E+15	2.64E+16	5.76E+15	1.76E+16	2.99E+15	7.17E+15
不可更新环境资源投入	6	净表土损失能/J	5.02E+14	8.43E+13	7.25E+14	6.90E+13	4.29E+14	6.76E+13	6.38E+13
可更新工业辅助能投入	7	水电/J	2.15E+14	1.64E+14	4.90E+13	0.00E+00	2.27E+13	1.91E+13	2.34E+12
	8	火电/J	2.14E+15	3.73E+14	3.13E+15	3.48E+14	2.28E+15	5.61E+14	1.76E+14
	9	化肥/吨	9.00E+05	1.04E+05	1.25E+06	1.39E+05	8.71E+05	1.09E+05	6.08E+04
不可更新工业辅助能投入	10	农药/吨	1.60E+04	2.25E+03	9.21E+03	8.64E+02	1.20E+04	7.06E+02	5.62E+02
	11	农膜/J	1.07E+09	3.12E+08	1.83E+08	1.86E+07	2.78E+08	2.24E+07	2.37E+07
	12	农用柴油/J	2.07E+15	2.47E+14	4.34E+15	2.43E+14	2.18E+15	1.56E+14	7.90E+14
	13	农用机械/J	1.69E+13	2.12E+12	1.73E+13	2.03E+12	1.43E+13	2.32E+12	2.16E+12
有机能投入	14	劳动力/J	4.74E+15	9.71E+14	6.20E+15	7.26E+14	4.74E+15	7.20E+14	1.30E+15
	15	畜力/J	4.72E+14	7.24E+13	5.60E+14	1.04E+14	3.97E+14	7.48E+13	2.61E+14
	16	有机肥/J	1.33E+16	2.75E+15	1.35E+16	2.20E+15	9.96E+15	1.91E+15	2.98E+15
	17	种子/J	2.46E+15	3.47E+14	3.22E+15	2.49E+14	1.91E+15	2.92E+14	2.42E+14

项目			岳阳市	平江县	常德市	石门县	益阳市	桃江县	安化县
种植业产出	18	谷物/J	4.94E+16	7.12E+15	5.93E+16	4.56E+15	3.75E+16	5.70E+15	3.80E+15
	19	豆类/J	7.52E+14	9.38E+13	8.63E+14	1.26E+14	3.53E+14	5.66E+13	7.40E+13
	20	薯类/J	8.96E+14	1.26E+14	1.14E+15	3.76E+14	8.37E+14	2.16E+14	1.62E+14
	21	油料/J	7.37E+15	9.19E+14	2.13E+16	1.71E+15	7.79E+15	1.07E+15	1.09E+15
	22	棉花/J	9.53E+14	2.13E+13	2.52E+15	8.89E+13	1.09E+15	5.79E+12	0.00E+00
	23	麻类/J	4.96E+13	3.34E+11	3.73E+14	1.55E+13	5.02E+14	2.51E+11	2.00E+12
	24	甘蔗/J	1.46E+14	5.04E+12	3.63E+14	7.51E+12	1.12E+14	1.38E+13	8.84E+12
	25	烟叶/J	2.03E+12	4.89E+11	1.11E+13	5.53E+12	4.89E+11	2.52E+11	1.60E+11
	26	蔬菜/J	6.04E+15	6.71E+14	4.72E+15	5.05E+14	5.00E+15	7.34E+14	7.57E+14
	27	茶叶/J	2.22E+14	4.18E+13	1.84E+14	9.10E+13	3.96E+14	6.86E+13	2.72E+14
	28	水果/J	1.58E+15	1.50E+14	2.25E+15	7.19E+14	9.45E+14	4.06E+13	8.86E+13
	29	瓜果/J	1.13E+15	7.07E+13	4.65E+14	6.35E+12	4.57E+14	1.48E+13	1.48E+13
林业产出	30	木材/J	3.26E+15	1.46E+15	2.56E+15	6.68E+14	5.41E+15	1.61E+15	1.06E+15
	31	竹材/J	2.65E+14	3.03E+13	2.07E+14	2.00E+12	5.03E+14	3.24E+14	1.38E+14
	32	油桐籽/J	1.12E+13	0.00E+00	2.01E+13	1.58E+13	2.70E+13	0.00E+00	2.70E+13
	33	油茶籽/J	3.72E+14	3.09E+14	1.32E+15	3.78E+13	7.17E+13	3.71E+12	7.26E+13
	34	板栗/J	2.88E+13	1.00E+13	6.28E+13	5.81E+13	2.21E+13	4.45E+11	9.39E+12
	35	核桃/J	0.00E+00	0.00E+00	2.20E+13	2.16E+13	0.00E+00	0.00E+00	0.00E+00
	36	竹笋干/J	1.63E+13	2.87E+12	3.11E+12	7.02E+10	6.56E+13	5.85E+13	4.56E+12

续表

项目		岳阳市	平江县	常德市	石门县	益阳市	桃江县	安化县
畜牧业产出	37 猪肉/J	2.32E+15	3.22E+14	1.91E+15	2.64E+14	1.50E+15	2.88E+14	2.66E+14
	38 牛肉/J	8.13E+13	2.20E+13	7.21E+13	1.21E+13	6.71E+13	8.69E+12	3.72E+13
	39 羊肉/J	2.82E+13	1.72E+13	1.31E+14	2.46E+13	2.80E+13	1.47E+11	2.15E+13
	40 禽肉/J	2.15E+14	2.55E+13	7.35E+14	1.21E+14	1.77E+14	2.90E+13	3.14E+13
	41 兔肉/J	2.28E+12	6.02E+11	2.75E+12	0.00E+00	6.30E+11	9.20E+10	2.25E+11
	42 牛奶/J	8.02E+12	5.52E+10	4.05E+13	0.00E+00	7.36E+10	7.36E+10	0.00E+00
	43 蜂蜜/J	3.49E+12	1.50E+12	1.68E+12	1.81E+11	4.12E+12	2.33E+11	1.20E+12
	44 蛋/J	3.02E+14	4.27E+13	6.49E+14	1.17E+14	3.45E+14	5.80E+13	5.45E+13
渔业产出	45 水产品/J	4.58E+14	7.65E+12	4.25E+14	1.35E+13	3.27E+14	7.85E+12	2.08E+13

2011 年环洞庭湖区农业生态系统投入—产出能量数据表

项目		岳阳市	平江县	常德市	石门县	益阳市	桃江县	安化县
可更新环境资源投入	1 太阳光能/J	6.85E+19	1.88E+19	8.38E+19	1.83E+19	5.59E+19	9.49E+18	2.28E+19
	2 风能/J	9.86E+11	2.71E+11	1.19E+12	2.61E+11	7.97E+11	1.35E+11	3.25E+11
	3 雨水化学能/J	6.80E+16	1.87E+16	9.38E+16	2.05E+16	5.39E+16	9.16E+15	2.20E+16
	4 雨水势能/J	5.86E+16	1.61E+16	8.08E+16	1.76E+16	4.65E+16	7.89E+15	1.89E+16
	5 地球旋转能/J	2.16E+16	5.93E+15	2.64E+16	5.76E+15	1.76E+16	2.99E+15	7.17E+15
不可更新环境资源投入	6 净表土损失能/J	5.02E+14	8.43E+13	7.25E+14	6.90E+13	4.29E+14	6.77E+13	6.38E+13
可更新工业辅助能投入	7 水电/J	2.55E+14	1.96E+14	4.63E+13	0.00E+00	2.27E+13	1.91E+13	2.34E+12

续表

项目			岳阳市	平江县	常德市	石门县	益阳市	桃江县	安化县
不可更新工业辅助能投入	8	火电/J	2.18E+15	3.44E+14	3.32E+15	3.99E+14	2.58E+15	7.05E+14	1.86E+14
	9	化肥/吨	9.03E+05	9.82E+04	1.27E+06	1.40E+05	8.86E+05	1.11E+05	6.06E+04
	10	农药/吨	1.66E+04	1.72E+03	9.30E+03	8.47E+02	1.20E+04	6.88E+02	5.60E+02
	11	农膜/J	1.08E+09	3.13E+08	1.96E+08	1.84E+07	2.83E+08	2.23E+07	2.35E+07
	12	农用柴油/J	2.28E+15	2.75E+14	4.46E+15	2.83E+14	2.32E+15	1.84E+14	7.90E+14
	13	农用机械/J	1.79E+13	2.29E+12	1.82E+13	2.06E+12	1.53E+13	2.45E+12	2.28E+12
有机能投入	14	劳动力/J	4.57E+15	1.03E+15	3.29E+15	3.36E+14	4.73E+15	7.18E+14	1.28E+15
	15	畜力/J	5.17E+14	1.10E+14	5.38E+14	1.05E+14	3.97E+14	7.02E+13	2.63E+14
	16	有机肥/J	1.36E+16	2.79E+15	1.35E+16	2.21E+15	1.04E+16	1.97E+15	3.08E+15
	17	种子/J	2.28E+15	3.09E+14	2.97E+15	1.69E+14	1.78E+15	2.64E+14	1.76E+14
种植业产出	18	谷物/J	4.85E+16	6.61E+15	5.82E+16	3.83E+15	3.66E+16	5.50E+15	3.61E+15
	19	豆类/J	6.45E+14	8.62E+13	6.60E+14	1.10E+14	3.43E+14	5.55E+13	7.23E+13
	20	薯类/J	6.16E+14	3.96E+13	7.07E+14	1.70E+14	8.07E+14	2.08E+14	1.52E+14
	21	油料/J	7.59E+15	9.65E+14	2.17E+16	1.74E+14	8.25E+15	1.16E+15	1.17E+15
	22	棉花/J	1.12E+15	2.23E+14	2.68E+15	9.13E+13	1.24E+15	6.05E+12	0.00E+00
	23	麻类/J	5.22E+13	3.34E+11	2.53E+14	9.17E+12	2.52E+14	2.51E+11	1.87E+12
	24	甘蔗/J	1.17E+14	5.04E+12	3.46E+14	8.57E+12	1.18E+14	1.48E+13	9.65E+12
	25	烟叶/J	1.83E+12	5.01E+11	1.12E+13	5.22E+12	4.93E+12	2.52E+11	1.64E+11
	26	蔬菜/J	6.38E+15	7.09E+14	4.85E+15	5.73E+14	6.00E+15	8.94E+14	8.76E+14

续表

	项目		岳阳市	平江县	常德市	石门县	益阳市	桃江县	安化县
种植业产出	27	茶叶/J	5.25E+13	5.25E+13	1.88E+14	9.38E+13	5.80E+14	7.07E+13	4.52E+14
	28	水果/J	1.63E+15	1.49E+14	2.26E+15	7.02E+14	1.07E+15	4.32E+13	9.25E+13
	29	瓜果/J	1.15E+15	7.28E+13	4.18E+14	7.63E+12	5.50E+14	1.53E+13	2.38E+13
林业产出	30	木材/J	7.69E+15	1.66E+15	2.42E+15	5.65E+14	8.28E+15	3.76E+15	1.11E+15
	31	竹材/J	2.35E+14	8.25E+13	2.45E+14	1.97E+12	5.26E+14	3.45E+14	1.38E+14
	32	油桐籽/J	2.46E+13	2.05E+13	2.34E+13	1.54E+13	2.70E+13	0.00E+00	2.70E+13
	33	油茶籽/J	4.19E+14	3.47E+14	2.00E+15	4.63E+13	4.83E+14	9.65E+12	4.31E+14
	34	板栗/J	4.10E+13	1.00E+13	7.37E+13	6.97E+13	2.25E+13	4.65E+11	9.78E+12
	35	核桃/J	0.00E+00	0.00E+00	1.14E+14	2.42E+13	0.00E+00	0.00E+00	0.00E+00
	36	竹笋干/J	1.75E+13	2.87E+12	3.94E+12	8.19E+10	4.30E+13	3.28E+13	4.80E+12
畜牧业产出	37	猪肉/J	2.24E+15	3.11E+14	1.84E+15	2.52E+14	1.50E+15	2.99E+14	2.57E+14
	38	牛肉/J	7.97E+13	2.16E+13	7.05E+13	1.19E+13	6.84E+13	9.10E+12	3.72E+13
	39	羊肉/J	2.74E+13	1.67E+13	1.25E+14	2.35E+13	2.72E+13	2.02E+11	2.10E+13
	40	禽肉/J	2.18E+14	2.60E+13	7.41E+14	1.21E+14	1.87E+14	2.97E+13	3.31E+13
	41	兔肉/J	9.89E+11	5.84E+11	2.97E+12	0.00E+00	6.62E+11	9.20E+10	2.25E+11
	42	牛奶/J	7.91E+12	5.66E+11	4.10E+13	0.00E+00	0.00E+00	0.00E+00	0.00E+00
	43	蜂蜜/J	3.23E+12	1.45E+12	1.74E+12	1.87E+11	4.26E+12	2.32E+11	1.20E+12
	44	蛋/J	3.09E+14	4.28E+13	6.63E+14	1.20E+14	3.55E+14	6.02E+13	5.69E+13
渔业产出	45	水产品/J	4.61E+14	7.89E+12	4.27E+14	1.35E+13	3.30E+14	7.91E+12	2.10E+13

2010年环洞庭湖区农业生态系统投入—产出能值数据表（单位：sej）

项目	序号	名称	岳阳市	平江县	常德市	石门县	益阳市	桃江县	安化县
可更新环境资源投入	1	太阳光能	6.85E+19	1.88E+19	8.38E+19	1.83E+19	5.59E+19	9.49E+18	2.28E+19
	2	风能	6.54E+14	1.80E+14	7.92E+14	1.73E+14	5.29E+14	8.98E+13	2.15E+14
	3	雨水化学能	1.58E+21	4.34E+20	2.18E+21	4.76E+20	1.25E+21	2.13E+20	5.11E+20
	4	雨水势能	7.86E+20	2.16E+20	1.08E+21	2.37E+20	6.24E+20	1.06E+20	2.54E+20
	5	地球旋转能	4.72E+20	1.30E+20	5.78E+20	1.26E+20	3.86E+20	6.55E+19	1.57E+20
不可更新环境资源投入	6	净表土损失能	3.13E+19	5.27E+18	4.53E+19	4.31E+18	2.68E+19	4.23E+18	3.99E+18
可更新工业辅助能投入	7	水电	3.42E+19	2.61E+19	7.78E+18	0.00E+00	3.61E+18	3.03E+18	3.72E+17
	8	火电	3.40E+20	5.92E+19	4.98E+20	5.54E+19	3.62E+20	8.92E+19	2.80E+19
不可更新工业辅助能投入	9	化肥	4.39E+21	5.07E+20	6.11E+21	6.77E+20	4.25E+21	5.32E+20	2.97E+20
	10	农药	2.59E+19	3.64E+18	1.49E+19	1.40E+18	1.94E+19	1.14E+18	9.10E+17
	11	农膜	4.08E+17	1.19E+17	6.96E+16	7.08E+15	1.06E+17	8.50E+15	8.99E+15
	12	农用柴油	1.36E+20	1.63E+19	2.87E+20	1.61E+19	1.44E+20	1.03E+19	5.22E+19
	13	农用机械	1.26E+21	1.59E+20	1.30E+21	1.52E+20	1.08E+21	1.74E+20	1.62E+20
有机能投入	14	劳动力	1.80E+21	3.69E+20	2.36E+21	2.76E+20	1.80E+20	2.74E+20	4.94E+20
	15	畜力	6.89E+19	1.06E+20	8.17E+19	1.51E+19	5.79E+19	1.09E+19	3.81E+19
	16	有机肥	3.60E+20	7.42E+19	3.66E+20	5.94E+19	2.69E+20	5.15E+19	8.04E+19
	17	种子	1.62E+20	2.29E+19	2.12E+20	1.65E+19	1.26E+20	1.93E+19	1.60E+19

续表

项目			岳阳市	平江县	常德市	石门县	益阳市	桃江县	安化县
种植业产出	18	谷物	4.10E+21	5.91E+20	4.92E+21	3.79E+20	3.11E+21	4.74E+20	3.15E+20
	19	豆类	6.24E+19	7.78E+18	7.17E+19	1.04E+19	2.93E+19	4.70E+18	6.14E+18
	20	薯类	7.43E+19	1.05E+19	9.50E+19	3.12E+19	6.95E+19	1.79E+19	1.34E+19
	21	油料	5.09E+21	6.34E+20	1.47E+22	1.18E+21	5.38E+21	7.36E+20	7.51E+20
	22	棉花	1.81E+21	4.05E+19	4.79E+21	1.69E+20	2.07E+21	1.10E+19	0.00E+00
	23	麻类	4.11E+18	2.77E+16	3.10E+19	1.28E+18	4.16E+19	2.08E+18	1.66E+17
	24	甘蔗	1.22E+19	4.23E+17	3.05E+19	6.31E+17	9.42E+18	1.16E+18	7.43E+17
	25	烟叶	5.48E+16	1.32E+16	3.00E+17	1.49E+17	1.32E+16	6.80E+15	4.32E+15
	26	蔬菜	1.63E+20	1.81E+19	1.27E+20	1.36E+19	1.35E+20	1.98E+19	2.04E+19
	27	茶叶	4.44E+19	8.35E+18	3.67E+19	1.82E+19	7.92E+19	1.37E+19	5.44E+19
	28	水果	8.39E+20	7.94E+19	1.19E+21	3.81E+20	5.01E+20	2.15E+19	4.69E+19
	29	瓜果	2.79E+20	1.74E+19	1.14E+20	1.56E+18	1.12E+20	3.63E+18	3.63E+18
林业产出	30	木材	1.44E+20	6.45E+19	1.13E+20	2.94E+19	2.38E+20	7.10E+19	4.66E+19
	31	竹材	1.17E+19	1.33E+18	9.10E+18	8.81E+16	2.21E+19	1.43E+19	6.08E+18
	32	油桐籽	7.72E+18	0.00E+00	1.39E+19	1.09E+19	1.86E+19	0.00E+00	1.86E+19
	33	油茶籽	3.20E+19	2.66E+19	1.14E+20	3.25E+18	6.17E+18	3.19E+17	6.24E+18
	34	板栗	1.99E+19	6.93E+18	4.34E+19	4.01E+19	1.52E+19	3.07E+17	6.48E+18
	35	核桃	0.00E+00	0.00E+00	1.52E+19	1.49E+19	0.00E+00	0.00E+00	0.00E+00
	36	竹笋干	4.40E+17	7.74E+16	8.40E+16	1.90E+15	1.77E+18	1.58E+18	1.23E+17

续表

项目		岳阳市	平江县	常德市	石门县	益阳市	桃江县	安化县
畜牧业产出	37 猪肉	3.94E+21	5.47E+20	3.25E+21	4.48E+20	2.55E+21	4.89E+20	4.52E+20
	38 牛肉	3.25E+20	8.81E+19	2.88E+20	4.86E+19	2.68E+20	3.48E+19	1.49E+20
	39 羊肉	5.64E+19	3.45E+19	2.63E+20	4.93E+19	5.59E+19	2.94E+17	4.30E+19
	40 禽肉	4.29E+20	5.11E+19	1.47E+21	2.41E+20	3.54E+20	5.80E+19	6.28E+19
	41 兔肉	9.10E+18	2.41E+18	1.10E+19	0.00E+00	2.52E+18	3.68E+17	9.01E+17
	42 牛奶	1.37E+19	9.44E+16	6.92E+19	0.00E+00	1.26E+17	1.26E+17	0.00E+00
	43 蜂蜜	5.96E+18	2.57E+18	2.87E+18	3.10E+17	7.04E+18	3.99E+17	2.05E+18
	44 蛋	5.16E+20	7.30E+19	1.11E+21	2.01E+20	5.89E+20	9.92E+19	9.32E+19
渔业产出	45 水产品	9.17E+20	1.53E+19	8.51E+20	2.71E+19	6.55E+20	1.57E+19	4.15E+19

2011年环洞庭湖区农业生态系统投入—产出能值数据表（单位：sej）

项目		岳阳市	平江县	常德市	石门县	益阳市	桃江县	安化县
可更新环境资源投入	1 太阳光能	6.85E+19	1.88E+19	8.38E+19	1.83E+19	5.59E+19	9.49E+18	2.28E+19
	2 风能	6.54E+14	1.80E+14	7.92E+14	1.73E+14	5.29E+14	8.98E+13	2.15E+14
	3 雨水化学能	1.05E+21	2.88E+20	1.44E+21	3.15E+20	8.31E+20	1.41E+20	3.38E+20
	4 雨水势能	5.21E+20	1.43E+20	7.19E+20	1.57E+20	4.13E+20	7.02E+19	1.68E+20
	5 地球旋转能	4.72E+20	1.30E+20	5.78E+20	1.26E+20	3.86E+20	6.55E+19	1.57E+20
不可更新环境资源投入	6 净表土损失能	3.13E+19	5.27E+18	4.53E+19	4.31E+18	2.68E+18	4.23E+18	3.99E+18
可更新工业辅助能投入	7 水电	4.06E+19	3.12E+18	7.37E+18	0.00E+00	3.61E+18	3.03E+18	3.72E+17

续表

项目			岳阳市	平江县	常德市	石门县	益阳市	桃江县	安化县
不可更新工业辅助能投入	8	火电	3.46E+20	5.47E+19	5.28E+20	6.34E+19	4.10E+20	1.12E+20	2.95E+19
	9	化肥	4.41E+21	4.79E+20	6.22E+21	6.82E+20	4.32E+21	5.39E+20	2.96E+20
	10	农药	2.68E+19	2.78E+18	1.51E+19	1.37E+18	1.94E+19	1.11E+18	9.07E+17
	11	农膜	4.09E+17	1.19E+17	7.46E+16	7.00E+15	1.08E+17	8.48E+15	8.91E+15
	12	农用柴油	1.51E+20	1.81E+19	2.94E+20	1.87E+19	1.53E+20	1.21E+19	5.21E+19
	13	农用机械	1.34E+21	1.72E+20	1.36E+21	1.54E+20	1.15E+21	1.84E+20	1.71E+20
有机能投入	14	劳动力	1.74E+21	3.90E+20	1.25E+21	1.28E+20	1.80E+21	2.73E+20	4.86E+20
	15	畜力	7.54E+19	1.61E+19	7.85E+19	1.54E+19	5.80E+19	1.02E+19	3.85E+19
	16	有机肥	3.68E+20	7.55E+19	3.65E+20	5.96E+19	2.81E+20	5.32E+19	8.31E+19
	17	种子	1.50E+20	2.04E+19	1.96E+20	1.11E+19	1.17E+20	1.74E+19	1.16E+19
种植业产出	18	谷物	4.03E+21	5.48E+20	4.83E+21	3.18E+20	3.04E+21	4.56E+20	2.99E+20
	19	豆类	5.36E+19	7.16E+18	5.48E+19	9.16E+18	2.85E+19	4.61E+18	6.00E+18
	20	薯类	5.12E+19	3.28E+18	5.86E+19	1.41E+19	6.69E+19	1.73E+19	1.26E+19
	21	油料	5.23E+20	6.66E+20	1.50E+22	1.20E+21	5.69E+21	8.01E+20	8.06E+20
	22	棉花	2.12E+21	4.24E+19	5.09E+21	1.73E+20	2.36E+21	1.15E+19	0.00E+00
	23	麻类	4.33E+18	2.77E+16	2.10E+19	7.61E+17	2.09E+19	2.08E+16	1.55E+17
	24	甘蔗	9.80E+18	4.23E+17	2.91E+19	7.20E+17	9.88E+18	1.25E+18	8.10E+17
	25	烟叶	4.94E+16	1.35E+16	3.02E+17	1.41E+17	1.33E+16	6.80E+15	4.44E+15
	26	蔬菜	1.72E+20	1.91E+19	1.31E+20	1.55E+19	1.62E+20	2.41E+19	2.37E+19
	27	茶叶	1.05E+19	1.05E+19	3.76E+19	1.88E+19	1.16E+20	1.41E+19	9.04E+19
	28	水果	8.66E+20	7.91E+19	1.20E+21	3.72E+20	5.65E+20	2.29E+19	4.90E+19
	29	瓜果	2.83E+20	1.79E+19	1.03E+20	1.88E+18	1.35E+20	3.77E+18	5.86E+18

续表

项目		岳阳市	平江县	常德市	石门县	益阳市	桃江县	安化县
林业产出	30 木材	3.38E+20	7.32E+19	1.06E+20	2.49E+19	3.64E+20	1.65E+20	4.87E+19
	31 竹材	1.03E+19	3.63E+18	1.08E+19	8.66E+16	2.31E+19	1.52E+19	6.08E+18
	32 油桐籽	1.70E+19	1.42E+19	1.61E+19	1.07E+19	1.86E+19	0.00E+00	1.86E+19
	33 油茶籽	3.60E+19	2.99E+19	1.72E+20	3.98E+18	4.16E+19	8.30E+17	3.70E+19
	34 板栗	2.83E+19	6.93E+18	5.09E+19	4.81E+19	1.55E+19	3.21E+17	6.75E+18
	35 核桃	0.00E+00	0.00E+00	7.90E+19	1.67E+19	0.00E+00	0.00E+00	0.00E+00
	36 竹笋干	4.73E+17	7.74E+16	1.06E+17	2.21E+15	1.16E+18	8.85E+17	1.30E+17
畜牧业产出	37 猪肉	3.81E+21	5.30E+20	3.12E+21	4.29E+20	2.55E+21	5.09E+20	4.37E+20
	38 牛肉	3.19E+20	8.62E+19	2.82E+20	4.76E+19	2.74E+20	3.64E+19	1.49E+20
	39 羊肉	5.47E+19	3.35E+19	2.51E+20	4.69E+19	5.43E+19	4.05E+17	4.20E+19
	40 禽肉	4.37E+20	5.20E+19	1.48E+21	2.43E+20	3.73E+20	5.94E+19	6.62E+19
	41 兔肉	3.95E+18	2.34E+18	1.19E+19	0.00E+00	2.65E+18	3.68E+17	9.01E+17
	42 牛奶	1.35E+19	9.67E+17	7.01E+19	0.00E+00	0.00E+00	0.00E+00	0.00E+00
	43 蜂蜜	5.53E+18	2.48E+18	2.97E+18	3.20E+17	7.28E+18	3.96E+17	2.05E+18
	44 蛋	5.29E+20	7.32E+19	1.13E+21	2.06E+20	6.07E+20	1.03E+20	9.73E+19
渔业产出	45 水产品	9.21E+20	1.58E+19	8.55E+20	2.71E+19	6.60E+20	1.58E+19	4.20E+19

附录 F: 2011 年湖南省各地州市农业生态系统能值投入产出原始数据表

2011 年湖南省各地州市农业生态系统投入－产出原始数据表

	项目	长沙市	株洲市	湘潭市	衡阳市	邵阳市	岳阳市	常德市	张家界市	益阳市	郴州市	永州市	怀化市	娄底市	湘西自治州
可更新环境资源投入	1 太阳光能/J	5.44E+19	5.19E+19	2.31E+19	7.04E+19	9.58E+19	6.85E+19	8.38E+19	4.38E+19	5.59E+19	8.89E+19	1.03E+20	1.27E+20	3.74E+19	7.12E+19
	2 风能/J	7.76E+11	1.49E+12	3.29E+11	1.01E+12	1.38E+12	9.86E+11	1.19E+12	6.34E+11	7.97E+11	1.27E+12	1.47E+12	1.81E+12	5.33E+11	1.17E+12
	3 雨水化学能/J	6.27E+16	1.11E+17	2.57E+16	6.95E+16	9.63E+16	6.80E+16	9.38E+16	5.02E+16	5.39E+16	8.77E+16	1.06E+17	1.20E+17	3.52E+16	9.37E+16
	4 雨水势能/J	5.41E+16	9.58E+16	2.21E+16	5.99E+16	8.30E+16	5.86E+16	8.08E+16	4.33E+16	4.65E+16	7.56E+16	9.13E+16	1.03E+17	3.04E+16	8.07E+16
	5 地球旋转能/J	1.71E+16	1.63E+16	7.27E+15	2.22E+16	3.02E+16	2.16E+16	2.64E+16	1.38E+16	1.76E+16	2.80E+16	3.25E+16	4.00E+16	1.18E+16	2.24E+16
不可更新环境资源投入	6 净表土损失能/J	4.40E+14	3.18E+14	2.18E+14	5.82E+14	6.20E+14	5.02E+14	7.24E+14	1.64E+14	4.30E+14	4.24E+14	5.14E+14	4.69E+14	2.68E+14	2.72E+14
可更新工业辅助能投入	7 水电/万千瓦时	6.77E+03	7.19E+04	6.80E+02	4.15E+03	7.61E+04	7.09E+03	1.29E+03	1.57E+04	6.30E+02	6.13E+04	4.80E+04	1.63E+04	1.02E+04	8.32E+03

239

续表

	项目	长沙市	株洲市	湘潭市	衡阳市	邵阳市	岳阳市	常德市	张家界市	益阳市	郴州市	永州市	怀化市	娄底市	湘西自治州
不可更新工业辅助能投入	8 火电/万千瓦时	2.07E+05	0.00E+00	5.10E+04	1.34E+05	1.01E+04	6.05E+04	9.22E+04	-2.13E+02	7.16E+02	0.00E+00	1.89E+04	3.56E+04	4.34E+04	7.67E+03
	9 化肥/吨	5.83E+05	3.82E+05	4.21E+05	8.54E+05	7.02E+05	9.03E+05	1.27E+06	1.65E+05	8.86E+05	5.53E+05	7.95E+05	3.25E+05	2.97E+05	2.24E+05
	10 农药/吨	9.82E+03	5.73E+03	4.92E+03	1.70E+04	9.54E+03	1.66E+04	9.30E+03	2.28E+03	1.20E+04	7.47E+03	9.03E+03	1.02E+04	4.06E+04	2.57E+03
	11 农膜/吨	5.63E+03	1.86E+03	1.34E+03	1.13E+04	2.46E+03	2.08E+04	3.78E+03	2.11E+03	5.46E+03	6.90E+03	5.48E+03	3.39E+03	1.97E+03	3.48E+03
	12 农用柴油/吨	5.00E+04	1.51E+04	1.04E+04	1.76E+04	2.36E+04	4.85E+04	9.46E+04	7.38E+04	4.92E+04	3.03E+04	1.18E+04	1.91E+04	1.08E+04	6.63E+03
	13 农用机械/千瓦	5.16E+06	2.60E+06	2.63E+06	4.25E+06	3.82E+06	4.98E+06	5.05E+06	9.53E+05	4.25E+06	3.68E+06	4.82E+06	3.02E+06	2.80E+06	1.35E+06
有机能投入	14 劳动力/万人	1.12E+02	8.76E+01	7.84E+01	2.10E+02	2.51E+02	1.21E+02	8.70E+01	6.60E+01	1.25E+02	1.14E+02	1.65E+02	1.63E+02	1.21E+02	9.29E+01
	15 畜力/头	5.37E+04	9.44E+04	2.95E+04	8.05E+04	5.14E+05	2.73E+05	2.85E+05	1.48E+05	2.10E+05	1.47E+05	4.23E+05	3.97E+05	2.31E+05	3.30E+05
	16 有机肥/J	1.15E+16	7.96E+15	6.70E+15	1.72E+16	1.74E+16	1.36E+16	1.35E+16	3.14E+16	1.04E+16	9.87E+15	1.96E+16	1.05E+16	9.53E+15	5.09E+15
	17 种子/J	1.52E+15	1.07E+15	9.05E+14	2.31E+15	2.00E+15	2.24E+15	2.93E+15	3.39E+14	1.75E+15	1.23E+15	2.03E+15	1.05E+15	9.83E+14	5.18E+14
种植业产出	18 谷物/吨	2.34E+06	1.74E+06	1.46E+06	3.10E+06	2.96E+06	2.99E+06	3.99E+06	4.93E+05	2.26E+06	1.69E+06	2.81E+06	1.68E+06	1.53E+06	6.77E+05
	19 豆类/吨	2.49E+04	1.56E+04	2.49E+04	5.47E+04	4.04E+04	3.49E+04	3.57E+04	1.62E+04	1.85E+04	3.27E+04	1.15E+05	1.29E+04	2.76E+04	2.11E+04
	20 薯类/吨	7.60E+04	2.98E+04	4.07E+04	8.28E+04	1.12E+05	4.74E+04	5.44E+04	8.79E+04	6.20E+04	1.16E+05	1.90E+05	8.90E+04	1.67E+04	1.39E+05
	21 油料/吨	7.93E+04	4.03E+04	1.86E+04	3.05E+04	1.24E+05	1.97E+05	5.61E+05	6.91E+04	2.14E+04	9.96E+04	1.10E+05	1.41E+04	4.13E+04	8.78E+04
	22 棉花/吨	1.17E+04	2.09E+04	1.63E+02	1.97E+04	3.56E+02	5.93E+04	1.43E+04	1.26E+04	6.61E+04	2.51E+04	3.06E+02	1.32E+04	4.80E+02	1.17E+02
	23 麻类/吨	5.22E+02	1.61E+03	1.80E+01	1.65E+04	8.40E+02	3.13E+04	1.52E+04	4.97E+04	1.51E+04	0.00E+00	3.67E+02	2.10E+02	4.10E+01	3.06E+02
	24 甘蔗/吨	4.97E+03	6.02E+02	2.82E+03	6.17E+03	1.07E+04	4.35E+04	1.29E+05	9.47E+03	4.39E+03	1.20E+04	3.83E+05	1.17E+04	4.86E+03	4.04E+03

续表

类别	项目	长沙市	株洲市	湘潭市	衡阳市	邵阳市	岳阳市	常德市	张家界市	益阳市	郴州市	永州市	怀化市	娄底市	湘西自治州
种植业产出	25 烟叶/吨	2.51E+04	7.75E+04	9.90E+01	1.83E+04	1.09E+04	1.28E+04	7.81E+03	1.12E+04	3.45E+04	6.31E+04	3.38E+04	9.64E+03	3.00E+02	3.03E+04
	26 蔬菜/吨	4.66E+06	2.15E+06	1.55E+06	3.06E+06	1.89E+06	2.59E+06	1.97E+06	4.60E+05	2.44E+06	2.27E+06	4.47E+06	1.09E+06	8.78E+05	7.07E+05
	27 茶叶/吨	2.60E+04	1.94E+03	1.70E+03	2.40E+03	3.74E+03	1.63E+04	1.32E+04	2.05E+03	4.06E+04	3.45E+03	1.87E+03	2.13E+03	6.02E+03	1.69E+03
	28 水果/吨	3.43E+05	2.23E+05	5.52E+04	6.52E+05	6.83E+05	6.17E+05	8.53E+05	2.55E+05	4.02E+05	6.46E+05	9.99E+05	1.13E+06	1.61E+05	8.89E+05
	29 瓜果/吨	2.06E+05	1.57E+05	2.56E+04	5.09E+05	2.79E+05	4.68E+05	1.70E+05	2.77E+04	2.24E+05	2.65E+05	5.15E+05	3.14E+05	1.16E+05	1.10E+05
	30 木材/万立方米	2.35E+01	2.35E+01	2.63E+00	2.05E+01	6.55E+01	6.53E+01	2.05E+01	1.32E+01	7.03E+01	5.57E+01	6.50E+01	1.59E+02	9.82E+00	5.69E+00
	31 竹材/万根	4.21E+02	2.76E+02	3.30E+01	1.36E+03	6.39E+02	6.80E+02	7.09E+02	1.32E+01	1.52E+02	4.79E+02	4.75E+02	2.80E+02	9.15E+01	2.38E+01
林业产出	32 油桐籽/吨	1.50E+01	1.62E+03	5.00E+01	9.22E+03	6.97E+02	6.37E+02	6.05E+02	1.25E+03	7.00E+02	9.93E+02	2.04E+03	1.47E+04	1.05E+03	9.84E+03
	33 油茶籽/吨	3.40E+04	8.79E+04	6.39E+03	1.10E+05	3.27E+04	1.08E+04	5.19E+04	4.12E+03	1.25E+04	4.61E+04	7.61E+04	3.03E+04	6.48E+04	7.51E+03
	34 板栗/吨	9.29E+03	2.23E+03	3.59E+02	2.23E+04	1.87E+04	4.23E+03	7.62E+03	2.10E+03	2.32E+03	4.70E+03	1.03E+04	7.35E+03	5.30E+03	7.88E+03
	35 核桃/吨	1.00E+01	0.00E+00	0.00E+00	0.00E+00	5.42E+02	0.00E+00	9.70E+02	1.70E+02	0.00E+00	3.00E+00	1.12E+02	3.00E+00	0.00E+00	9.99E+02
	36 竹笋干/吨	1.50E+03	6.05E+03	1.00E+01	1.32E+03	1.26E+03	1.50E+02	3.37E+02	2.01E+02	3.68E+02	3.42E+02	4.41E+02	1.11E+02	2.10E+02	1.05E+02
畜牧业产出	37 猪肉/吨	5.53E+05	2.95E+05	3.89E+05	7.15E+05	6.10E+05	4.87E+05	4.00E+05	7.52E+04	3.26E+05	3.83E+05	5.37E+05	2.42E+05	3.26E+05	7.45E+04
	38 牛肉/吨	1.33E+04	6.56E+04	1.26E+04	1.40E+04	2.92E+04	1.73E+04	1.53E+04	6.67E+03	1.49E+04	1.30E+04	2.67E+04	1.50E+04	1.53E+04	7.18E+03
	39 羊肉/吨	1.21E+04	7.76E+03	1.31E+03	8.78E+04	6.22E+04	5.95E+03	2.72E+04	2.74E+03	5.91E+03	6.31E+03	9.28E+03	6.52E+03	3.89E+03	5.06E+03
	40 禽肉/吨	9.07E+04	3.01E+04	1.35E+04	1.46E+05	6.46E+04	4.75E+04	1.61E+05	7.22E+03	4.06E+04	4.65E+04	1.17E+05	6.09E+04	1.87E+04	9.71E+03
	41 兔肉/吨	8.50E+01	2.60E+01	6.00E+01	1.21E+02	2.99E+02	2.15E+02	6.45E+02	1.40E+01	1.44E+02	6.30E+02	2.50E+02	4.83E+02	5.00E+02	7.00E+00
	42 牛奶/吨	6.46E+02	2.96E+02	2.30E+02	1.01E+02	3.86E+02	1.72E+04	8.92E+03	0.00E+00	0.00E+00	5.48E+02	8.50E+02	6.70E+02	1.89E+02	0.00E+00
	43 蜂蜜/吨	9.77E+02	7.82E+02	5.02E+02	2.01E+03	4.11E+02	1.10E+02	5.89E+02	5.27E+02	1.44E+02	7.03E+02	5.36E+02	8.74E+02	4.29E+02	5.61E+02
	44 蛋品/吨	7.01E+04	4.22E+04	2.36E+04	1.62E+05	7.48E+04	6.72E+04	1.44E+05	8.84E+04	7.72E+04	3.72E+04	1.31E+05	5.11E+04	3.21E+04	1.29E+04
渔业产出	45 水产品/吨	1.07E+05	7.43E+04	7.06E+04	2.51E+05	8.83E+04	3.81E+05	3.53E+05	1.03E+04	2.73E+05	9.19E+04	1.54E+05	5.59E+04	7.12E+04	1.96E+04

2011 年湖南省各地州市农业生态系统投入—产出能量数据表

	项目	长沙市	株洲市	湘潭市	衡阳市	邵阳市	岳阳市	常德市	张家界市	益阳市	郴州市	永州市	怀化市	娄底市	湘西自治州
1	太阳光能/J	5.44E+19	5.19E+19	2.31E+19	7.04E+19	9.58E+19	6.85E+19	8.38E+19	4.38E+19	5.59E+19	8.89E+19	1.03E+20	1.27E+20	3.74E+19	7.12E+19
2	风能/J	7.76E+11	1.49E+12	3.29E+11	1.01E+12	1.38E+12	9.86E+11	1.19E+12	6.34E+11	7.97E+11	1.27E+12	1.47E+12	1.81E+12	5.33E+11	1.17E+12
3	雨水化学能/J	6.27E+16	1.11E+17	2.57E+16	6.95E+16	9.63E+16	6.80E+16	9.38E+16	5.02E+16	5.39E+16	8.77E+16	1.06E+17	1.20E+17	3.52E+16	9.37E+16
4	雨水势能/J	5.41E+16	9.58E+16	2.21E+16	5.99E+16	8.30E+16	5.86E+16	8.08E+16	4.33E+16	4.65E+16	7.56E+16	9.13E+16	1.03E+17	3.04E+16	8.07E+16
5	地球旋转能/J	1.71E+16	1.63E+16	7.27E+15	2.22E+16	3.02E+16	2.16E+16	2.64E+16	1.38E+16	1.76E+16	2.80E+16	3.25E+16	4.00E+16	1.18E+16	2.24E+16
6	净表土损失能/J	4.40E+14	3.17E+14	2.18E+14	5.81E+14	6.20E+14	5.01E+14	7.24E+14	1.63E+14	4.30E+14	4.23E+14	5.14E+14	4.69E+14	2.68E+14	2.72E+14
7	水电/J	2.44E+14	2.59E+15	2.45E+13	1.49E+14	2.74E+15	2.55E+14	4.63E+13	5.65E+14	2.27E+15	2.21E+15	1.73E+15	5.86E+15	3.68E+14	3.00E+14

左侧分组：1~5 可更新环境资源投入；6 不可更新环境资源投入；7 可更新工业辅助能投入。

续表

类别		项目	长沙市	株洲市	湘潭市	衡阳市	邵阳市	岳阳市	常德市	张家界市	益阳市	郴州市	永州市	怀化市	娄底市	湘西自治州
不可更新工业辅助能投入	8	火电/J	7.44E+15	0.00E+00	1.83E+15	4.83E+15	3.65E+14	2.18E+15	3.32E+15	-7.67E+12	2.58E+15	0.00E+00	6.79E+14	1.28E+15	1.56E+15	2.76E+14
	9	化肥/吨	5.83E+05	3.82E+05	4.21E+05	8.54E+05	7.02E+05	9.03E+05	1.27E+06	1.65E+05	8.86E+05	5.53E+05	7.95E+05	3.25E+05	2.97E+05	2.24E+05
	10	农药/吨	9.82E+03	5.73E+03	4.92E+03	1.70E+04	9.54E+03	1.66E+04	9.30E+03	2.28E+03	1.20E+04	7.47E+03	9.03E+03	1.02E+04	4.06E+03	2.57E+03
	11	农膜/J	2.92E+08	9.63E+07	6.94E+07	5.88E+08	1.28E+08	1.08E+09	1.96E+08	1.10E+08	2.83E+08	3.58E+08	2.85E+08	1.76E+08	1.02E+08	1.80E+08
	12	农用柴油/J	2.36E+15	7.13E+14	4.88E+14	8.28E+14	1.11E+15	2.28E+15	4.46E+15	3.48E+14	2.32E+15	1.43E+15	5.57E+14	9.00E+14	5.09E+14	3.12E+14
	13	农用机械/J	1.86E+13	9.36E+12	9.48E+12	1.53E+13	1.37E+13	1.79E+13	1.82E+13	3.43E+13	1.53E+13	1.33E+13	1.74E+13	1.09E+13	1.01E+13	4.84E+12
有机能投入	14	劳动力/J	4.23E+15	3.31E+15	2.96E+15	7.93E+15	9.50E+15	4.57E+15	3.29E+15	2.49E+15	4.73E+15	4.31E+15	6.24E+15	6.15E+15	4.58E+15	3.51E+15
	15	畜力/J	1.01E+14	1.78E+14	5.58E+13	1.52E+14	9.71E+14	5.17E+14	5.38E+14	2.81E+14	3.97E+14	2.77E+14	7.99E+14	7.50E+14	4.37E+14	6.24E+14
	16	有机肥/J	1.15E+16	7.96E+15	6.70E+15	1.72E+16	1.74E+16	1.36E+16	1.35E+16	3.14E+16	1.04E+16	9.87E+15	1.96E+16	1.05E+16	9.53E+15	5.09E+15
	17	种子/J	1.52E+15	1.07E+15	9.05E+14	2.31E+15	2.00E+15	2.24E+15	2.93E+15	3.39E+14	1.75E+15	1.23E+15	2.03E+15	1.05E+15	9.83E+14	5.18E+14
种植业产出	18	谷物/J	3.80E+16	2.82E+16	2.36E+16	5.02E+16	4.79E+16	4.85E+16	5.82E+16	7.98E+15	3.66E+16	2.73E+16	4.54E+16	2.72E+16	2.48E+16	1.10E+16
	19	豆类/J	4.61E+14	2.89E+14	4.60E+14	1.01E+15	7.48E+14	6.45E+14	6.60E+14	2.99E+14	3.43E+14	6.05E+14	2.13E+15	2.38E+14	5.11E+14	3.90E+14
	20	薯类/J	9.88E+14	3.88E+14	5.28E+14	1.08E+15	1.45E+15	6.16E+14	7.07E+14	1.14E+15	8.07E+14	1.51E+15	2.47E+15	1.16E+15	2.17E+14	1.80E+15
	21	油料/J	3.06E+15	1.56E+15	7.19E+14	1.18E+16	4.80E+15	7.59E+15	2.17E+16	2.67E+15	8.25E+15	3.85E+15	4.25E+15	5.45E+15	1.60E+15	3.39E+15
	22	棉花/J	2.20E+13	3.93E+13	3.06E+12	7.71E+14	6.69E+12	1.12E+15	2.68E+15	2.37E+13	1.24E+15	4.72E+12	5.75E+13	2.49E+13	9.02E+12	2.20E+12
	23	麻类/J	8.72E+12	2.69E+13	3.01E+11	2.76E+12	1.40E+13	5.22E+13	2.53E+14	8.29E+14	2.52E+14	0.00E+00	6.13E+12	3.51E+11	6.85E+11	5.11E+12
	24	甘蔗/J	1.33E+13	1.61E+12	7.55E+12	1.65E+14	2.86E+13	1.17E+14	3.46E+14	2.54E+14	1.18E+14	3.21E+13	1.03E+13	3.15E+13	1.30E+13	1.08E+13
	25	烟叶/J	3.59E+13	1.11E+13	1.42E+11	2.62E+13	1.56E+13	1.83E+12	1.12E+13	1.60E+13	4.93E+11	9.03E+14	4.83E+13	1.38E+13	4.29E+11	4.33E+13
	26	蔬菜/J	1.15E+16	5.30E+15	3.81E+15	7.53E+15	4.66E+15	6.38E+15	4.85E+15	1.13E+15	6.00E+15	5.58E+15	1.10E+16	2.69E+15	2.16E+15	1.74E+15
	27	茶叶/J	3.72E+14	2.77E+14	2.43E+13	3.43E+13	3.35E+13	2.33E+14	1.88E+14	2.93E+14	5.80E+14	4.94E+14	2.67E+14	3.05E+14	8.60E+13	2.41E+13
	28	水果/J	9.10E+14	5.91E+14	1.46E+14	1.73E+14	1.81E+15	1.63E+15	2.26E+15	6.76E+14	1.07E+15	1.71E+15	2.65E+15	3.00E+15	4.27E+14	2.35E+15
	29	瓜果/J	5.06E+14	3.87E+14	6.29E+13	1.25E+16	8.86E+14	1.15E+15	4.18E+14	6.83E+14	5.50E+14	6.52E+14	1.27E+15	7.72E+14	2.86E+14	2.72E+14

续表

项目		长沙市	株洲市	湘潭市	衡阳市	邵阳市	岳阳市	常德市	张家界市	益阳市	郴州市	永州市	怀化市	娄底市	湘西自治州
林业产出	30 木材/J	2.77E+15	2.76E+15	3.10E+14	2.42E+15	7.71E+15	7.69E+15	2.42E+15	1.55E+15	8.28E+15	6.56E+15	7.65E+15	1.87E+16	1.16E+15	6.70E+14
	31 竹材/J	1.45E+14	9.52E+13	1.14E+13	4.69E+14	2.21E+14	2.35E+14	2.45E+14	4.56E+12	5.26E+14	1.65E+14	1.64E+14	9.67E+13	3.16E+13	8.22E+12
	32 油桐籽/J	5.79E+11	6.25E+13	1.93E+12	3.56E+14	2.69E+13	2.46E+13	2.34E+13	4.83E+13	2.70E+13	3.83E+13	7.86E+13	5.67E+13	4.05E+13	3.80E+14
	33 油茶籽/J	1.31E+15	3.39E+15	2.47E+15	4.24E+15	1.26E+15	4.19E+14	2.00E+15	1.59E+14	4.83E+14	1.78E+14	2.94E+14	1.17E+15	2.50E+14	2.90E+14
	34 板栗/J	8.99E+13	2.15E+13	3.48E+13	2.16E+14	1.81E+13	4.10E+13	7.37E+13	2.03E+14	2.25E+13	4.55E+13	9.98E+13	7.11E+13	5.13E+13	7.63E+13
	35 核桃/J	1.18E+11	0.00E+00	0.00E+00	0.00E+00	6.40E+12	0.00E+00	1.14E+12	2.01E+12	0.00E+00	3.54E+11	1.32E+12	3.54E+12	0.00E+00	1.18E+13
	36 竹笋干/J	1.75E+13	7.08E+13	1.17E+13	1.54E+13	1.47E+13	1.75E+13	3.94E+12	2.35E+12	4.30E+13	4.00E+14	5.15E+13	1.30E+13	2.45E+13	1.23E+12
畜牧业产出	37 猪肉/J	2.54E+15	1.36E+15	1.79E+15	3.29E+15	2.81E+15	2.24E+15	1.84E+15	3.46E+14	1.50E+15	1.76E+15	2.47E+15	1.11E+15	1.50E+15	3.43E+14
	38 牛肉/J	6.14E+13	3.02E+13	5.80E+12	6.45E+13	1.34E+14	7.97E+13	7.05E+13	3.07E+13	6.84E+13	5.98E+13	1.23E+14	6.90E+13	7.05E+13	3.30E+13
	39 羊肉/J	5.56E+13	3.57E+13	6.04E+13	4.04E+14	2.86E+13	2.74E+14	1.25E+14	1.26E+14	2.72E+14	2.90E+14	4.27E+14	3.00E+13	1.79E+13	2.33E+13
	40 禽肉/J	4.17E+14	1.38E+14	6.22E+14	6.69E+14	2.97E+14	2.18E+14	7.41E+14	3.32E+14	1.87E+14	2.14E+14	5.39E+14	2.80E+14	8.61E+14	4.46E+14
	41 兔肉/J	3.91E+11	1.20E+11	2.76E+11	5.56E+11	1.37E+12	9.89E+11	2.97E+11	6.44E+10	6.62E+11	2.90E+11	1.15E+12	2.22E+12	2.30E+11	3.22E+10
	42 牛奶/J	2.97E+13	1.36E+13	1.06E+12	4.65E+12	1.77E+14	7.91E+14	4.10E+13	0.00E+00	0.00E+00	2.52E+13	3.91E+12	3.08E+12	8.71E+12	0.00E+00
	43 蜂蜜/J	2.88E+12	2.31E+12	1.48E+12	5.92E+12	1.21E+12	3.23E+12	1.74E+12	1.55E+12	4.26E+12	2.07E+12	1.58E+12	2.58E+12	1.26E+12	1.66E+12
	44 蛋/J	3.22E+14	1.94E+14	1.09E+14	7.45E+14	3.44E+14	3.09E+14	6.63E+14	4.07E+14	3.55E+14	1.71E+14	6.03E+14	2.35E+14	1.48E+14	5.95E+14
渔业产出	45 水产品/J	1.30E+14	8.99E+13	8.54E+13	3.04E+14	1.07E+14	4.61E+14	4.27E+14	1.24E+14	3.30E+14	1.11E+14	1.86E+14	6.77E+13	8.61E+13	2.37E+13

244

2011 年湖南省各地州市农业生态系统投入－产出能值数据（单位：sej）

项目			长沙市	株洲市	湘潭市	衡阳市	邵阳市	岳阳市	常德市	张家界市	益阳市	郴州市	永州市	怀化市	娄底市	湘西自治州
可更新环境资源投入	1	太阳光能	5.44E+19	5.19E+19	2.31E+19	7.04E+19	9.58E+19	6.85E+19	8.38E+19	4.38E+19	5.59E+19	8.89E+19	1.03E+20	1.27E+20	3.74E+19	7.12E+19
	2	风能	5.14E+14	9.85E+14	2.18E+14	6.66E+14	9.14E+14	6.54E+14	7.92E+14	4.20E+14	5.29E+14	8.44E+14	9.77E+14	1.20E+15	3.53E+14	7.78E+14
	3	雨水化学能	9.66E+20	1.71E+21	3.95E+20	1.07E+21	1.48E+21	1.05E+21	1.44E+21	7.73E+20	8.31E+20	1.35E+21	1.63E+21	1.84E+21	5.42E+20	1.44E+21
	4	雨水势能	4.81E+20	8.52E+20	1.97E+20	5.33E+20	7.38E+20	5.21E+20	7.19E+20	3.85E+20	4.13E+20	6.72E+20	8.12E+20	9.18E+20	2.70E+20	7.18E+20
	5	地球旋转能	3.75E+20	3.58E+20	1.59E+20	4.86E+20	6.61E+20	4.72E+20	5.78E+20	3.02E+20	3.86E+20	6.13E+20	7.11E+20	8.76E+20	2.58E+20	4.91E+20
不可更新环境资源投入	6	净表土损失能	2.75E+19	1.98E+19	1.36E+19	3.63E+19	3.87E+19	3.13E+19	4.53E+19	1.02E+19	2.68E+19	2.65E+19	3.21E+19	2.93E+19	1.67E+19	1.70E+19
可更新工业辅助能投入	7	水电	3.88E+19	4.12E+19	3.89E+18	2.38E+19	4.35E+20	4.06E+19	7.37E+18	8.98E+19	3.61E+19	3.51E+20	2.75E+20	9.32E+19	5.85E+19	4.76E+19
不可更新工业辅助能投入	8	火电	1.18E+21	0.00E+00	2.92E+20	7.69E+20	5.80E+19	3.46E+20	5.28E+20	−1.2E+18	4.10E+20	0.00E+00	1.08E+20	2.04E+20	2.49E+20	4.39E+20
	9	化肥	2.84E+21	1.86E+21	2.05E+21	4.17E+21	3.43E+21	4.41E+21	6.22E+21	8.03E+20	4.32E+21	2.70E+21	3.88E+21	1.59E+21	1.45E+21	1.09E+21
	10	农药	1.59E+19	9.28E+18	7.97E+18	2.75E+19	1.55E+19	2.68E+19	1.51E+19	3.69E+18	1.94E+19	1.21E+19	1.46E+19	1.66E+19	6.57E+18	4.16E+18
	11	农膜	1.11E+17	3.66E+16	2.64E+16	2.23E+17	4.85E+16	4.09E+17	7.46E+16	4.17E+16	1.08E+17	1.36E+17	1.08E+17	6.68E+16	3.88E+16	6.86E+16
	12	农用柴油	1.56E+20	4.70E+19	3.22E+19	5.46E+19	7.34E+19	1.51E+20	2.94E+20	2.29E+19	1.53E+20	9.42E+19	3.68E+19	5.94E+19	3.36E+19	2.06E+19
	13	农用机械	1.39E+21	7.02E+20	7.11E+20	1.15E+21	1.03E+21	1.34E+21	1.36E+21	2.57E+20	1.15E+21	9.94E+20	1.30E+20	8.15E+20	7.55E+20	3.63E+20

续表

类别	序号	项目	长沙市	株洲市	湘潭市	衡阳市	邵阳市	岳阳市	常德市	张家界市	益阳市	郴州市	永州市	怀化市	娄底市	湘西自治州
有机能投入	14	劳动力	1.61E+21	1.26E+21	1.13E+21	3.01E+21	3.61E+21	1.74E+21	1.25E+21	9.48E+20	1.80E+21	1.64E+21	2.37E+21	2.34E+21	1.74E+21	1.33E+21
	15	畜力	1.48E+19	2.61E+19	8.15E+18	2.22E+19	1.42E+20	7.54E+19	7.85E+19	4.10E+19	5.80E+19	4.04E+19	1.17E+20	1.10E+20	6.38E+19	9.11E+19
	16	有机肥	3.11E+20	2.15E+20	1.81E+20	4.64E+20	4.70E+20	3.68E+20	3.65E+20	8.47E+19	2.81E+20	2.67E+20	5.30E+20	2.83E+20	2.57E+20	1.38E+20
	17	种子	1.00E+20	7.09E+19	5.97E+19	1.53E+20	1.32E+20	1.48E+20	1.94E+20	2.23E+19	1.15E+20	8.12E+19	1.34E+20	6.96E+19	6.49E+19	3.42E+19
种植业产出	18	谷物	3.15E+21	2.34E+21	1.96E+21	4.17E+21	3.97E+21	4.03E+21	4.83E+21	6.63E+20	3.04E+21	2.27E+21	3.77E+21	2.26E+21	2.05E+21	9.11E+20
	19	豆类	3.83E+19	2.40E+19	3.82E+18	8.40E+19	6.21E+19	5.36E+19	5.48E+19	2.48E+19	2.85E+19	5.02E+19	1.77E+20	1.98E+19	4.24E+19	3.24E+19
	20	薯类	8.20E+19	3.22E+19	4.39E+19	8.93E+19	1.21E+20	5.12E+19	5.86E+19	9.49E+19	9.69E+19	1.25E+20	2.05E+20	9.61E+19	1.80E+19	1.50E+20
	21	油料	2.11E+21	1.07E+21	4.96E+19	8.13E+19	3.31E+21	5.23E+21	1.50E+21	1.84E+19	5.69E+21	2.65E+21	2.93E+21	3.76E+19	1.10E+21	2.34E+21
	22	棉花	4.18E+19	7.46E+19	5.82E+18	7.05E+19	1.27E+21	2.12E+19	5.09E+20	4.51E+21	2.36E+21	8.97E+21	1.09E+21	4.73E+21	1.71E+19	4.18E+18
	23	麻类	7.43E+19	2.23E+18	2.49E+16	2.29E+17	1.16E+18	4.33E+18	2.10E+18	6.88E+18	2.09E+18	0.00E+00	5.09E+17	2.91E+17	5.68E+16	4.24E+17
	24	甘蔗	1.12E+18	1.36E+17	6.34E+17	1.39E+17	2.40E+18	9.80E+18	2.91E+18	2.13E+18	9.88E+18	2.70E+18	8.62E+18	2.64E+18	1.09E+18	9.10E+17
	25	烟叶	9.68E+17	2.99E+17	3.82E+15	7.07E+17	4.20E+17	4.94E+16	3.02E+16	4.32E+17	1.33E+17	2.44E+18	1.31E+18	3.72E+17	1.16E+17	1.17E+18
	26	蔬菜	3.09E+20	1.43E+20	1.03E+20	2.03E+20	1.26E+20	1.72E+20	1.31E+20	3.06E+19	1.62E+20	1.51E+20	2.97E+20	7.25E+19	5.83E+19	4.70E+19
	27	茶叶	7.43E+19	5.54E+18	4.86E+18	6.87E+18	1.07E+19	4.65E+19	3.76E+19	5.86E+18	1.16E+20	9.88E+19	5.34E+18	6.10E+18	1.72E+19	4.82E+18
	28	水果	4.82E+20	3.13E+19	7.75E+19	9.16E+19	9.59E+19	8.66E+20	1.20E+20	3.58E+19	5.65E+19	9.07E+19	1.40E+20	1.59E+21	2.26E+20	1.25E+20
	29	瓜果	1.24E+20	9.52E+19	1.55E+19	3.08E+19	1.69E+20	2.83E+20	1.03E+20	1.68E+20	1.35E+20	1.60E+20	3.12E+20	1.90E+20	7.05E+19	6.68E+19
林业产出	30	木材	1.22E+20	1.21E+20	1.36E+20	1.06E+20	3.39E+20	3.38E+20	1.06E+20	6.82E+20	3.64E+20	2.88E+20	3.37E+20	8.25E+20	5.09E+19	2.95E+19
	31	竹材	6.39E+17	4.19E+19	5.02E+17	9.72E+17	2.06E+17	1.03E+19	1.08E+20	2.00E+17	2.31E+19	7.28E+19	7.22E+18	4.25E+19	1.39E+19	3.62E+17
	32	油桐籽	4.00E+17	4.31E+19	1.33E+19	2.46E+19	1.08E+21	1.70E+19	1.61E+19	1.33E+19	1.86E+19	1.53E+19	5.42E+19	3.91E+20	2.80E+19	2.62E+20
	33	油茶籽	1.13E+19	2.92E+20	2.12E+20	3.65E+20	1.08E+20	3.60E+20	1.72E+20	1.37E+20	4.16E+19	1.53E+20	2.53E+20	1.01E+20	2.15E+20	2.49E+19
	34	板栗	6.20E+19	1.49E+19	2.40E+18	1.49E+20	1.25E+20	2.83E+19	5.09E+19	1.40E+20	1.55E+20	3.14E+19	6.89E+19	4.91E+19	3.54E+19	5.27E+19

续表

	项目	长沙市	株洲市	湘潭市	衡阳市	邵阳市	岳阳市	常德市	张家界市	益阳市	郴州市	永州市	怀化市	娄底市	湘西自治州
林业产出	35 核桃	8.14E+16	0.00E+00	0.00E+00	0.00E+00	4.41E+18	0.00E+00	7.90E+19	1.38E+18	0.00E+00	2.44E+17	9.12E+17	2.44E+19	0.00E+00	8.13E+18
	36 竹笋干	4.73E+17	1.91E+18	3.16E+15	4.16E+17	3.96E+17	4.73E+17	1.06E+17	6.35E+16	1.16E+18	1.08E+18	1.39E+18	3.50E+17	6.63E+17	3.32E+16
	37 猪肉	4.32E+21	2.30E+21	3.04E+21	5.59E+21	4.77E+21	3.81E+21	3.12E+21	5.88E+20	2.55E+21	2.99E+21	4.20E+21	1.89E+21	2.55E+21	5.83E+21
	38 牛肉	2.45E+20	1.21E+20	2.32E+19	2.58E+20	5.37E+20	3.19E+20	2.82E+20	1.23E+20	2.74E+20	2.39E+20	4.92E+20	2.76E+20	2.82E+20	1.32E+20
	39 羊肉	1.11E+20	7.14E+19	1.21E+19	8.08E+19	5.72E+19	5.47E+19	2.51E+20	2.52E+19	5.43E+19	5.80E+19	8.53E+19	6.00E+19	3.58E+19	4.65E+19
畜牧业产出	40 禽肉	8.34E+20	2.76E+20	1.24E+20	1.34E+21	5.94E+20	4.37E+20	1.48E+21	6.64E+19	3.73E+20	4.28E+20	1.08E+21	5.60E+20	1.72E+20	8.93E+19
	41 兔肉	1.56E+20	4.78E+17	1.10E+17	2.23E+18	5.50E+18	3.95E+18	1.19E+19	2.57E+17	2.65E+18	1.16E+18	4.60E+18	8.88E+18	9.20E+17	1.29E+17
	42 牛奶	5.08E+19	2.33E+18	1.81E+19	7.95E+18	3.03E+20	1.35E+19	7.01E+19	0.00E+00	0.00E+00	4.31E+18	6.68E+18	5.27E+18	1.49E+19	0.00E+00
	43 蜂蜜	4.93E+18	3.94E+18	2.53E+17	1.01E+19	2.07E+18	5.53E+18	2.97E+18	2.66E+18	7.28E+18	3.54E+18	2.70E+18	4.40E+18	2.16E+18	2.83E+18
	44 蛋	5.51E+20	3.32E+20	1.86E+20	1.27E+21	5.88E+20	5.29E+20	1.13E+21	6.95E+20	6.07E+20	2.93E+20	1.03E+21	4.02E+20	2.53E+20	1.02E+20
渔业产出	45 水产品	2.59E+20	1.80E+20	1.71E+20	6.07E+20	2.14E+20	9.21E+20	8.55E+20	2.49E+19	6.60E+20	2.22E+20	3.72E+20	1.35E+20	1.72E+20	4.75E+19

后 记

本书是作者根据最近几年的科研成果〔涉及的科研项目：国家社科基金项目（编号：11BJY029）、湖南省科技厅软科学重点项目（编号：2011ZK2046）、湖南省社科基金项目（编号：2010YBB348）、湖南省普通高等学校创新平台开放基金（编号：10K080）、湖南省自然科学基金项目（编号：2013JJ5026）、中南林业科技大学博士基金项目等〕整理而成的，各级政府科研项目的资助是完成这本著作的经济保障。

母校南开大学给了我追求真理的熏陶和对经济学研究的兴趣，在中南林业科技大学获得生态学（生态经济方向）博士学位后，我对生态经济学的一些问题有一些感悟和思考。中南林业科技大学提供了一个良好的研究平台和静心研究的时间和机会；学院领导和同事给予鼎力支持和热情鼓励；我的博士生杨灿，李明杰、硕士生彭祥、吴润佳等在收集、整理资料中付出了辛苦的劳动，没有他们的工作要完成此项研究难以想象，对此本人表示衷心的感谢。

过去几年由于投入研究时间较多，对于家人疏于照顾，而妻子和女儿一直给予我很多的关心和鼓励，没有她们的支持我也难以坚持完成书稿，她们的笑容是对我研究最大的鼓励，她们的快乐是我工作最大的满足。

真诚地感谢参考书目中所引用资料的文献作者们（若有疏漏，敬请海涵），他们使我深受启迪，同时也谨向所有关心此项研究的朋友们深表谢意。

希望通过本书能与大家一起分享思想的快乐！

朱玉林
2014 年 5 月于中南林